学前心理学视域下的儿童玩具设计研究

何艳婷◎著

云南出版集团

云南美术出版社

图书在版编目（CIP）数据

学前心理学视域下的儿童玩具设计研究 / 何艳婷著
. -- 昆明 : 云南美术出版社 , 2018.12
ISBN 978-7-5489-3330-4

Ⅰ . ①学… Ⅱ . ①何… Ⅲ . ①儿童心理学－应用－玩具－设计－研究 Ⅳ . ① TS958.02

中国版本图书馆 CIP 数据核字 (2018) 第 302188 号

学前心理学视域下的儿童玩具设计研究

作　　者　何艳婷　著
出版发行　云南出版集团
　　　　　云南美术出版社
地　　址　环城西路 609 号 24-25 楼
经　　销　全国新华书店
印　　装　朗翔印刷（天津）有限公司
开　　本　710mm × 1000mm　1/16
印　　张　16.25
版　　次　2020年 1月第一版
印　　次　2020年 1月第一次印刷
印　　数　1—4000 册
书　　号　ISBN 978-7-5489-3330-4
定　　价　80.00 元

前　言

儿童玩具作为游戏的载体，是儿童探索和认识世界、体验人际关系、认知自我及彩排人生等的重要媒介之一，同时也是商业价值、经济能力、消费心理、跨界交流的集中体现。随着社会的不断发展进步，儿童玩具早已不仅仅是游戏的工具，儿童玩具的功能和作用得到进一步丰富，寓教于乐、开启儿童智慧的教育活动方式让人们对玩具和教育的认识有了更为深入的理解。

目前，中国已成为世界玩具制造和出口大国，却还不是玩具设计强国。相对于世界玩具设计，特别是儿童玩具设计，中国普遍存在忽略儿童心理发展的现象，主要是因为玩具设计者们对儿童不同发展阶段的心理特点认识不足。本书从学前儿童心理学着眼，结合玩具对学前儿童心理发展的影响，阐述了儿童玩具的发展演变、特征、分类和重要作用；分析了学前儿童心理发展的认知、情感、社会性、个性发展状况；针对娱乐活动中儿童心理的发展与玩具设计特点，通过对影响儿童玩具的使用者、购买者、教育引导者三类消费心理的玩具设计要素进行深入探讨，提出了安全性、交互性、趣味性、情感化、本土化的儿童玩具设计理念和传统创新、生态环保、情感联想、互动体验、满足特殊需求的儿童玩具设计策略；最后，结合儿童玩具设计实践案例，详细介绍了学前儿童心理学视域下的玩具设计流程，并对学前儿童心理学在玩具设计中的应用实践进行了具体分析。

本书系淮阴工学院设计艺术学院何艳婷所主持的江苏高校哲学社会科学研究基金项目“学前心理学视域下的儿童益智玩具创新设计研究”（项目编号: 2018SJA1626）的最终研究成果之一。在著作过程中，笔者立足个人前期相关课题和科研成果，查阅了大量相关文献资料，从学前心理学的角度，结合自身研究专长，注重对儿童玩具消费需求、设计要素、设计理念、设计策略、设计流程、应用实践等方面开展研究，旨在促进儿童玩具设计更科学合理，让消费者买得放心、玩得开心。这也是笔者想要出版此书的原因。在此对相关文献的作者致以诚挚的感谢，同时，也真诚感谢提供设计案例的杨洋老师和张鸿威同学。另外，由于笔者时间和精力有限，本书的局限难免，诚望广大同行和读者提出宝贵意见。

何艳婷

女，1980年10月生，淮阴工学院设计艺术学院教师，硕士。意大利佛罗伦萨大学访问学者，中国艺术人类学学会会员，淮安市“533英才工程”学术技术骨干人才培养对象。主要研究方向为设计心理研究、现代设计理论与方法研究。

目 录

第一章 绪 论

纵观人生发展全程，尤以儿童期最重要。儿童期为个体身体成熟、心智发展、个性形成的关键时期。各时代的心理学家身处不同的社会背景，立足于各自的哲学思想，开创并应用了若干研究方法，致力于儿童心理发展的研究与理论构建，提出了特色各异的儿童发展观。近代儿童心理学诞生于 19 世纪后期的德国，自普莱尔之后，儿童心理学逐步进入了形成、分化与发展阶段，出现了以某个或某几个有影响的心理学家为核心人物的理论派别，分别从不同的思维角度与侧重点为儿童心理学的发展承前启后地做出了其应有的贡献。一百多年后的今天，最初出现的一些思想流派有的已经减弱了其影响，有的随着时代的变迁不断更新思想内容。

儿童心理学是一门研究儿童发展的规律和儿童各年龄阶段的心理特征的科学。因此，儿童心理学也只有以辩证唯物主义为指导才能确保其科学性。辩证唯物主义是科学的世界观和方法论，儿童心理学的研究必须以辩证唯物主义作为指导才有前途。儿童心理学研究是在儿童各种活动中表现出来并有所发展的，所以必须贯彻实践性原则，结合儿童的活动进行研究。学龄前是儿童教育的关键时期，这一时期的儿童在生理、心理上都有其特定的特点，他们喜欢玩玩具，从一出生玩具在他们的生活中就扮演了非常重要的角色，玩具成了他们忠实的伙伴，因此也担负起了教育功能。学龄前儿童的感觉器官发育得很早，智力发展飞速提升，如果错过了在这个时期进行科学而合理的教育，那么会影响其以后的思维能力发育以及成长。孩子的父母要选好适合孩子的玩具，以此来开发智力、学习知识、训练思维、强身健体。

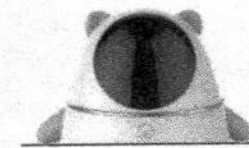

第一节　学前儿童心理学概述

一、学前儿童心理学简介

（一）学科概念

儿童心理学是研究儿童心理发生、发展的特点及其规律的发展心理学分支。儿童心理学在儿童成长、儿童教育、儿童医疗卫生、儿童文艺、儿童广播电视等社会实践领域中具有积极而重要的意义。儿童心理学一般以个体从出生到青年初期心理的发生和发展为研究对象。在西方文献中，儿童心理学与“儿童发展”以及狭义的“发展心理学”在意义和范围上基本相同。儿童心理学著作有按年龄阶段如新生儿期、婴儿期、童年期、少年期、青年期等排列的体系，这是大多数儿童心理学著作采取的体系；有按心理过程排列的体系，如感知觉发展、记忆发展、思维发展、注意发展、语言发展等；也有将上述两种排列混合编制的体系。

学前儿童心理学从广义上来讲是研究从出生到入学前儿童心理发生发展规律的科学，也就指出了学前儿童心理学研究的内容和范围，狭义上是指关于3~6岁儿童心理发生发展规律的科学。从研究对象来说，涵盖了普通心理学、发展心理学和教育心理学等心理学领域中关于学前儿童心理的许多内容，其中涉及领域有：感知觉、记忆、思维、想象、道德、学习动机、语言、个性、价值观、社会性的发展、情感、态度等。

（二）学科内涵

人是一个处在与周围环境经常相互作用中的积极的活体，不仅是行动的客体，也是行动的主体。随着个体的生长、环境的变化及教育的影响，心理活动根据由简单到复杂、由低级到高级、由被动到主动的顺序发展起来。在这个发展过程中，心理活动不仅显示着连续的、多层次的、多水平的特性，而且显示着一定的结构性和阶段性。这是由人与周围世界的联系和关系的多样性所决定的。心理的特征似乎是渗透于社会和生物两者之中，并以一定方

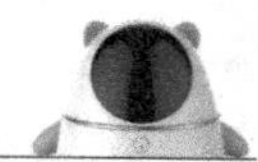

式将它们连接、贯穿起来，通过转化为行为和活动而最终得以实现。所以，研究人的心理，既不能离开环境，尤其是社会环境，又不能脱离机体的生长，也不能忽视心理活动的连续性和整合性。在这几方面的相互关系中，人的发育成熟往往起着主导作用。

最低级的心理活动，例如，反射，总是直接地反应外部的刺激，愈是发展了的高级的心理活动，就愈能对内部刺激做出反应。高级心理活动诚然也由外部刺激所引起，但是外部刺激往往先转化为内部刺激，因而直接反应的不是外部刺激而是内部刺激。所以，从心理反应的直接对象来说，发展就是向内转化。比如，新生儿和婴儿，他们的心理总是对外界刺激产生简单而直接反应。随着他们的生长和周围环境的影响，随着生活经验不断积累，逐渐形成一些自我的活动，由直接寻找外界的反应转化为随意反应。此时，他们具有了一定的主动性，逐渐形成一些自我的活动，由直接对外界的反应转化为随意反应。

发展不仅仅是心理机能数量的增长，还是质量互变的过程。心理机能数量的变化只是发展的条件，还不是发展的本质。心理的真正发展，有待于心理整体的质变。心理发展的动力在于生物因素与社会因素的对立统一。对于简单的、低水平的心理活动来说，主要依靠成熟就可以了，但对于复杂的、高水平的心理活动来说，学习所起的作用将占更加主要的地位。儿童一方面有极其复杂的社会环境，另一方面又有极其分化的生物因素，这两方面是对立的。但同时，社会环境只有通过生物因素才能对儿童起作用，而儿童的生物因素又是由于人类长期的社会生活才逐渐形成的。所以，生物和社会这两方面是相互作用的，这就是两者的辩证关系。

二、理论来源

（一）认知发展理论

认知发展理论是著名发展心理学家让·皮亚杰提出的，被公认为是20世纪发展心理学上最权威的理论。所谓认知发展是指个体自出生后在适应环境的活动中，对事物的认知及面对问题情境时的思维方式与能力表现，随年龄增长而改变的历程。让·皮亚杰，瑞士人，近代最有名的儿童心理学家。他的认知发展理论成为这个学科的典范。皮亚杰对心理学最重要的贡献，是他把弗洛伊德的那种随意、缺乏系统性的临床观察，变得更为科学化和系统化，使日后临床心理学有长足的发展。

感知运算阶段的儿童的主要认知结构是感知运动图式，儿童借助这种图式可以协调感知输入和动作反应，从而依靠动作去适应环境。通过这一阶段，儿童从一个仅仅具有反射行为的个体逐渐发展成为对其日常生活环境有初步了解的问题解决者。在前运算阶段，儿童将感知动作内化为表象，建立了符号功能，可凭借心理符号进行思维，从而使思维有了质的飞跃。具体运算阶段内，儿童的认知结构由前运算阶段的表象图式演化为运算图式。具体运算思维的特点：守恒性、脱自我中心性和可逆性。皮亚杰认为，该时期的心理操作着眼于抽象概念，属于运算性的，但思维活动需要具体内容的支持。形式运算阶段，儿童思维发展到抽象逻辑推理水平，其思维形式摆脱思维内容，形式运算阶段的儿童能够摆脱现实的影响，关注假设的命题，可以对假言命题做出逻辑的和富有创造性的反映。同时，儿童可以进行假设——演绎推理。

图式是皮亚杰理论中的核心概念，指动作的结构或组织。个体能对刺激做出反应，在于其具有应付这种刺激的思维或行为图式。图式使个体能对客体的信息进行整理、归纳，使信息秩序化和条理化，从而达到对信息的理解。个体的认识水平完全取决于认知图式。图式具有概括性的特点，可应用于不同的刺激情境。初生儿仅具有几个简单的遗传图式，如吮吸，当嘴唇触到任何物体都会产生吮吸、反射。学习能产生迁移是因为在前一学习中形成了某种图式，然后应用到下一学习情境中去。

同化指有机体把环境成分整合到自己原有机构中的过程。皮亚杰借用同化来说明个体把新鲜刺激纳入原有图式中的心理过程，就整个有机体来说，有三种水平的同化：生理水平上，是物质的同化；动作水平上，是行为的同化；智慧水平上，是思想的同化。从心理学的角度来说，同化就是把外界元

素整合于一个正在形成或已形成的结构中。因此，同化过程受到个人已有图式的限制。个人拥有的图式越多，同化的事物范围也就越广泛，反之，同化范围也就相对狭窄。

顺应指个体调节自己的内部结构以适应特定刺激的过程。当个体遇到不能用原有图式同化的新刺激时，便要对原有的图式加以修改或重建，以适应环境。这样将迫使个体改变现有的认知图式，形成某些适合新经验的新图式，引起认知结构的不断发展变化。图式的发展和丰富是通过同化和顺应两种机制来实现的。皮亚杰认为，刺激输入的过滤或改变叫作同化，内部图式的改变以适应现实，叫作顺应。同化是量变的过程，而顺应是质变的过程。在认知结构的发展中，同化与顺应既相互对立，又彼此联系，相互依存。就人的认识成长来说，如果只有同化没有顺应，认识就谈不上发展。

（二）个体发生理论

列夫·维果斯基是俄罗斯的心理学和心理语言学的创始人，他在辩证唯物主义思想的指导下，从整体与部分、统一与对立的辩证角度出发，探索思维与语言之间的关系。维果斯基的代表作《思维与语言》汇集了维果斯基的主要研究成果，尽管其核心是思维和语言的关系问题，它却深刻地展现了具有高度创造性和缜密思考的智力发展理论。该书对思维和语言的主要理论进行了严格分析，维果斯基既反对把思维和语言等同起来的观点，也反对把两者完全割裂开来的观点。

首先，维果斯基赞成在动物身上做实验，证明语言和思维有各自不同的遗传根源，并且独立发展。其次，维果斯基通过对婴幼儿进行大量试验，发现婴幼儿的成长经历了一个前语言思维发展期和前思维的语言发展期。婴儿在周岁左右时，能够咿呀学语，甚至说出个别的字词，但这些只是纯粹的感情行为。当幼儿 2 岁左右时，独立发展的思维和语言开始相互作用：语言开始服务于思维；思维开始被语言所表达。

维果斯基的儿童发展观点假设社会互动和孩子参与真实的文化活动，均是发展的必要条件，同时在进化过程中，人类的心智能力也因需要沟通而被唤起。因为人们所强调的文化活动和使用工具的不同，所以在每个文化的高层次心智活动上也会有所不同。我们只有借着检视行为的发展或历史，去了解人们的行为，如果想了解某些东西的重要性，我们必须看它是如何发展形成的。在儿童发展上有两个不同的平面等级发生，那就是“自然的线”及“文化的线”。“自然的线”指的是生物的成长、物体的成熟及心智的结构。文化的线指的是学习使用文化工具，以及参与文化活动的知觉意识。

就像发展的生物与文化的两条线一样，人们的心智功能也可分成较低和较高的心智功能。较低的功能是与其他哺乳类共有的，较高层次的心智活动是人类所独具的，包括语言及其他文化工具的使用，来修正引导认知的活动。较高层次的心智活动，在发展的过程中，就会自动重组低层次的心智活动。任何孩子的文化发展功能都会出现在两种层面上，一个是出现在文化或人际间的层面；另一个是在个人或心理的层面。所有具有这种社会根源的高层次心智功能都会逐渐内化。语言是中心，语言是最初始的文化工具，人们用来修正行为，这是再重建思想，以及形成高层次、自我规范的思考过程中非常有用的工具。正式的教育和其他社会化的文化形式，是引导孩子发展到成人的关键。

（三）道德发展理论

儿童的道德判断普遍存在与其行为不一致的现象，但是，个体道德判断能力的发展水平越高，道德判断与行为的一致性程度越高。道德发展的关键是学生道德判断能力的发展。关于道德判断，维果斯基认为是由儿童的道德判断结构或形式反映出来的，带有冲突性的交往和生活情境最适合于促进个体道德判断能力的发展。儿童通过对假设性道德两难问题的讨论，能够理解和同化高于自己一个阶段的同伴的道德推理，拒斥低于自己道德阶段的同伴的道德推理。因此，围绕道德两难问题的小组讨论是促进学生道德发展的一种有效手段。

在经过长期的实验研究之后，科尔伯格指出儿童个体的道德发展水平与个体的认识活动及其认知发展水平具有密切的关系，在不同的年龄阶段，儿

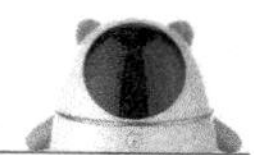

童具有不同的道德发展水平。科尔伯格进一步指出，尽管儿童个体具有各不相同的种族、文化传统，但是，他们的道德判断发展趋势是一致的。科尔伯格的调查研究显示，儿童的道德发展是由“前习俗水平”到“习俗水平”，再到“后习俗水平”，按顺序前进的，各个发展阶段是不能跨越的。道德发展是连续的、按照不变的顺序由低到高逐步展开的过程，更高层次和阶段的道德推理兼容更低层次和阶段的道德推理方式，反之，则不能。各阶段的时间长短不等，个体的道德发展水平也有较大差异，有些人可能只停留在前习俗水平或习俗水平，而永远达不到后习俗水平的阶段。在对儿童个体进行道德教育时，教育者必须了解儿童个体现在处于哪一个道德发展阶段，根据儿童个体道德发展不同阶段的实际情况和具体特点因材施教，循循善诱，逐步提高儿童的道德水平。科尔伯格设计了一系列反映社会现实的儿童道德两难问题。与此同时，科尔伯格还认识到仅仅凭借发展儿童道德认知促进儿童道德发展的不足，他提倡师生间的民主参与，建立公正的集体氛围，为儿童提供各种角色扮演机会，努力创造条件来实践儿童的道德责任。

科尔伯格在道德教育实践和道德发展方面做出了独一无二的贡献，在这些他致力研究几十年的领域中，科尔伯格超出了同时代的所有人。在我国的教育体系中，道德教育一直是摆在首位的，效果却不尽如人意，甚至在某些方面问题十分突出，这与我们的道德教育方法和研究水平有密切的关系。研究科尔伯格的理论和实践，对于我们亟待提高的道德教育水平和急需改革的硬性灌输方法，具有较大的启发性。

三、儿童行为心理

（一）行为心理内容

作为行为派心理，认为人的心理意识、精神活动是不可捉摸的，是不可接近的，心理学应该研究人的行为。行为是有机体适应环境变化的身体反应的组合，这些反应不外乎是肌肉的收缩和腺体的分泌。心理学研究行为在于查明刺激与反应的关系，以便根据刺激推知反应，根据反应推知刺激，达到预测和控制人的行为的目的。儿童对环境的需求过程是从满足生理需要到满足心理需要的过程。儿童需要物质环境和精神环境两个方面。需要是一种主观状态，是个体在生存过程中对既缺乏又渴望得到的事物的一种心理反应活动；有着生理需要、心理需要、安全需要等层次之分。它常常以不能满足的状态存在着，一般以意愿、渴望的形式来彰显流露，最终转变为促使人类进行活动的动力。

人的基本欲望，是其个性突出、有生命力的体现，更是对情感的一种表达。情感的表达与急需表现性在儿童的日常生活中体现得很明显。儿童对事物的认知能力是相当有限的，但他们天生具备对新鲜事物的强烈好奇心。心理学家皮亚杰研究表明：促进儿童认知的主要方式是进行游戏，它可培养儿童的基本运动技能，还可促进儿童的心理发展，锻炼各种感官的能力，是儿童认识社会的最初途径。兴趣是人们从事某种活动的根本动力，兴趣能使人集中注意力，产生愉快而紧张的心理状态。兴趣对一个人的个性形成和发展、对一个人的生活和活动有着巨大的作用，并具有一定的时效性。其不仅促使儿童对不同场景的事物产生不同的兴趣度，还能激发儿童藏在心中最高层的东西，那就是我们所说的求知欲，它使人集中精力去获得知识，并创造性地完成当前的活动。

（二）行为心理特征

儿童在不同环境下的个人领域是不一样的，他们在成人权威下的个人领域相对比较小，而且缺少自主意识，不满意时还存在着委屈现象。但在同辈权威中就不一样，他们可以自主地表达自己的意愿，展示自己，这时的个人领域完全受自己的控制。在环境心理学的理论中，个人安全领域可以说是，每个单位个体都有权利限制他人或群体靠近自己。他人或群体也有权利控制与单位个体交换信息的质和量。

儿童的活动尺度与生俱来就与成人有一定的差异：其单元活动尺度小于成年人。在户外游戏中，儿童对于个体单位距离没有一定的标准。在日常活动中，儿童的户外活动一般都是在父母或其他成年人的看护或陪同下进行的，

他们在这种状况下并没有感到不适，而是在很大的程度上有着一定的依赖性。他们无论在什么环境中，都会没有任何顾虑地、轻松愉快地与其他儿童交流。他们会因为游戏而变成亲昵伙伴，密切地合作完成他们的游戏。当固有环境条件满足较低层次的需求时，就会自然地过渡到高水平的人类需求，相反，就会后退到次一级的需求层次。随着儿童年龄的增长，儿童对环境的需求就会像"马斯诺的需要层次论"一样，逐级提高。

四、儿童心理学发展趋势

（一）理论整合化趋势

早先的精神分析理论与行为主义都试图从一个极端化的角度来阐释儿童心理发展的机制，皮亚杰的相互作用论与班杜拉的社会认知理论则开始强调内外因的相互作用，注重主体内在的积极主动性与环境的相互影响。近年来，整体性理论与生态系统论更是强调开放的、系统的、整合的研究理念。关注认知、情感和行为的相互影响，遗传与环境的共同作用，从家庭到社会的各个层面的生态环境彼此之间的相互作用以及各种因素对儿童发展的共时性影响，这都是理论整合性的表现。特别是近年来认知科学与行为遗传学等边缘科学的蓬勃发展，使心理学在自身研究成果的基础上汲取其他相关科学的能量，实现更大意义上的整合。

人体是复杂的整体系统结构，人的发展也是一个非常复杂的动态活动过程，这一过程的发展要受很多因素的影响。所以，对儿童发展问题的研究必须从多方面进行，这就需要包括医学、社会学、生态学、人类学、文化学、心理学、行为学、教育学、脑科学等多学科的有机合作，建立网络式的综合研究体系。儿童发展学就是一门包括儿童心理、生理内容在内的多学科合作的应用性边缘学科。所以，儿童发展问题的研究必须摆脱各个单纯学科内的分格式研究格局，建立网络式的研究体系和综合性学科，也就是儿童发展学。不论从儿童心理学的整个发展史上看，还是从各阶段的心理学家的个人修养

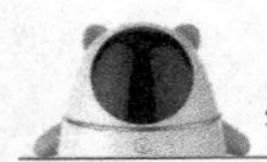

上看，都说明多学科合作的综合性研究应该是儿童心理发展研究的必然趋势。

（二）发展系统化趋势

多学科合作的综合性研究也是一种整体性研究。各学科之间不能处于相互分割状态，要相互协调、相互补充，这样才能达到有机结合，也就是形成一种研究领域的整合性。如果在研究领域上不能形成整体性，那么多学科合作也是不可能实现的，综合性研究也就不会形成，所以，多学科合作的综合性研究实际上意味着在儿童心理发展的研究领域内建立整体研究的网络。整体性研究还意味着儿童发展的研究要跨地区、跨国家、跨民族、跨文化。当今世界越来越开放，真正世界性交流的时代已经到来，所以，儿童心理发展的研究也要跨地区、跨国家、跨民族和跨文化，否则，任何研究者所得到的研究结论的正确性与科学性都可能是前科学的。与此同理，面对如此复杂的人的心理，只从某一学科的视野上去研究，而无视其他相关学科的研究成果，这种研究同样也会有局限性，其结论的科学性令人怀疑。

生态系统发展观对儿童心理学最大的启示就是在相互联系的各个层次的生态环境中去理解和把握儿童的发展，儿童没有直接面对与接触的大环境也会对儿童的发展产生间接的影响。该理论采用的模型和历时系统模型对传统的研究模型也是很大的发展与补充。环境层次的最里层是微观系统，指个体活动和交往的直接环境，这个环境是不断变化和发展的，是环境系统的最里层。对大多数婴儿来说，微系统仅限于家庭。随着婴儿的不断成长，活动范围不断扩展，幼儿园、学校和同伴关系不断纳入婴幼儿的微系统中来。对学生来说，学校是除家庭以外对其影响最大的微系统。

（三）文化适应性趋势

我国是一个具有悠久文化传统历史的多民族国家，在不同民族之间，由于历史环境与生存环境的原因，各自形成了独特的文化以及在文化影响下形成的独特认知：研究和了解我国不同民族间的文化对认知的影响，不但对建立我国本土的心理学具有重要意义，而且对世界心理学理论的验证具有深远的意义。而在跨文化认知心理研究中，不仅要研究成人的认知心理，同时更

应该研究儿童的认知心理。因为只有对儿童的认知进行跨文化研究，才能有效地揭示认知的发生、发展和认知方式的形成原因及其影响因素，这一点对我国跨文化心理学的研究显得尤其重要。习俗与认知在群体的认识活动中都起着重要作用，而且二者不可分割地联系在一起。习俗在认知的支配下影响了许多方面，以至于人们在家庭中对孩子的养育方式也受到习俗的影响。因此，在同一群体，由人们对儿童的养育方式具有普遍性，这种普遍性的养育方式直接影响着儿童认知的发展，而根植于特定生存方式与习俗之上的对儿童的养育方式也不是短期内形成的，而是在人们代代生息繁衍当中约定俗成的。所以，它具有一定的稳定性，而且影响的时间也较长。这正是生存策略影响儿童认知的长期性。

随着后现代主义思潮的到来，人们不但开始真正关注世界，而且关心自己，关心和热爱属于自己的一切，包括自己的心理以及影响心理发展的生态环境文化。想真正理解和解释儿童心理发展的特点和规律，只有在各国、各民族分别和共同研究的基础上才会可能，所以，儿童发展心理学的本土化必然会受到学术界的关注，其中，影响心理发展的生态文化会备受关注。文化对个体发展的作用首先表现在通过社会环境的形式发生后天的影响。儿童的有些发展模式具有普遍意义，超越文化背景的影响，而某些发展模型是特定文化因素的产物。文化对个体发展的影响还可以通过进化来发生，适应社会文化发展的个体或群体较不适应社会文化发展者更具有选择的相对优势而使某些适应性形态得以传递。

第二节 玩具对学前儿童心理发展的影响

一、学前儿童心理健康影响因素

（一）遗传因素

亲子之间和子代个体之间性状存在相似性，表明性状可以从亲代传递给子代，这种现象称为遗传。遗传学是研究此现象的学科，目前已知地球上现存的生命主要是以DNA作为遗传物质。除了遗传之外，决定生物特征的因素还有环境，以及环境与遗传的交互作用。遗传起源于早期生命过程的信息化或节律化。遗传作为父母影响子女身心状况的直接因素，对于个体的心理健康有着必然的影响。如，许多残疾人家庭由于身体方面的缺陷导致他们在社会竞争中处于劣势地位，生存压力加大，直接产生抑郁、自卑、焦虑等心理问题。而且，有身体缺陷的儿童在其成长的过程中常常会遭遇到同伴欺负、成长受挫等负性的生活事件，从而使其产生人格上的障碍。除了躯体方面的影响外，神经系统的影响也不容忽视，因为神经系统是人类心理的物质基础。现有的精神病学研究已经表明，父母中有一方患有精神疾病，其子女的发病率是正常人群的数十倍，父母双方患病的子女的发病率要更高。所以，在讨论儿童心理健康状况的时候应该对遗传因素予以充分的重视。

（二）家庭因素

家庭是儿童的第一课堂，父母是儿童的第一任教师。父母的教养方式对个体的心理发育、人格的形成、归因方式及心理防御能力等都有着极其重要的影响。研究表明，父母不良的教养方式对儿童心理健康水平有显著的消极影响，父母的教养方式可能是影响其子女心理健康的主要因素。父母的教养方式可分为民主型、强制型和放任型三种类型。不同家庭教育方式对于精神分裂症倾向有极显著影响。强制型和放任型家庭子女的精神分裂症倾向要高于民主型家庭。在不民主的家庭教育方式下，子女更容易出现交往障碍。

亲子关系是父母采用何种教养方式的主要表现，亲子沟通方式则是父母采用何种教养方式的行为指标。积极的教养方式表现出情感温暖、理解孩子。有研究表明，父母采取温暖理解教养方式的学生的社会适应能力要好于父母采取惩罚严厉或过度保护的学生。而消极的教养方式则表现为过分干涉、过分保护，拒绝、否认，惩罚、严厉，偏爱。消极的养育方式容易使青少年形成人际敏感、抑郁、焦虑等不健康的心理。在我国家庭教育中，由于许多家长缺乏正确的教育理念，缺乏教育心理方面的相关知识，因此，家长的不良教育方式普遍存在，而且与儿童行为异常、焦虑、心理障碍有密切关系。父

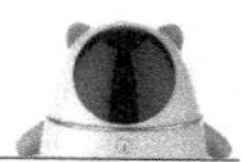

母与青少年之间的沟通是与青少年的社会适应相联系的。良好的亲子沟通可以使家长与孩子的心理距离缩小，家长在与孩子沟通中了解其心理需要，随时发现孩子成长发展中的各种心理变化，理解尊重孩子，从而促进青少年自尊与心理健康的发展。而不良的亲子沟通则拉大了家长与孩子的心理距离，家长缺乏对孩子心理变化的敏感性，易忽视孩子的心理需要，从而使青少年表现出孤独、抑郁等不良的心理状态。

（三）学校因素

心理健康是目前现代教育关注的重点问题之一，大学生的心理健康状态不稳定的表现越来越突出，由此而引发社会对少年儿童心理健康的重视。特别是学前儿童的心理健康将会对他们今后的情感、道德和个性的发展产生深远的影响，甚至产生不可逆转的影响。学前教育阶段是国民素质教育的最基础阶段，是小学的准备阶段，也是人生发展的起始阶段。随着社会的发展进步，不断对人才提出了新的要求，面对日益增大的竞争压力，要求下一代不仅要具备良好的智力条件，还要有一定的心理素质条件来面对种种挑战。

在学前教育的教学活动中，教师的教育行为要亲切和蔼，努力驱散孩子的自卑、胆怯心理，在言语上多多鼓励，在眼神上要绝对柔和，因为孩子的心理是最敏感的，他们渴望获得老师的赞扬和喜爱，往往能从老师的言行举止上，甚至一个眼神中判断出老师对自己的喜爱与否。学前儿童的生活始终是以游戏来贯穿始终的，在整个游戏过程中，幼儿通过对游戏的选择和角色扮演等情节活动，学会如何与其他同龄人相处，这对于幼儿性格的个性化发展无疑是极有帮助的。但是，并不是所有的游戏都对幼儿心理健康是有积极作用的，要有针对性地选择一些有助于幼儿团结协作和心理健康教育方面的游戏，同时这些游戏还应该具备一定的趣味性。在教学活动中，结合学前幼儿的心理特征和发展需要，利用教学来对幼儿进行心理健康教育，坚决反对以说教的办法对幼儿进行一味地灌输或者把各类教学板块割裂开来。

（四）社会因素

社会主要是指家庭、幼儿园以外的社会文化和心理环境。社会经济、福利状况、风俗民情、伦理道德、宗教信仰等各种因素对于学前儿童内在的心理品质和行为方式的形成都有影响。其中，大众传媒、社会风气和环境污染是影响学前儿童心理健康的重要因素，电视、图书等大众传媒以直观、易于接受的形式对学前儿童的心理健康产生巨大的影响。如武打片、恐怖片、一些不健康的电视广告、黄色书刊，使学前儿童产生恐惧、焦虑、攻击性行为等心理障碍和行为问题；还如电游室、网吧，使学前儿童着迷上瘾；人们沉迷于赌博性的麻将，忽视学前儿童的生活和教育，都会影响学前儿童的心理健康。此外，物质环境中不适当的温度、湿度、照明、空间、噪音等，都会影响儿童的情绪和行为。如高强度的噪音刺激会使学前儿童大脑皮层的兴奋和抑制过程的平衡失调，产生植物神经功能紊乱，出现头昏、心悸、失眠等现象，从而影响学前儿童的情绪。

人生活的环境除家庭环境、学校环境之外，便是社会环境，而社会环境对任何人，包括幼儿都是一样的，尽管幼儿开始时是天真烂漫的，但也会因此受到影响，而社会的影响可大可小，大到全世界的社会时代文化背景，小到周边的一切事物如电视节目、图书内容、父母带孩子去的场所以及在外面的大环境下所见所闻、家庭周围发生的事情。再如，如果父母经常带孩子去图书馆、文化古迹、认识大自然的各种生物植物等，孩子相对就比较文静、爱学习。所以说，社会环境对幼儿性格的形成具有非常重要的作用，而我们的生活环境、社会环境、自然环境和文化环境与幼儿的成长性格密切相关。

二、现代儿童常见的心理问题

（一）语言障碍

语言是人类在社会劳动和生活过程中形成并发展起来的，它是指通过运用各种方式或符号来表达自己的思想或与他人进行交流的能力，是一种后天获得的、人类独有的复杂的心理活动。言语障碍是指对口语、文字或手势的应用或理解的各种异常。语言是人类特有的一种能力，是儿童掌握知识的工具，儿童需要利用语言进行思维和交往，因此，语言对儿童的成长发育具有

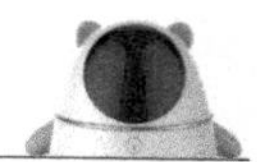

重要作用。儿童言语语言障碍的发生率较高，该障碍是最多见的残疾之一。在我国，由于专业分支尚未建立，发育和行为儿科医师尽管对此感兴趣，但临床的开展仍具有一定的困难。

语言是人类进化过程中的产物，是人们用以沟通思想、表达情感、适应生活的交流工具。它同思维密不可分，所以也是人类思维的工具。语言也是一种社会现象，随着社会的进步与发展，语言也得到发展和丰富。语言能力是学习、社会交流、个性发育的反映。语言迟缓指发育过程中的儿童语言发育遵循正常顺序，但未达到与其年龄相应的水平，表现为年幼儿童的语言特征。学龄前期语言迟缓程度严重，并阻碍其年龄相当的学习、沟通和社交关系者，很可能进一步发展为语言障碍。患儿语言发育迟缓、开口说话较晚，有的患儿甚至终生不语，患儿只能机械地模仿别人的语言，对别人的提问不能回答。

（二）交往障碍

由于心理理论自身包含社会认知成分，因此，它对儿童的同伴交往具有至关重要的作用。国内外均有许多研究表明儿童心理理论与同伴关系之间存在相关关系，一种解释认为，心理理论水平较高的儿童能够更好地理解他人的想法与意图，在同伴交往过程中常常能够采取有利于同伴关系发展的行动反应以满足他人的需求，因而较受同伴欢迎。相反，心理理论水平较低的儿童，因为不能较好地理解他人的情绪状态并做出满足他人的反应，所以在同伴交往中往往不那么受欢迎，甚至容易遭受拒绝或排斥。还有另一种解释则基于同伴交往对心理理论发展的影响，认为受同伴欢迎的儿童能够更多地与同伴交流想法，促进同伴间的互相学习，从而提高他们的心理理论水平。

具有交往障碍的无法与他人进行正常的交往：与别人没有目光对视，没有与他人拥抱、亲吻的意愿，被爱抚时也不会表现出温情；不区分熟人、陌生人，对家人和对其他人的态度是一样的；父母只是患儿生活起居的依赖，并非是情感的依赖，只有饿了才会找妈妈，然后又不理妈妈；经常独处，不愿意和同伴一起玩耍，看见别的儿童玩游戏，也没有参与的愿望或观看的兴趣。幼儿的同伴交往能力随着年龄的增长而逐渐提高，发展最快的是幼儿园小班到中班阶段，大班幼儿与中班幼儿的同伴交往能力无显著差异。另外，幼儿的同伴交往能力的发展存在显著的性别差异。培养幼儿的同伴交往能力，关键是为幼儿创设一个使他们想交往、敢交往、喜欢交往的自由、民主、平等、宽松的环境；使幼儿的同伴交往能力得到很好的发展，交往的技巧和水平也会不断提高。教师不仅要为幼儿创设一个自由、宽松的同伴交往环境，支持和鼓励幼儿主动交往，体验交往的乐趣，还要使幼儿变得能主动吸收良好的交往行为，为以后的同伴交往活动储备知识、经验和技巧。

（三）学习障碍

儿童学习障碍是指智力正常的儿童，在获得或运用听、说、读、写、推理和计算能力的一个或多个方面未能达到其适当的年龄和能力水平，出现明显困难，从而导致学习落后，学习成绩不理想的状态。学习障碍的成因及机制异常复杂，对它的分类也种类颇多。心理历程问题指的是个体在智力运作和抑制功能上遇到困难。智力运作异常的儿童多出现知觉、记忆、概念化、思考等方面的困难。抑制功能是对个人的行为做有效的控制，以便对外界的刺激做适当的反应，抑制功能异常的儿童容易分心、过动、挫折容忍力较低、行为固执等。语言问题不仅包括视觉与听觉性语言符号的听、说、读、写，也包括数量与几何图形等数学符号，即在听、说、读、写、算中的一项或多项出现问题。

学习技能发育障碍指儿童在学龄早期，同等教育条件下，出现学习技能的获得与发展障碍。这类障碍不是由于智力发育迟缓、中枢神经系统疾病或视觉、听觉、情绪障碍所致，多起源于认知功能缺陷，并以神经发育过程的生物学因素为基础，可继发或伴发行为或情绪障碍，但不是其直接后果。以男孩多见。主要包括特定阅读障碍、特定拼写障碍和特定计算技能障碍。该症病程恒定，不像许多其他精神障碍那样具有缓解和复发的特点。学习障碍主要表现为学习效果低下，具有认知能力低、语言失调、理解力低、学习自信心缺乏、性格不健全、行为习惯不良等特征。不仅如此，学习存在障碍的

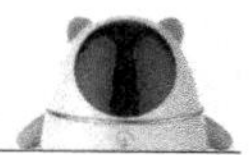

幼儿往往情绪较为低落，独立能力和自我控制能力弱，行为较为偏执，长此以往容易自暴自弃，从而引发更严重的心理问题。

三、学前儿童心理健康教育措施

（一）教师职业素养提升

近年来，幼儿教师变相体罚学生的事件时有发生，我们在气愤的同时，也明白了幼儿教师素养的重要性。幼儿园本来应该是一个有欢声笑语的地方，但是一些低素质教师的行为深深伤害了幼儿幼小的心灵，使他们慢慢变得胆小。为了保障幼儿的生命安全和健康心理的养成，幼儿教师要不断提高职业素养，杜绝伤害幼儿的行为发生。国家应制定相关的法律法规对无良教师进行严惩，家长也要加大对幼儿的关心力度，及时发现伤害幼儿的行为，并及时举报，让无良教师认识到错误性和严重性。长期以来，人们认为幼儿教师的素质就是具有扎实的专业技能和深厚的专业理论知识。而随着时代的发展和幼教事业的改革，新时期对幼儿教师的素质提出了更全面、更高层次的要求。新时代的幼儿教师不仅仅是一个知识的传授者，而且是一个能在实践教学中激发幼儿主动学习、与幼儿共同成长的专家型教师。

幼儿教师核心素质的养成需要教师在实践教学中不断总结、摸索，不管是观察素质抑或反思素质都是一个专业的行为系统，其发展是一个复杂的过程，并非一朝一夕的事。幼儿教师核心素质的发展是一个职前职后一体化的过程，在日常实践中教师要善于观察、勤于观察和及时观察，学会运用各种分析方法，通过多种途径提高反思能力，如可以通过使用照相机、摄像机以及创建博客平台等形式来提高反思能力，从而促进自身专业发展，在实践教学中与幼儿共同成长，完成从普通型教师向专家型教师的转变。

（二）家庭教育水平提升

家庭教育是一切教育的基础，学校教育和社会教育都是在家庭教育基础上进行的。家庭是孩子的第一所学校，父母是孩子的第一任老师，家庭教育的成功与否必然成为孩子能否健康成长的关键所在。因此，家庭教育在把好第一关，打好教育基础上起到了关键的作用。我们必须十分重视家庭教育，并施以正确的家教方法，才能保证孩子的健康成长，直至成才。作为家长，我们必须练就一个本领：在任何情况下，既能督促孩子进步，又能保持孩子的自尊不受伤害。你要保证孩子得第一名高兴，得最后一名也高兴，让孩子觉得活在世界上很美好，培养孩子对生命的热爱，让孩子时常具有好心情，这是家长最重要的任务之一。要知道心情如同吹来的风，虚无缥缈，却无处不在地存在着，无时无刻不影响着孩子的一切，心情的颜色会影响世界的颜色。

要使家庭教育的一致性取得真正实效，一是在教育孩子的时候要做到正确意见大家都支持，错误做法大家都制止，并给孩子讲清道理。同时，要讲究教育的艺术性，这样全家人紧密配合，才能形成一股统一的教育力量，增强家庭教育的效果，使孩子始终得到正确行为和思想的引导，逐步形成良好的行为习惯和道德品质。二是要掌握科学、正确的教育方法，根据孩子身心发展的规律和实际情况来开展教育。三是要使家庭教育目标与幼儿园教育目标保持一致。幼儿园的育人目标是培养幼儿爱党、爱人民、爱祖国、爱社会主义，体、智、德、美诸方面全面发展的“四有”新人。家庭教育的目标只有和幼儿园教育目标保持一致，才能培养造就一代优秀人才。

（三）玩具质量水平提升

随着经济发展水平的提升，儿童玩具产品的种类、品牌日益丰富，但随之而来的安全问题也较为突出。近年来，儿童玩具致死致伤的案例大量涌现，各国政府对儿童玩具安全问题都非常重视，采取了很多措施加以干预，尽管玩具安全状况得到了不同程度的改善，但是挑战依然存在，管理方面尚存在漏洞，还有很大的改进空间，亟待相关部门制定并实施有效可行的措施与策略。业内人士指出，将这些玩具列入强制认证范围，主要是考虑到这些产品存在的安全隐患可能对儿童健康安全造成威胁。针对以往一些儿童玩具伤害儿童的个案，强制性认证的出台可谓皆大欢喜。目前，玩具“3C”认证制度的推行，对那些实力雄厚的企业的优质产品将起到保护作用，促进企业发展；

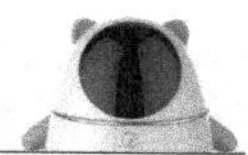

而对一些实力不济，靠偷工减料、假冒伪劣来牟取利益的企业来说，他们面临的将是如何生存的问题。

玩具产品实施“3C”认证，短期内可能会对部分企业的生产、销售产生一定的影响。但同时它也是一个机遇，如果企业能对照认证要求严格把关，加强管理，对整体提升我国玩具产品的质量与档次，培育和支持国内优势品牌，促进产业升级和产品出口增长都将起到至关重要的作用。中国玩具生产企业必须从玩具产业可持续发展的角度出发，建立完善科学的生产质量保证体系，从产品设计、生产过程控制、产品最终检验等环节，确保玩具生产的安全可靠；而且必须学习掌握国际上通用的玩具安全标准，按国际市场要求开发、设计和组织生产。同时，有步骤、有秩序地对玩具产品实施“3C”强制性认证，符合我国的玩具业行情，对提高企业的生产管理，提升我国玩具产品的质量，尽快与国际接轨，将起到巨大的推动作用。

四、玩具对学前儿童心理发展的影响

（一）提升认知能力

认知能力是指人脑加工、储存和提取信息的能力，即人们对事物的构成、性能与他物的关系、发展的动力、发展方向以及基本规律的把握能力，它是人们成功地完成活动最重要的心理条件。知觉、记忆、注意、思维和想象的能力都被认为是认知能力。人们的认知特点对于社会经济状况都有显著的影响，增强认知能力也已经被发现与财富增长和预期寿命的增加有关。一直以来，人们普遍认为，像数学和阅读这样的能力，是具有家族性的，而影响这些性状基因的复杂系统在很大程度上却不为人们所了解。

玩具作为儿童很重要的玩伴之一，其本身的特性也会决定儿童对玩具的喜爱程度。玩具的不同造型、多种色彩、趣味性的声响、丰富的功能都极大地吸引着孩子们去接触玩具。在玩玩具的同时，通过不同的特性满足孩子们的好奇心、开发智力、活跃思维、提升认知、增加审美。所以在我们开发设计玩具的时候一定也要考虑玩具的一系列特征，使教育意义充分融合在玩具设计之中。综合多方面的调查研究得知，相关设计人员会根据儿童各个时期的不同性格特征，设计满足不同年龄阶段儿童的益智玩具，从而更好地实现教育功能。

（二）提升语言能力

语言能力是指掌握语言的能力，这种能力表现在人能够说出或理解前所未有的、合乎语法的语句，能够辨析有歧义的语句，能够判别表面形式相同而实际语义不同或表面形式不同而实际语义相似的语句以及听、说、读、写、译等语言技能的运用能力。语言表达能力是现代人才必备的基本素质之一。在现代社会，由于经济的迅猛发展，人们之间的交往日益频繁，语言表达能力的重要性也日益增强，好口才越来越被认为是现代人所应具有的必备能力。作为现代人，我们不仅要有新的思想和见解，还要在别人面前很好地表达出来；不仅要用自己的行为对社会做贡献，还要用自己的语言去感染、说服别人。就职业而言，现代社会从事各行各业的人都需要口才：对政治家和外交家来说，口齿伶俐、能言善辩是基本的素质；商业工作者推销商品、招徕顾客，企业家经营和管理企业，都需要口才。

孩子们在玩具的世界里找寻自己的合作伙伴，不仅仅是帮助孩子提早进入社会，接触人与人之间交流的一个有效衔接方式，更是开发了儿童语言叙述和表达的能力。在教育教学过程中，我发现很多孩子沉默寡言不爱和别人沟通交流，长久发展下去很容易导致幼小的心灵自闭，甚至孤僻、不合群。但是，只要以开展游戏活动，把大家融合在一起就会把他们爱玩的天性释放出来，淋漓尽致地展现出自己的纯真童心；孩子也不再像之前那样的不爱说话，反而更愿意和伙伴们交流表达。语言是文明的产物，对孩子语言开发有帮助的玩具应该在孩子接触玩具的时候就开始供给他们玩乐，不仅有助于促进语言能力的发展，还能为孩子更好地接触社会打下良好的基础。

（三）提升审美能力

艺术鉴赏力，亦称审美能力，是指人感受、鉴赏、评价和创造美的能力。审美感受能力指审美主体凭自己的生活体验、艺术修养和审美趣味有意识地

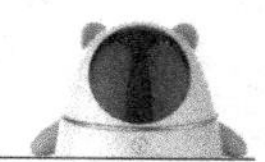

对审美对象进行鉴赏，从中获得美感的能力。审美评价能力指在审美鉴赏基础上，对审美对象的性质、价值、形式和内容等进行分析，并做出评价的能力。审美创造能力指在具备一定的审美感受、鉴赏和评价能力的基础上，运用某种艺术形式和表现技巧，创造美的艺术形象的能力。审美能力是后天培养的。发展审美能力，是审美教育的重要任务。

艺术创造生活，也反映生活的一部分，玩具就是很好的一个载体。艺术让生活变得更有意义、丰富多彩。生活中享受不到艺术的孩子们在艺术方面不可避免的比较贫乏，所以，我们要让孩子接触艺术，既能提升审美能力，也能开动脑筋、开发智力，发现美的玩具。现在市面上的玩具琳琅满目，一些造型奇特新颖、色彩丰富、功能繁多的益智玩具能够很直接地满足儿童的好奇心，让孩子们去探索玩耍，日积月累地去发现更多美的玩具和美好的事物。有些儿童玩具能够调动儿童全身上下的肌肉，锻炼孩子的身体协调性，玩的时候还能让孩子去思考，认真观察找出破解的方法，然后深层次地去挖掘玩具的内在美。像一些音乐发声玩具，孩子还在婴幼儿时期经常接触这类玩具的话，就会潜移默化地培养乐感，在以后听到熟悉的音乐后不仅会跟着哼唱，还会不由自主地摆动自己的身体跟着舞动，在听音乐的时候会集中自己的注意力，并且很容易记住一些旋律，甚至在有时候也会受到音乐情绪的影响，对乐器敏感，更愿意去接触它们等，这些都是很好的益智玩具。

（四）提升逻辑思维能力

逻辑思维能力是指正确、合理思考的能力，即对事物进行观察、比较、分析、综合、抽象、概括、判断、推理的能力，采用科学的逻辑方法，准确而有条理地表达自己思维过程的能力。它与形象思维能力截然不同，逻辑思维能力不仅是学好数学必须具备的能力，也是学好其他学科，处理日常生活问题所必需的能力。数学是用数量关系反映客观世界的一门学科，逻辑性很强、很严密。逻辑思维是以概念为思维材料，以语言为载体，每推进一步都有充分依据的思维，它以抽象性为主要特征，其基本形式是概念、判断与推理。因此，所谓逻辑思维能力就是正确、合理地进行思考的能力。

益智玩具能够开发儿童的创新逻辑思维能力，在玩耍的过程中不断地发现问题，并对问题进行探索和研究，玩玩具会使孩子们没有任何心理负担和压力，完全是好奇，也促使孩子们在玩耍中不断地前进，快乐而没有任何负担的玩耍使他们思维越来越活跃，创新能力不断得到提升。举个例子来说，就像玩积木，拼装玩具的时候，孩子们一定要集中注意力，不断地更换组装部件，开动脑筋，充分发挥创造力和想象力才能更好地去完成积木拼装。又如角色扮演类的玩具不仅能够变换不同的角色，满足孩子们的好奇心，还能体验换位思考，通过不断地回忆过往的点点滴滴，锻炼孩子的记忆力和想象能力。

第二章　儿童玩具概述

童年是人生中非常短暂但又十分珍贵的时光，现在的孩子处在有着多种多样玩具的年代，儿童的生活总是快乐的，并且这份快乐和外在的关系微乎其微，这是他们发自内心的快乐。而很多设计师是成年人，无法理解这种儿童的欢乐。也不是说随着年龄的增长，我们就忘却了儿时的记忆，只因生活的重担一天天地压在我们身上，儿时的童心童趣被一点点地消磨殆尽，不再拥有纯真的心灵，自然无法理解孩子的欢乐。但是，玩具有着非同一般的魔力，总能用最简单的方式唤起埋藏在心底儿时的记忆。玩具是孩子们的玩物，更是良师益友。新一代的家长便把它变成开发孩子智力，对孩子进行早期教育的行之有效的工具。确实，好的玩具是孩子们的良师益友，这样的玩具对孩子而言也具有极大的意义。

玩具伴随着孩子的成长，成为孩子最亲密的伙伴，儿童玩具的消费在家庭中所占比例不断上升。目前在我国，玩具产业的强大生产能力与相对薄弱的设计力量形成了鲜明的对比，因此，对于儿童玩具的设计问题，成为设计师关注的焦点，也受到社会的关注。玩具是一种文化，它的价值是由它的制作者和游戏者双向构成的。制作者和游戏者存在合一的状态或者分离的状态，它们构成了游戏共同体。传统玩具是传统社会生活的反映，它不仅满足了儿童游戏的需要，同时也将儿童从一个自然人纳入传统文化之中。现代社会中，生产方式和社会生活方式的改变使玩具的制作者成为儿童游戏强有力的控制者，技术因素与商业因素的结盟催生了现代玩具。

第一节　玩具的发展演变

一、儿童玩具概述

（一）玩具

玩具，泛指可用来玩的物品，玩玩具在人类社会中常常被作为一种寓教于乐的方式。玩具也可以是自然物体，即沙、石、泥、树枝等等的非人工物品。对玩具应作广义理解，它不只限于街上卖的供人玩的东西，凡是可以玩的、看的、听的和触摸的东西，都可以叫玩具。玩具适合儿童，更适合青年和中老年人。它是打开智慧天窗的工具，让人们机智聪明。

玩具以其生动的形象，鲜艳的色彩和奇特的声响吸引着幼儿，激发他们的求知欲，启迪幼儿的智慧，培养他们良好的品德和热爱科学的精神。比如，积木是一种很好的概念性玩具，各种不同形状的积木教会幼儿认识不同的几何体，同时，积木还可用来进行计算，领会数字的大小。又如拖拉机玩具，不仅能使幼儿获得有关力学知识的感性认识，也能促使他们身体的发育。而一些塑料的模型玩具，孩子们在进行拼搭、镶嵌和组合的过程中发展了思维，锻炼了耐心，培养了幼儿从小热爱科学并热心研究的精神。玩具就是以这种幼儿最容易接受的方式，帮助幼儿认识周围的世界，丰富幼儿的生活。

（二）儿童玩具

儿童玩具是指专供儿童游戏使用的物品。玩具是儿童把想象、思维等心理过程转向行为的支柱。儿童玩具能发展运动能力，训练知觉，激发想象，唤起好奇心，为儿童身心发展提供物质条件。儿童玩具的种类主要有：形象玩具、技术玩具、拼合和装配玩具、建筑和结构玩具、体育活动玩具、音乐发声玩具、劳动活动玩具、装饰性玩具和自制玩具等。对玩具的一般教育要求是：有利于促进幼儿体、德、智、美的全面发展；符合儿童年龄特征，能满足其好奇心、好动和探索活动的愿望；造型优美，反映事物的典型特征；

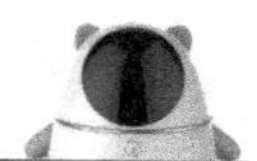

活动多变，有助于鼓励学习；符合卫生要求，色彩无毒，易于清洁、消毒；符合安全要求等。

一般来说，儿童玩具是为特定年龄组的儿童设计和制造的，其特点与儿童的年龄和智力阶段有关。儿童玩具的使用以一定的适应能力为前提。作为儿童玩具，它拥有一个关键性的因素，那就是它必须能吸引儿童的注意力。这就要求玩具具有鲜艳的颜色、丰富的声音、易于操作的特性。值得注意的是，由于儿童处于一个不断成长的不稳定期，他们在不同的年龄阶段有着不同的爱好，普遍都有喜新厌旧的心理。就其材质来说，常见的儿童玩具有木制玩具、塑料玩具、塑胶玩具、金属玩具、布绒玩具等；就其功能来说，最受家长欢迎的是开发智力型的玩具。

二、儿童玩具发展史

（一）古代时期

在早期，玩具业并没有得到社会的承认，制作玩具也非正业，玩具消费被视为浮侈行为。可见，在这样的社会背景下，家长给孩子买玩具自然成不了气候。中国古代的玩具市场到公元 10 世纪时的宋朝才真正形成，不仅生产和销售规模都是空前的，而且出现了“玩具专卖店”“玩具一条街”，制售玩具已成宋朝手工艺人的谋生手段和发财之道。北宋京城汴梁（今河南开封）的玩具市场最兴旺。南宋时，大量北方玩具艺人南渡，以都城临安（今浙江杭州）为中心的南方玩具市场也非常红火。明清时期，玩具被称为“耍货”，以苏州生产的耍货质量最好，也最有名。因为玩具市场集中在城北虎丘一带，故苏州产玩具又称“虎丘耍货”，外地家长到苏州，都会买虎丘耍货带回去给孩子。明清时的家长给孩子买玩具，就如给孩子添新衣裳一样。除到固定的玩具市场上去买，还会“赶集”或“赶会”，到定期或不定期的集市或庙会上逛，都有玩具摊。

声响玩具是中国出现最早的儿童玩具种类之一，从考古发现来看，原始

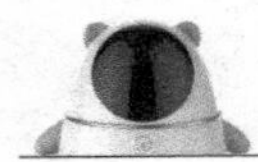

社会的孩子已玩这类玩具了。陶响球较大，内部中空，里面装有弹丸或石粒，摇动时沙沙作响。一直到汉魏时，陶响球都是古代孩子喜欢的玩具，后来出现的“哗啷棒”“花棒槌”，便是在陶响球基础上发展出来的。拨浪鼓是一种装有手柄的小鼓，鼓两侧缀有弹丸，转动鼓柄，便能甩动弹丸，击打鼓面，发出声响来。由于摇动拨浪鼓可以发出特殊的声响，过去货郎走街串巷时一般都会拿着它边走边摇。如南宋李嵩绘《货郎图》中的货郎，便手拿一只拨浪鼓，货担上则挂满了各种儿童玩具和杂货。

孩子如果再长大点，拨浪鼓显然是哄不了的。这时，家长大多会给孩子买些泥塑玩具。泥塑玩具，古人称作“泥货”，人形的则叫“土偶儿”，也叫“土宜”，是中国的传统玩具。汉朝时，民间艺人就开始制作泥塑玩具出售，到唐宋时已相当普及，特别是宋朝，泥塑玩具成为民间艺人最拿手的一种作品。“磨喝乐”是从西域传来的玩偶，本是佛教之物，唐时多用蜡制作，宋多泥质。其与现代玩具芭比娃娃颇为相似，有服装穿戴，且有不同搭配，可调换变化。由于“磨喝乐”的广为流行，宋朝孩子们都喜欢模仿其动作造型。明清时泥塑玩具更多，北京、天津、杭州、苏州、无锡、鄜州等许多地方都出现了“泥塑之乡”，至今不衰。

益智类玩具，也是古代家长最青睐的一类玩具。古代最流行的益智玩具以拼板类和环类为代表。源流最早的“重排九宫”，就是一种拼板玩具，是在古老的“河图洛书”即九宫图上发展出来的，欧洲人称之为“幻方”。古代拼板玩具中，在现代最流行的当是“七巧板”。七巧板有“智慧板”之称，是清朝家长常买给孩子的益智玩具，其源于宋朝的“燕几图”。清嘉庆年间养拙居士著《七巧图》刊行，让七巧板玩具从此流行天下。在环类益智玩具中，“九连环”最受古代家长和孩子的青睐。九连环被外国人称为“中国环”，明朝时已是流行益智玩具。

（二）近代时期

从玩具制造材料上看，民国时期风行的玩具为铁皮制、赛璐珞制玩具。家庭手工业时期玩具多以竹、木、泥、糖、蜡、布等为原料，这些原料在中

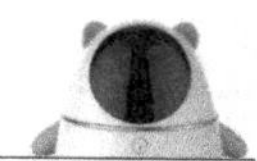

国本土就能找到，到民国时期玩具生产逐渐由手工制造推进至机器制造，制作原料也发生了较大变化，马口铁、油漆、赛璐珞、酒精、樟脑、盐酸等成为玩具生产的主要原料。

20世纪20年代到30年代，上海及其周边的马口铁制造业十分发达，当时的许多产品，如颜料、化妆品、饼干、糖果、香烟等都采用马口铁盒作为包装，而制作罐盒剩下的铁皮边角料，则多用于生产铁皮玩具，这种具备浓厚商业气息的铁皮玩具很快在沪上流行开来。与赛璐珞玩具一样，铁皮玩具开始也全是洋货，1911年，范永盛五金工厂开办后，开始利用铁皮边角和废旧马口铁、饼干箱生产一些简单的铁皮玩具，这是我国自制铁皮玩具的开端。

从玩具种类上看，民国时期风行的玩具为交通类、国防类玩具。近代中国一系列对外战争的惨败，让国人意识到西方国家的强大。晚清洋务派人士将西方的胜利归结为器物取胜，要求中国学习西方先进的军事装备、科学技术、机器生产等。虽然洋务派的观点有失偏颇，但不可否认西方强大的军事装备，先进的科学技术给落后的中国人带来了极大的心理冲击，要拯救中国，其中不可避免的一点便是学习西方先进的物质文明。为了将西方物质文明以娱乐的方式植入儿童的意识中，玩具无疑是最好的选择，其中，国防玩具和交通玩具既能够唤起儿童的国防意识，培养儿童爱国心理，又能代表西方物质文明，因此，在民国社会能够迅速流行开来。民国时期的国防玩具有大小的枪炮、刀、剑、坦克、军舰、飞机、汽舰、铁甲车及其他军用仿真玩具等；交通玩具有火车、汽车、马车、人力车、轮船等。

近代国货玩具业是在洋货玩具充斥国内市场刺激下产生的，国产玩具业的发展可分为三个时期，第一为贩卖外货时期，如上海先施、永安、新新、大新等大型百货公司代销外国玩具；第二为监制时期，分头由不同的工人做部分的定制，再由工厂自行拼凑组成；第三为自造时期，但是能达到此阶段的工厂并不多。整个民国时期的国货玩具业尚处于幼稚阶段，缺乏创新，国货玩具中仿制外国玩具的偏多，自创玩具较少。

（三）现代时期

传统玩具与民俗文化关系密切，如弹棋、益智图、七巧板、九宫格、布老虎、各种泥塑等等。这些玩具的色彩、结构和造型随意、主观，具有民族文化和艺术的特点。随着电子信息技术和科技的飞速发展，各种电子玩具层出不穷，它们的新颖、新奇，对孩子具有莫大的吸引力，也是潮爸潮妈送给孩子的时尚玩具。传统的弹棋、布娃娃、七巧板、泥塑等玩具门前冷落，而电子游戏机、iPad 等成为很多孩子爱不释手的新玩具。随着科技进步和生产力提高，大机器生产的玩具效率更高、成本更低，而手工制作的玩具相比较之下费时、费力、费脑，很多父母以工作繁忙等原因放弃了与孩子共同制作玩具的机会，于是工厂生产的成品玩具逐渐取代手工玩具。如今，玩具商成为玩具的主要生产者、制作者，儿童成为玩具的消费者，而且在玩具商和儿童之间，玩具商具有主导性。因而，玩具的价值更多地反映了玩具对玩具商的商业需要的满足，如何让儿童买更多、更贵的玩具是他们的主旨。

在人类科技高度发展的今天，开发和制作的玩具只能说是工业生产流水线上的商品。从玩具的材料来看，以金属、塑料为主，并且玩具的制作往往由机器来完成，个人是无能为力的，传统社会生活中自然材料俯拾皆是的情形早已不复存在。儿童的生活远离了丰富的自然环境，同时对传统玩具也失去兴趣和想象力。从玩具的玩法来看，不论是机械装置、电动还是遥控玩具，只是将一个现成的技术成果呈现在儿童面前，以成人的技术剥夺儿童创造的过程，孩子们选择玩具、制作玩具、使用玩具的扣人心弦的过程被科技压缩，儿童只知享受不懂探求，这些玩具只能短暂的吸引儿童，却因为制作设计简单、玩法单一而无法激发儿童的审美感受。在现代阶段，人们充分利用人类取得的科技成果，从节奏能力、空间能力、视觉能力等方面设计研究有助于开发儿童思维能力、创造能力、观察能力的玩具。

一般认为，智力包括观察力、记忆力、思维力、想象力、创造力五种能力。因此，我们进一步可以认为，玩具是指有助于开发儿童某项或一系列智力的玩具。一个成功的儿童玩具不仅可以激发儿童了解未知事物、了解外部

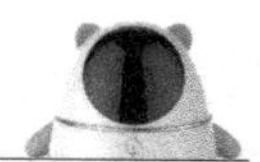

世界及自身的欲望，使他们增长知识，而且能提高儿童的观察、思考、想象、记忆和实践能力，在无形中增长儿童的智慧。

第二节　儿童玩具的特征

一、玩具与儿童的关系

（一）传承文化

不同国家的玩具都有其特殊性，而玩具本身的特征、蕴含的价值、发挥的作用会通过游戏在孩子们身上得以体现。因此，玩具会潜移默化地将这些优秀的传统文化传递出来，并且一代又一代地继承和发扬下去，孩子们可以通过玩具得到学习和理解。以玩具娃娃为例，美国的芭比娃娃，拥有雪白的肌肤、大大的眼睛、高挑的身材、华丽的服饰，体现的是西方认同的审美标准；而中国各民族的布娃娃，身穿各民族不同特色的服饰，展现了我国不同民族的文化。这就与西方的芭比娃娃大不相同，体现了不同的审美情趣，表达了不同的感情。幼儿在玩娃娃的同时可以了解到中西方的差异。

比如，我国的布老虎玩具，虎英勇、威风凛凛，具有永不服输、敢于挑战的精神。早期的人类惧怕虎又非常喜欢虎，并赋予了虎一定的意义。这样，幼儿在玩布老虎的时候就可以挖掘虎的历史并学习虎的精神，使虎的文化一代又一代地传承下去。再比如，七巧板玩具，它是由一块正方形、一块平行四边形、五块三角形加起来共七块图形组合成的，可以展开自己的想象，随意组合，拼出好多种不同的图案。幼儿在玩七巧板的时候可以充分利用自己的大脑，随意发挥，展示自己的才华，同时也是在发扬继承我国的传统文化。

（二）促进学习

玩具不仅给幼儿带来了快乐，还能刺激他们的神经系统，让他们了解一些社会方面的经验，帮助幼儿学习到一些常用的生活小知识。很早之前，英国著名的思想家就把玩具赋予了学习的概念。他在原始积木的基础上做文章，

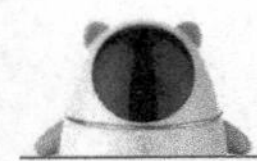

加之字母的元素，把积木和字母结合起来，让幼儿能更好地认识字母，达到寓教于乐的目的。玩具的种类很多，有一些玩具可以对幼儿的某种技能的学习起到促进作用。如套环塑料玩具，不仅形状各异，而且颜色不同，幼儿在搭建的过程中，可以学会区别不同的颜色和造型，同时也在空间排列组合上面锻炼了幼儿的逻辑思维能力。还如一些玩具专门教授幼儿的某项技能，颜色、数字、排列、大小、分类、组合等。以用积木搭建一个正方形为例，可以任由自己想象随意组合，幼儿在玩的过程中会发现不同的搭建方法。

有些特定的玩具能够训练幼儿特定的技能。比如“娃娃家”玩具，就是通过自己亲自体验来感受现实生活中家庭的氛围，学会一些家庭常识。现在市场上有卖各种各样的玩具，比如仿真蔬菜水果、蛋糕机、收音机、听诊器等，就是通过这类玩具让幼儿学会成人的一些社会经验。再比如工具类玩具，榔头、螺丝刀、锯子等，幼儿可以通过使用螺丝刀来模仿成人修理坏掉的东西，体现自己的伟大。因此，玩具不仅仅是娱乐，孩子们可以通过玩具学会一些生活小常识以及生活技能，获得更多的经验。

（三）形成性格

性格是在人的生活实践过程中形成和发展的。现在的儿童，大多是独生子女，由于家长的过分溺爱和过度呵护，反映出许多性格上的弱点和缺陷。加之受应试教育的影响，家庭、学校和社会往往都重视知识的传授和智能的培养，忽视了儿童不良性格的矫正和良好性格的塑造。而人的早期性格对人的一生影响极大，往往决定一个人一生的命运。性格教育要发挥儿童的积极性，不断提高学生性格的自我塑造能力，这就是性格教育的根本目的。在儿童成长的过程中，自我意识明显地影响着性格的形成。孩子脱离母体降临世界，对社会所有的事物都是未知的，他们成长的过程就是他们提高技能本领的过程，也是认识整个世界的过程。对游戏的喜爱是儿童与生俱来的，而玩具是低幼阶段儿童最好的朋友，玩具能让儿童学习到科学文化知识，认识丰富多彩的世界，还能够培养儿童优良的品德以及和他人沟通交流的能力。

每一个幼儿的性格都是不相同的，有的幼儿性格开朗，有的幼儿不爱说

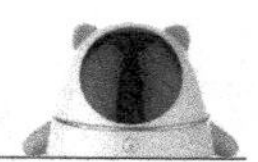

话，沉默寡言，喜欢独处，喜欢一个人玩玩具。良好的性格是要慢慢培养的，不是说变就变的，玩具在促进、培养幼儿良好性格上帮助很大。幼儿最多的玩伴就是玩具，因此，他们对玩具会产生一种依赖性，会把玩具当成他们生活中最好的伙伴，胜过父母。教师和家长可以用不同的玩具来培养幼儿的性格。对于偏内向的幼儿，我们可以给他们选择一些适合集体活动的玩具，比如积木、智慧弯管、套杯等建构场景玩具，让他们在玩的过程中互相帮助、互相交流、共同协作，提高他们的语言表达能力，慢慢改善自己的性格。对于性格比较外向、不细心、没有耐性的幼儿，我们可以给这类儿童选择一些拼图以及需要手工制作的玩具，让他们慢慢地静下心来，锻炼他们的耐力以及做事的持久性。

二、儿童玩具的特征

（一）功能性

功能性是指玩具所具备的使用价值。它通过针对不同年龄层的儿童需求，利用外观造型、色彩、工艺技术来加以实现。玩具设施和所有的活动一样，也应有其发展上的确切性，玩具设施的大小及其类型应符合儿童使用它们的发展性特征，不同年龄段的儿童应使用适合其年龄的玩具设施，否则会有安全隐患。一般儿童的年龄层次可分为四个阶段，第一是 2 岁左右的儿童，他们正处在学习各种动作阶段，宜使用较为平稳、具有反复操作练习功能的玩具；3 岁左右的儿童，他们处于语言教育的最佳时期，模仿力强，适合角色游戏，增强思维和语言表达能力；4 岁左右的儿童，他们可以在手的帮助下，进行一些比较惊险的动作，大型的滑梯类对他们来说很合适；5 岁以上的儿童，他们的想象力已日益丰富，非常愿意进行模仿性的游戏活动，对玩具车和有较大回转的滑梯十分喜爱。

（二）娱乐性

体验所产生的娱乐性是综合的，其中包括产品与使用者、使用者与使用者、使用者与非使用者的双向体验。如一款拼图玩具，其娱乐性在于儿童开动脑筋解决问题，产生互动的可以是同伴也可以是家长，那么与家长的这种亲子间的互动可以看成是使用者与非使用者之间的。体验产品的娱乐性是体验设计的重要优势。因为体验产品在设计过程中充分考虑到了体验的各种因素，在体验过程中使用者很容易会在体验某种情感中找到轻松，使用完之后也会充满回忆。玩具的娱乐性表现在儿童在玩玩具的时候从中获得的乐趣，同时也包括儿童在观赏玩具的外观造型、色彩、功能时获得的审美愉悦。玩具本身就是娱乐的，教育功能是在此基础上形成的，不能说增加了教育功能，玩具的娱乐性就消失了，这是不合理的，玩具的娱乐性和教育功能是同时存在的，二者相互依存。学校在通过玩具进行教育的同时不要忘记玩具固有的特点：娱乐性。让孩子在娱乐中学到知识，孩子是非常快乐的，并且也不容易忘记，所以，儿童教育玩具应具有一定的娱乐性。

（三）动态性

儿童随年龄的增长，兴趣会不断转移，功能单一的玩具会很快让孩子失去兴趣，造成浪费，因而，儿童玩具需注重其功能的开发设计。功能整合设计即一个玩具具有多种功能，使其一物多用或长时间使用。功能整合设计可以使玩具内容丰富。玩具在儿童的成长阶段占有重要的作用，尤其是教育益智作用。在成长过程中，儿童的心理发展也是同步前进的，同样具备那种分阶段进步和成长的特点。每个年龄阶段有每个年龄阶段的特点，每个心理阶段同样具有每个心理阶段的特点，也就是经常所说的心理年龄。儿童成长的每个阶段都会在玩具游戏阶段获得很多，但是每个阶段所需要的则大不相同。比如，儿童到了童年期阶段，他们各方面的心理和生理发育已经有了很大的提高，具有了很强的学习能力，有自我认知能力，更加注重个人性别在儿童团体的关系。

（四）安全性

对于任何年龄段的儿童，玩具安全都是第一位的。之所以把安全性放在

首位是因为儿童的生理特征决定了他们更容易受到外来的意外伤害，他们的生理、心理发育尚不成熟，对事物的认知也不完全，缺乏自我保护意识，他们在使用产品时，任何潜在的问题都可能造成严重的后果。因此，安全性是儿童产品体现人性化的首要条件，也是最基本的条件。玩具设计师要有高度的安全意识，熟悉各国玩具安全标准，设计的产品要经过严格的安全监测，适用对象要有明确的年龄标志，避免玩具对儿童造成伤害。儿童产品在造型上、色彩上和材料使用上，都不应该给儿童造成任何身体上或心理上的伤害。如一些产品的零配件，除了注意转角部分是否尖锐容易误伤儿童外，还要确定产品的尺寸不应过小，以降低误食或误插入口的概率。

安全的玩具可以锻炼孩子们解决问题的能力，无论国家经济结构和经济发展水平存在多大差异，质量观念都是趋同的，都把儿童玩具的安全性作为衡量质量状态的第一要素。安全就是没有危险，是儿童在正常玩耍玩具的过程中不受到来自玩具的任何伤害，即使进行了不合理的操作，也能将伤害降到最低限度。

第三节　儿童玩具的分类

一、儿童玩具的类别

当今市场上儿童玩具种类繁多，题材丰富，从卡通动漫人偶到拼装模型玩具，从传统民俗玩具到高科技的交互玩具，应有尽有。这里主要依据材料、功能、创意来源等对常见的儿童玩具进行简单分类。

（一）根据玩具主要制作材料的不同，可以分为木制玩具、布绒玩具、塑胶玩具等

木制玩具是玩具中的一大门类，因原料易得，可塑性强，从古至今，木制玩具的数量和种类非常庞大。最早的木制玩具以简单的手工雕刻为主，种类比较少，有木马、跳偶、陀螺、七巧板、孔明锁等。随着时代的发展，木

制玩具已跳出了传统的限制，许多新的品种应运而生。在玩具市场上，木制玩具占有相当大的比重。如图 2–3–1 所示，锻炼幼儿思维能力的立体造型的拼图；图 2–3–2 所示，锻炼孩子手眼协调能力的木质串珠，还有各式各样的积木，等等。

图 2–3–1　木质立体拼图

图 2–3–2　木质水果串珠

布绒玩具指用各种化纤、纯棉、无纺布、皮革、长毛绒、短绒等原料通过剪裁、缝制、装配、填充、整形、包装等工序而制作的玩具。布绒玩具也是历史比较悠久的玩具种类之一，如图 2–3–3 所示的传统民俗玩具布老虎。因布绒玩具造型逼真、材质简单易得，工艺简单、安全，能开发智力并具有装饰性，深受幼儿的喜爱，使很多玩具设计师都钟情于布绒玩具的制作。目前，玩具市场上以各类动漫形象出现的布绒玩具非常多，深受儿童及家长的喜爱。如以英国 BBC 电视台出品的幼儿动画片《花园宝宝》为题材的布绒玩具就很多，图 2–3–4 所展示的就是花园宝宝的“全家福”。

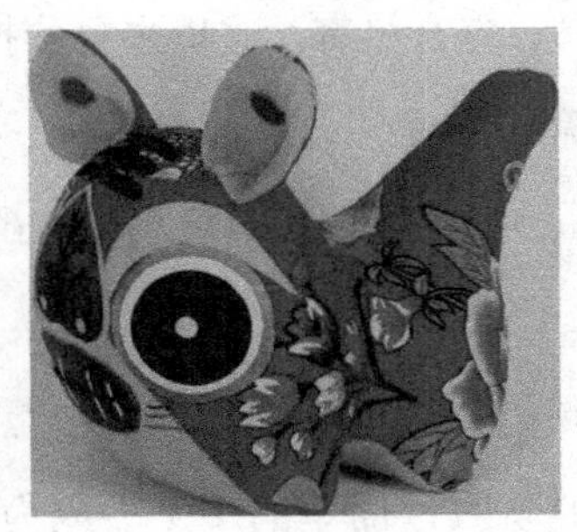

图 2–3–3　传统民俗玩具布老虎

图 2–3–4　花园宝宝系列布绒玩具

塑胶玩具主要指各种用塑料、橡胶、树脂、硅胶等化学合成材料制作的玩具。相对于木制玩具和布绒玩具来说，塑胶玩具出现得较晚，发展却十分迅速，是当前玩具市场上种类最多、占比重最大的玩具种类。如各类塑胶玩具车、各类塑胶卡通人偶等，图 2–3–5 所示的是小熊维尼塑胶陀螺。除上述三种材料外，市场上还存在一些金属玩具、陶瓷玩具等。

图 2–3–5　小熊维尼塑胶陀螺

图 2–3–6　智慧金字塔

（二）根据儿童玩具功能的不同来划分，可以分为益智玩具、户外运动玩具、观赏收藏玩具、创意玩具、音乐玩具等

益智玩具是指供幼儿使用的、以智力培养为主要目标，让孩子在玩的过程中开发智力、增长智慧的玩具产品的统称。目前市场上常见的有套环、拼图、七巧板、魔方、各种棋类、智慧珠等，图 2–3–6 所展示的是智慧金字塔。这类玩具普遍价格低、更新快、功能强，市场需求一直遥遥领先，受到家长和孩子们的青睐。

户外运动玩具就是具有户外运动、娱乐功能的玩具类型，是和儿童体能运动紧密联系在一起的。目前市场上常见的有各种球类、平衡车、扭扭车以及各式遥控飞机、遥控汽车等，图 2–3–7 为儿童滑板车。这类玩具不仅可以锻炼幼儿的身体协调性与动作的灵活性，还可以培养其胆识、锻炼其健全的体魄，因而受到家长和幼儿的喜爱，市场需求量大。

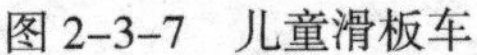
图 2–3–7　儿童滑板车

图 2–3–8　芭比娃娃

观赏收藏玩具一般呈系列化、套装化，是玩具中最大的一类。一般都是被大众接受和喜爱的形象或者是具有特殊的艺术审美价值。如我们常见的俄罗斯套娃、芭比娃娃、布蕾兹娃娃等，图 2–3–8 就是一个穿着中国旗袍的芭比娃娃。这类玩具能美化生活环境，丰富和扩展儿童的知识面，引起他们对生活的热爱。在玩具市场上，观赏收藏类玩具占有相当大的比重，已成为所有玩具销售商必备的商品。

创意玩具是没有固定形态、可以让孩子“DIY”的玩具。DIY 的过程本身就是一个“玩”的过程，通过动手，儿童可以清楚地体验到玩具是怎样“制造”出来的。孩子可以根据自己的意愿和想象，拼搭所喜爱的模式，玩起来千变万化，其乐无穷。这类玩具有利于锻炼幼儿的坚强意志，对培养孩子的动手能力和逻辑思维能力、激发他们的创造潜能、发挥他们的想象能力，大有裨益。市场上常见的有积木、积塑、建筑大师、创意拼砌等，图 2–3–9 为乐高创意拼砌。

音乐玩具具有动听的音乐、可爱的形象、优美的声音，能增进孩子对声音旋律和节奏的兴趣，使其体验到生活的美好和愉快。市场上常见的主要有小钢琴、小铃鼓、小木鱼等，图 2–3–10 为组合鼓。

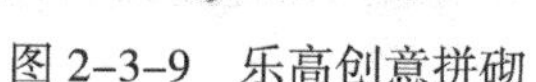

图 2-3-9　乐高创意拼砌

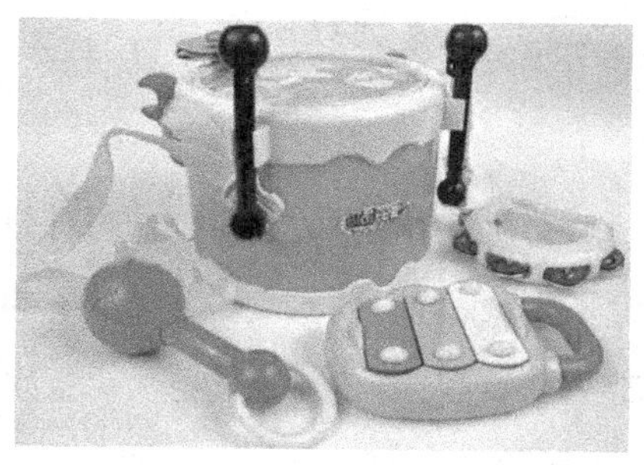

图 2-3-10　欢乐组合鼓

（三）根据玩具设计的创意来源，可以将儿童玩具分为：传统民俗类玩具、潮流玩具

传统民俗类玩具是指那些具有一定历史传统的，带有地域特点和民族风格的玩具。这类玩具目前在市场上所占的比重比较小，但是一些经典的设计仍受到人们的喜爱。如惠山泥人、晋祠拉猫、北京兔儿爷、淮阳泥泥狗等。

潮流玩具是紧跟时代潮流，以当时社会流行事件或人物形象为题材的玩具。这类玩具主要以畅销动画片中的卡通形象和人物角色为“主人公”来设计。铠甲勇士、迪迦奥特曼、小熊维尼、托马斯、喜羊羊与灰太狼等都是幼儿喜闻乐见的卡通形象，与之相应的主题玩具在市场上一直热销，甚至连肯德基、麦当劳之类的快餐店都以这类玩具来吸引儿童消费者。图 2-3-11 展示的就是“喜羊羊与灰太狼”系列的彩色积木与木制图书。

图 2-3-11　“喜羊羊与灰太狼”系列的彩色积木与木制图书

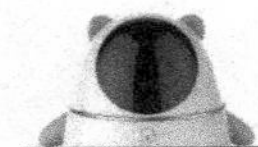

二、儿童玩具的功能

（一）娱乐功能

随着生活水平的提高，国人对孩子投入的养育成本也越来越高，特别是独生子女政策的推行，家长对孩子的宠爱程度亦是大大地提高。这也极大地刺激了儿童娱乐产品的发展。儿童娱乐产品，也就是我们平时称呼的玩具，在目前的儿童用品市场上呈现出一定的特点。儿童娱乐产品的受众不仅是儿童，购买的决定权往往掌握在家长手中。故一个儿童产品的设计，不能只吸引儿童，更多的设计重点要考虑到家长的选择需要。儿童对玩具的考虑往往是娱乐性，而非价格，但是家长考虑的因素则是多方面的。

娱乐功能不仅是玩具的基本功能，而且是玩具原始的功能。可以说，孩子们在玩游戏与玩具的过程当中，就是对现实生活的体验，如扮家家、搭积木、下围棋等游戏，儿童通过玩具模仿，体会人们的爱憎，形成他对事物的态度，在多次玩耍同一玩具中体验着同一种情感，并以自己的方式参与游戏，给人一种难以忘怀的愉悦记忆。尤其是益智玩具，既能满足孩子们体验动手的快乐，又从中学到各种知识，为孩子开辟了一个生动有趣的第二课堂。每一次新的体验都是在帮助他们转动开门的钥匙。人人都有一段漫长的童年，而玩具对每个人都不陌生，没有一个儿童不愿意戏耍，没有一个孩子没有自己感兴趣的玩具，游戏是儿童不可缺少的生命活动。就连成年人，当看见一个憨态可掬或精灵古怪的玩具时，也会激起童心，快乐得像个孩子。

（二）益智功能

益智玩具的首要功能就是开发智力，增长知识，感知世界。儿童智力的高低与遗传因素有关，但是一个人的智力是否能够得到最大潜力的发挥，与儿童期的早期教育有着很大的关系。据国外有关研究发现，玩具可以刺激每个脑神经元多生成部分突触。一个设计良好的益智玩具，不但具有趣味性，还具备科学性、教育性和艺术欣赏性。儿童借助玩具，进行有趣的游戏活动，模范学习，认识和了解周围的事物以及人类生活。儿童在玩耍的过程中，儿

童的情绪、情感都处于最佳的状态，不仅能有效地学习知识，也能很好地促进智力的发展。像瓦特、莱特兄弟、爱迪生、牛顿、爱因斯坦等，这些有成就的人，都在玩中获得过教益。

大家都知道，儿童玩具是宝宝接触世界的一扇窗，益智玩具和所有玩具一样，可鼓励孩子用感官去接触世界，例如，刺激他们的视觉、听觉和触觉，帮助他们配合身上各种感官的反应，来接触和认知外间新奇的万事万物。有些会发出不是很强烈的声响，有些则设计得颜色鲜艳、线条流畅，这些都能直接带给孩子视听感觉的刺激。不同的益智玩具，都是辅助孩子认识世界的有效工具。

（三）教育功能

儿童玩具的教育功能是指儿童通过玩玩具从中获得了知识，即促进儿童身体各项机能的发展，提高儿童的创造力、想象力，使儿童在游戏的过程中学到知识，玩具对儿童起到了一定的教育作用。儿童在玩玩具的时候，不由自主地从中学到了知识，而并非强加给儿童的；儿童在玩玩具的时候，很不希望受到外界的干扰，他们通常都喜欢自己做小主人，任由自己支配，但是有些玩具需要多人来玩，这时，家长也会参与进来。通常，家长参与进来就会去引导儿童按照成人的思维方式去玩，他们往往忽略了儿童才是主要角色，家长是配合儿童的，所以建议家长把自己看成一个什么都不懂的低龄幼儿，让孩子带动家长，这样更能增强儿童的自我启发性。家长通过陪儿童玩玩具，慢慢地循序渐进，长此以往，儿童会学到很多知识。俗话说，平庸的老师是讲述，次好的老师是解释，优秀的老师是示范，伟大的老师是启发。由此看来，任何一款玩具都是儿童很好的老师，甚至可以称为启蒙老师。

第三章　学前儿童的心理发展

关于儿童发展问题的研究，迄今为止在某些方面已经有了较深的了解。但是，从其发展历史来看，其发展过程颇为曲折，发展速度较为缓慢，它经历了一个漫长的时期。对儿童发展问题的历史性考察对我们正确把握今后的研究方向无疑是很有意义的。百余年来，对这一问题的讨论和研究更多地集中在儿童心理与儿童教育上，由此产生了许多独立的相关学科，从而大大推进了儿童发展研究的进程。心理的发展是指身心的生长和变化，如同一条蜿蜒的长河，时而会激起奔腾的波涛，时而会静静地流淌，如此循环往复，循规变化。随着年龄的增长，儿童心理和生理由简单到复杂、由低级到高级、由旧质到新质不断地变化。心理的发展除了依靠生理结构机能以外，更重要的是受到社会生活条件的制约。

儿童身心的发展不仅是渐进的，而且是遵循一定顺序的，每个阶段之间是不可逾越、不可颠倒的，前一阶段是后一阶段发展的条件。教育工作者要遵循这一规律，在不同的发展阶段开展不同的教育活动，同时，更应该按照儿童身心发展的序列来施教，做到循序渐进。儿童周围的一系列环境系统都对儿童发生相互作用并影响儿童的发展。艾里克森指出，儿童各阶段心理危机的产生和危机的解决都与环境作用密切相关。教育者要运用系统论的观点，从儿童心理的完整性和统一性、儿童身心因素与外部环境的制约性与协调性出发，把家庭、社会、学校和个人诸因素综合起来，整合教育资源对儿童实施教育工作。心理发展矛盾运动过程中的质变决定了心理发展的阶段性。各个发展阶段和其他阶段在质上相区别的一些心理特点，或更确切地说，一些一般的、本质的、典型的特点，我们称之为心理的年龄特征，由于心理发展是一个连续的矛盾运动过程，质变是在量变基础上产生的，不能把心理发展各年龄阶段的划分看成是绝对的、无联系的或突变的。心理发展既有阶段性，又有连续性。看到心理发展阶段性的同时，必须还要看到它的连续性。

第一节　学前儿童认知的发展

一、学前儿童认知概述

（一）认知

认知是指人们认识事物的心理过程。人们每天都在不断地感知外界信息并进行处理学习，这些信息需要在大脑的指挥下指导人们的行为活动，这一系列过程都属于认知行为。认知活动包含感觉、知觉、记忆、想象、思维几个方面，它们按照一定的关系组成一定的功能系统，从而实现对个体认识活动的调节作用。儿童处于成长阶段，培养他们在感觉、知觉、注意、记忆、思维等方面的发展尤为重要。儿童认知发展属于心理发展或心理发育范畴。心理发展指个体或种系从产生到死亡期间持续的有规律的心理变化过程。从物种发生和进化史来看，心理是物质发展到高级阶段的属性，人的心理是人脑对客观现实的反映。大脑是心理活动的物质基础，客观现实是心理活动的内容和源泉，人通过一系列心理活动在实践中能动地反映客观现实。

（二）认知能力

认知能力是指人脑加工、储存和提取信息的能力，即人们对事物的构成、性能与他物的关系、发展的动力、发展方向以及基本规律的把握能力。它是人们成功地完成活动最重要的心理条件。知觉、记忆、注意、思维和想象的能力都被认为是认知能力。人们的认知特点对于社会经济状况都有显著的影响，增强认知能力也已经被发现与财富增长和预期寿命的增加有关。而一直以来，人们普遍认为，像数学和阅读这样的能力，是具有家族性的，而影响这些性状基因的复杂系统在很大程度上却不为人们所了解。儿童青少年时期，个体经历着生理上的成熟发展，同时，随着学习和经验的积累，儿童青少年的认知水平不断出现高低分化。因此，研究这一时期个体认知能力发展与其对应大脑结构发育的关系就必须重视分析年龄和认知水平其中的调节作用。

活动的主体是身体，认知的主体是大脑，而人的一切活动与认知均由大脑主导控制，因此，身体活动必然会对认知产生影响。认知控制一直是认知的一个必要的组成部分，而且认知控制关系到特定的脑区，故而，研究不同类型身体活动和神经结构与潜在行为表现过程的关系，可以帮助人们从另一视角洞察儿童身体活动与认知之间的关系。儿童能够通过认知控制灵活地调节外在任务的执行情况，也能够根据任务难度的增大而不断调节并增加注意资源，明显表现出较强的注意分配能力。大脑神经解剖的研究结果表明左侧大脑，尤其是左侧颞叶脑区与个体言语能力密切相关，而右侧大脑多与空间知觉和音乐等认知能力相关，即存在认知能力发展对应脑区专门化的现象。

（三）自我认知

自我认知指的是对自己的洞察和理解，包括自我观察和自我评价。自我观察是指对自己的感知、思维和意向等方面的觉察。自我评价是指对自己的想法、期望、行为及人格特征的判断与评估，这是自我调节的重要条件。自我认知也叫自我意识，或叫自我，是个体对自己存在的觉察，包括对自己的行为和心理状态的认知。

个体对自我的觉察，或者说意识的形成，是来源于个体对外界环境刺激后，经由记忆和思想产生的反应。因此，在形成记忆之前，个体是不会有自我意识的。如果说记忆是一切思想的基础，那自我认识就是个人基于思想之上的对于环境的反应。当一个人的记忆和思想达到一定程度后，比如出现了完全来自大脑的思维和想象力，个体的自我意识会更加强烈。“我存在”“我占有”“我需要”“我想”的想法，不断地通过思维和想象力，加强个体对自我的认知，直到个体有机生命体的结束。故自我认知从大脑的记忆力开始，直到记忆力的消失，都是一个不断发展的过程。心理认知一般来说是一个无限的过程，因为心理活动本身是无限的，它会跟着个人经历和记忆以及思想和想象力不断地发展。因此，凡是出现和前一阶段或者时期不同的心理活动后，个体对自我的心理将会有一个总结和重新的调整。

个体对于自我的存在，行为和心理的认知会有一个发展过程。刚开始是比较模糊的，所以小孩子会经常出于好奇心而做一些危险的行为和事情。这个时候他们的自我意识是比较朦胧的，只有在经过不断地试错和加深记忆以及思考学习后，对于自我肌体的存在感才会渐渐成熟。随后才会对自己的行为有意识的区分哪些行为是危险的，哪些行为是安全的，决定是否要做；最后才是对于自我心理的认知。一般来说，这需要一个人的思维和想象力达到一定程度后才会具备这种察觉自我心理变化的能力。个体开始区分个人肌体行为和心理行为的差异是自我心理认知的开始。

二、学前儿童认知的种类

（一）视觉认知

视觉是光线作用于眼睛所引起的色彩和形状感觉。认知是指通过心理活动获取知识，进行视觉加工的过程，即对作用于人的感官的外界事物进行信息加工的过程。视觉是人类探索世界最重要的感官方法之一，尤其对于儿童来说，视觉感官的应用是探索事物的出发点。当代儿童研究学者以及心理研究学者指出，虽然学前儿童在思维、智力等方面的能力和发展很少，但外界的刺激会辅助他们在这方面的发展。因此，首先要考虑儿童在感官方面的刺激，也就是视觉、触觉、听觉等方面的感官刺激。视觉主要包括颜色、形状、他人行为模式等多方面内容，儿童能够看到的一切都可以刺激其心情、观察力、想象力、思维发展等多方面的认知能力。因此，在辅助儿童认知能力发展的过程中，视觉认知特性必不可少。

在前具体直觉表象阶段的儿童能借助逻辑推理将事物的一种状态转化成另一种状态，对图形的认知只能是简洁而表面的认知。这个阶段儿童的思维受具体直觉表象的束缚。具象思维阶段的儿童在认知图形的过程中，已经能通过基本的图形来转换成自己所要表现的简洁抽象图形，他们通过形象，包括视觉图像或其他感觉表象对图形进行表征。抽象思维阶段的儿童能够借助符号系统来贮存或提取大量信息，借助思维进行推理、解决问题。

（二）触觉认知

在生活中存在的所有物体都是由某种特定的材质构成的，每一种材质都有其不同的特性，会使人们产生不同的肌理感受，肌理是从物体的外观表面就可以看出来物体的质地特征，如物体的软与硬，光滑与粗糙等，这种在视觉上令人感觉到的肌理属于视觉型触觉，也被称为视触觉。而当人们在触摸材质时所产生的不同触觉感受属于真正的触觉型。视触觉与触觉的关系是相辅相成的，既对立又统一，视触觉是真正的触觉给人一种视觉经验上的反映，这种感受是通过先前多种经验的累积下产生的，再经过大脑信息的转化成为一种对触觉判断产生指导作用的视觉信息。通过视触觉的整合，我们就可以预先判断一个新事物的特征，如果是安全的事物就可以诱导我们去触摸，进一步对新事物进行更深入的了解，而如果是危险的事物就可以使我们提高警惕，远离危险的事物，达到保护自身的作用。

触觉认知与视觉认知密不可分，它是视觉感知后的下一步行动。如果视觉认知培养了儿童的观察力、形象力等特征，那么触觉认知在此基础上丰富了儿童对世界的概念，在他们的成长中也必不可少。儿童通常存在一个好奇的心理，他们对世界充满探索的精神，在他们眼中一切事物都是新奇的，都是有待被探索的，都可以当成玩具。考虑到儿童这个特性，那么通过触觉一方面让儿童学习这个世界有关冷暖、软硬等信息，还可以培养儿童探索、模仿、动手能力等行为特征。在玩耍中学习生活能力，发现新世界，从而获得成长的喜悦。触觉对于人具有特殊的重要性，感受器在头面、嘴唇、舌和手指等部位的分布都极为丰富，特别是手指尖，因为手指是神经末梢感觉最敏锐、最集中的区域。对于儿童来说，儿童对外界感觉的体验主要来自触觉，比如对于雪的体验，儿童能感受到下雪时天气的寒冷，偶尔当雪花飘落在皮肤上时，能感觉到雪冰凉的感觉，但是，当儿童在雪地里玩游戏、堆雪人，用手去接触雪的时候，产生的体验会更加的丰富，除了能真切感受到雪的温度之外，还能感受到雪的柔软、细腻。

（三）归类能力认知

分类是通过比较，按照事物的异同程度而在思想上分门别类的过程。长期以来，分类研究作为探讨儿童概念掌握的一种重要方式而在儿童思维研究中受到重视。近年来，随着心理科学的发展，心理学家对分类研究的广度和深度不断拓展。依据事物的感知特点进行分类是学前儿童分类的一个重要特点，这一点已经为许多研究所证实。以往的研究主要采用实验测查的方法了解学前儿童分类能力发展的这一年龄特点，而通过培养训练促进学前儿童依据感知特点进行分类的能力发展的研究却比较少，国内在这方面的研究至今仍是空白。然而，在当今的学前儿童教育中，分类是儿童认知教育的重要内容之一，目的是弥补国内有关学前儿童分类能力培养研究的空白，促进学前儿童分类教育的科学化。

在儿童的成长过程中，他们的认知能力不断增强。分类与辨别事物的能力随着接触增多，经验越丰富，能力越高。归类认知能力是儿童认清世界，理解能力形成后对理解事物的反馈。归类认知能力在儿童的成长过程中贯穿始终，并且是逐步成熟与发展的。在主观印象阶段，儿童没有表现出任何分类规则，对木块的划分完全按照自己的主观意愿来进行；在临时规则阶段，儿童划分标准不断发生变化，有时按颜色分类，有时按形状分类；在固定标准阶段，儿童对事物的归类则有了一个固定的标准。因此，辅助儿童培养分类能力是非常重要的，它是培养儿童认知能力的重要方面。

（四）互动认知

社会互动不只是社会生活中的主要方式，更是联系人与人交流的重要力量。社会互动是社会存在的必要条件，是个人出于自我的目的，按照一定的社会规则，通过多种条件传播信息影响对方的交互反应的行为方式。社会化发展是指儿童与他人进行沟通交往的能力，是在人际交往语言方面的积累。

互动认知是指在与人交往、游戏的过程中学习与人交往的社会认知。儿童的互动认知尤其体现在与父母和朋友间的互动。在互动中，儿童学习和模仿他人的行为、思维模式，从而丰富自己的认知经验。父母在儿童的成长过

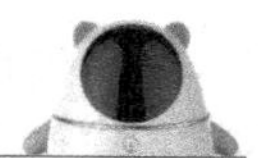

程中起到至关重要的作用，在传统儿童与父母的互动中，父母起到的是教育、指导、引领的作用。儿童在这方面的成长多数取决于父母与儿童互动的模式，这也通常是问题所在。许多年轻的父母并不知道什么是与孩子正常的沟通模式，而自身的榜样所起到的作用对于儿童来说也是至关重要的，儿童通过观察父母的行为来扩展他们的认知经验是比较常见的现象。

（五）行为认知

合作作为一种重要的社会交往活动，是个体社会性发展中的一个重要组成部分，而儿童时期正是个体合作能力与品质形成和发展的关键时期，儿童良好同伴合作关系的建立和发展将为其将来成功地适应社会生活奠定良好的基础。因此，近年来，儿童合作研究正日益受到研究者的关注和重视，成为心理和教育研究中的一个热点问题。合作认知研究是其中的一个重要领域。所谓合作认知，简单而言就是对合作的认识，它包括个体对合作及其意义的认识以及在此基础上形成的对共同目标和共同行动规则的理解。随着年龄的增长，幼儿合作行为认知的水平也逐渐提高。无论在自然还是问题情境下，知道与同伴合作共玩或通过合作解决问题的幼儿人数都逐渐增多。同时，幼儿结果归因所占比例逐渐提高，而客观条件归因、规则和权威归因则逐渐减少，并且在结果归因中，共同利益归因所占比例增长迅速。

儿童的行为认知可以包括很多方面的行为认知，其特点是儿童通过认知生活中的各种行为，从而模仿与学习。因此，行为认知的指导与培养就成为儿童成长中的关键。在产品设计中，如何指导儿童的行为是设计中要思考的关键点。行为指导可以包括父母行为榜样的指导、产品本身的指导、游戏互动的指导等，这些行为的指导是促进儿童社会认知能力的重要方面。

三、学前儿童认知的发展

（一）感知觉发展

感知觉是人脑对当前作用于感觉器官的客观事物的反映，人总是通过各种感知器官获取信息，感知周围世界的存在。感觉器官产生的反应是受外界刺激物的作用，依据作用于感觉器官的刺激物的不同以及引起感觉的特性来分，是我们感觉各种感受器官相对应的各种感受的反映，包括视觉、听觉、嗅觉、味觉和触觉。感知觉规律，有各种不同类型的感觉，但这些感觉的发生和发展具有共同的一般规律。刺激只有达到一定的强度才能被人觉察到，像空气中的尘埃等过弱的刺激落在人的皮肤上，人是觉察不到的。我们把那种刚刚能够觉察到的最小刺激量称为“绝对阈限”，刚刚能够觉察出最小刺激量的能力称为“绝对感受性”。各种感觉的绝对阈限是不同的。在适当的条件下，人的感觉阈限是很低的。不同个体的绝对阈限有相当大的差异，即使是同一个体也会因机体状况和动机水平而发生变化。一般情况下，生理的刺激阈限低于意识到的感觉阈限。

儿童时期对事物的认知大多来自图形。随着接触图形的增多，其视觉系统也越发完善，与此同时，想象力也得到发展。人的想象力不是与生俱来的，对图形的认知也多来源于后天。该时期儿童通过对事物的接触，在头脑中建立表象，随着表象的积累，就越容易将相关的事物与之联系，想象力也随之得到发展。儿童的感觉和知觉处在迅速发展中。儿童期，分析器的外周部分即各种感受器也已发展完善，相应的神经中枢部分正在继续发展，为儿童感知觉的发展提供了生理前提。幼儿园有计划进行的感知觉培养，更直接地促进了儿童各种感觉与知觉的继续完善，他们在视觉、听觉、触觉等几种主要感觉以及空间知觉、时间知觉、社会知觉和观察知觉等方面都有发展。

（二）记忆发展

记忆是人脑对经验过事物的识记、保持、再现或再认，它是进行思维、想象等高级心理活动的基础。人类记忆与大脑海马结构、大脑内部的化学成分变化有关。记忆作为一种基本的心理过程，是和其他心理活动密切联系着的。记忆联结着人的心理活动，是人们学习、工作和生活的基本机能。把抽象无序转变成形象有序的过程就是记忆的关键。记忆发展与大脑的成熟程度有关，与思维和语言等认知活动的发展相联系。国内外对记忆随年龄的变化

进行了大量的研究，发现不同类型记忆的出现时间、达到顶峰的时间和发展速度是不同的。

记忆是儿童认知发展的重要进程。该阶段儿童较婴儿时期保持的时间逐渐延长，并且他们的记忆大多都是无意识的。主要通过无意识记忆来获取学习及生活技能，生活中常常是自然而然地记住一些简单的生活经验。被记忆的事物通常是直观、形象、能激起兴趣与情感的事物。

（三）注意力发展

注意力是指人的心理活动指向和集中于某种事物的能力。注意是心理活动对一定对象的指向和集中，是伴随着感知觉、记忆、思维、想象等心理过程的一种共同的心理特征。注意有两个基本特征，一个是指向性，是指心理活动有选择地反映一些现象而离开其余对象。二是集中性，是指心理活动停留在被选择对象上的强度或紧张。指向性表现为对出现在同一时间的许多刺激的选择。集中性表现为对干扰刺激的抑制，它的产生及其范围和持续时间取决于外部刺激的特点和人的主观因素。注意通常是指选择性注意，即注意是有选择地加工某些刺激而忽视其他刺激的倾向。它是人的感觉和知觉，同时对一定对象的选择指向和集中。人在注意着什么的时候，总是在感知着、记忆着、思考着、想象着或体验着什么。人在同一时间内不能感知很多对象，只能感知环境中的少数对象。而要获得对事物的清晰、深刻和完整的反映，就需要使心理活动有选择地指向有关的对象。人在清醒的时候，每一瞬间总是注意着某种事物。

实际上，幼儿的注意力不是由一个教师人为地保持的，而是由一个固定的引起注意的物体保持的，这个物体使孩子发自内心地想关注，于是自觉地集中了注意力。同样，一个新生儿在吮奶活动中完成的那些复杂的协调运动，也是受第一位的无意识的营养需要制约的，而不是有目的的、有意识的习惯。注意力集中是由一种内部的适应引导，当外部刺激起作用时，大脑神经中枢通过一种内部程序依次兴奋。例如，一个人正在盼望另外一个人到来的时候，能很远地看到这个人走来，这不是因为这个人出现在他的视野中，而是因为这个人正在被盼望着来，那隐约的身影被注意到是由于大脑神经中枢已处于兴奋状态。与之相同，一个猎人能感觉到树林里野兽的最小声音，一个心不在焉的人可能跌入峡谷，一个专心致志的人可能对街上乐队的演奏充耳不闻。

（四）思维发展

思维是需要进行一定的训练和塑造的，思维是个体对客观事物的间接接触和概括性反映事情的过程，其中包括逻辑思维与形象思维，这些都是思维中的一种。思维力是一个非常重要、不容忽视的能力，也是儿童智力的开端和重要的组成部分。思维力的发展不是一件简单的事情，如今已然成了现在教育界的一个不朽的话题，思维力的发展，在一程度上也促进了儿童智力的发展，这是一个非常行之有效的手段。在许多研究中表明，一些课程有目的、有意识地对儿童进行培养，可以提升整体思维上的能力，这样就不会局限在构成思维力上。

思维结果具有新颖性、独特性和价值性的思维就是创造性思维。单从思维的角度上来看，创造性活动过程离不开思维，这也就是创造性思维的过程。任何创造性的活动是不能没有创造性思维的，两者总是紧密联系在一起的，该阶段儿童通过对事物的不断认识，逐渐掌握事物之间的联系性与事物本质属性，从而形成特定的思维方式，是个人对某种事物认知的反映。

第二节　学前儿童的情感发展

一、学前儿童情感概述

（一）情感

情感是态度中的一部分，它与态度中的内向感受、意向具有协调一致性，是态度在生理上一种较复杂而又稳定的生理评价和体验。情感包括道德感和价值感两个方面，具体表现为爱情、幸福、仇恨、厌恶、美感等。情感的倾向性是指一个人的情感指向什么和为什么会引起，它和一个人的世界观、人生观有着密切的联系，也和一个人的人生态度有关。情感的深刻性是指一个

人的情感涉及有关事物的本质程度。情感的稳固性是指情感的稳固程度和变化情况。情感的稳固性是一个人主观世界稳固性的具体表现。情感不稳固的人，生活往往是贫乏、无聊和没有活力的，因为情感失去了积极的作用，不能成为人经常的、持久的活动动力。情感的效果性是指一个人的情感在其实践活动中发生作用的程度。情感效果性高的人，任何情感都会成为鼓舞其进行实际行动的动力。不仅愉快的、满意的情感会鼓舞其以积极的态度去工作和生活，即使产生不愉快、不满意的情感，也能被转化为力量。

（二）儿童情绪障碍

儿童情绪障碍是发生在儿童少年时期以焦虑、恐怖、抑郁或躯体功能障碍为主要临床表现的一种疾病，过去的文献多称为“儿童神经症”。由于儿童心理、生理特点及所处环境的不同，儿童情绪障碍的临床表现与成人有明显差异。此类障碍与儿童的发育和境遇有一定关系，与成人神经症无连续性。

儿童焦虑症是最常见的情绪障碍，是一种以恐惧不安为主的情绪体验，可通过躯体症状表现出来，如无指向性的恐惧、胆怯、心悸、口干、头痛、腹痛等；婴幼儿至青少年均可发生。焦虑症的主要表现是焦虑情绪、不安行为和自主神经系统功能紊乱。恐怖症是对某些物体或特殊环境产生异常强烈的恐惧，伴有焦虑情绪和自主神经系统功能紊乱症状。当患儿遇到的事物与情境并无危险或有一定的危险，但其表现的恐惧大大超过了客观存在的危险程度，并由此产生回避、退缩行为，就会严重影响患儿的正常学习、生活和社交等。儿童抑郁症是指以情绪抑郁为主要临床特征的疾病，因为患儿在临床表现上具有较多的隐匿症状、恐怖和行为异常，同时，由于患儿认知水平有限，不像成人抑郁症患者那样能体验出诸如罪恶感、自责等情感体验。

（三）情感教育

情感教育是与认知教育相对的概念，是完整教育过程中必不可少的一部分。情感教育指在课堂教学过程中，教师要创设有利于学生学习的和谐融洽的教学环境，妥善处理好教学过程中情感与认知的关系，充分发挥情感因素的积极作用，通过情感交流增强学生积极的情感体验，培养和发展学生丰富的情感，激发他们的求知欲和探索精神，促使他们形成独立健全的个性和人格特征的教学方法。情感教育既是一种教学模式，又是一种教学策略。情感教育对人的生存具有积极意义：促进学生认知的发展；促进良好人际关系的建立；促进学生潜能的开发；提高学生的审美能力；完善学生的品德；有利于学生社会化的发展。

二、学前儿童情感分类

（一）道德感

道德情感是为了符合人的道德需要而产生的情感。道德情感反映人的道德判断，支配人的道德行为，不仅能够完善个人的道德品质，更是个人和社会之间和谐共融的桥梁。道德情感发展良好的人，有更多亲社会行为，个性表现更合群、宽容和自信，在社会中也有较好的人际关系。其中“亲社会行为”指人们在社会交往中所表现出的谦让、帮助、合作、分享，甚至为他人利益而做出自我牺牲的一切有助于社会和谐的行为及趋向。“帮忙”属于层次较低的亲社会行为，是对别人提供一些帮助和安慰，这些帮助一般不需要牺牲个人利益。“分享”属于较高层次的亲社会行为，需要将自己的现有利益减少甚至取消，从而分配给他人。“移情”是指人感受他人的情感、知觉和思想的心理现象，也称情感共鸣或情感移入。移情大体上包括两个方面：一是感知和判断他人的情感状态，二是体验、接受和分享他人的情感能力。儿童在幼儿园每天与其他儿童相处，不时需要互相照顾、互相鼓励。个别儿童的情绪对其他儿童造成影响的事件也经常出现。例如，儿童能够在生日会上分享别人的快乐，同伴被老师责备时自己会静下来，甚至流露出关怀。有时候，儿童之间的互相支持对儿童跨越自身的能力限制会发挥重大的影响。儿童对别人的情绪相当敏感，在同伴的鼓励下，他们更愿意尝试新事物。对于学前儿童来说，移情是一种相当重要的社会性情感，是发展亲社会行为的前提。研究发现，移情能力强的儿童，受欢迎程度也很高，那些不受欢迎的儿童，其移情能力也偏低，这说明移情能力是幼儿社会性发展的重要标志。为此，

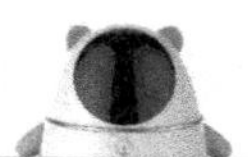

在幼儿园和家庭中，老师和家长应经常利用故事、分享经历等具体的情境对儿童进行移情能力的培养。

学前儿童的情绪表现与道德情感的发展关联紧密，正面情绪如愉快、兴奋等，使人充满活力，积极投身于感兴趣的活动，也愿意提供帮助；反之，负面情绪如悲伤、愤怒等，使人心烦意乱，无法进行正常的活动，甚至出现攻击性行为。总体来看，儿童的正面情绪维持的时间较长久，负面情绪只要得到舒缓或解决，很快便会消失。在游戏中，特别是在肌肉活动中，儿童最易产生愉快、兴奋等正面情绪。正面情绪的培养一般与儿童的道德情感发展成正比。通常有较多正面情绪的儿童，其道德情感发展也较好。

（二）理智感

理智感是在认识和评价事物过程中所产生的情感。它是人们学习科学知识、认识和掌握事物发展规律的动力。人的理想、世界观对理智感有重要的作用，例如，求知欲、好奇心都属于理智感的范畴。理智感是在智力活动中，认识和评价事物时所产生的情感体验。例如，人们在探索未知事物时表现出的兴趣、好奇心和求知欲，科学研究中面临新问题时的惊讶、怀疑、困惑和对真理的确信，问题得以解决并有新的发现时的喜悦感和幸福感，这些都是人们在探索活动和求知过程中产生的理智感。人们越积极地参与智力活动，就越能体验到更强烈的理智感。理智感是人们从事学习活动和探索活动的动力。当一个人认识到知识的价值和意义，感到获得知识的乐趣，以及追求真理过程中的幸福感时，他就会不计名利得失，以一种忘我的奉献精神投入到学习和工作中。

理智感也是人所特有的情绪体验，这是由是否满足认识的需要而产生的体验，这是人类所特有的高级情感。儿童理智感的发生，在很大程度上取决于环境的影响和成人的培养。适时地给幼儿提供恰当的知识，注意发展他们的智力，鼓励和引导他们提问等教育手段，有利于促进儿童理智感的发展。对一般儿童来说，5 岁左右这种情感已明显地发展起来，突出表现在幼儿很喜欢提问题，并由于提问和得到满意的回答而感到愉快。6 岁幼儿喜爱进行各种益智游戏或所谓动脑筋活动。如下棋、猜谜语等，这些活动能满足他们的求知欲和好奇心，促进理智感的发展。

（三）美感

美感，就是人对世间一切美好事物的感知。每个人都有感知美的能力，人类社会的优秀文化遗产，大自然的万象，莫不给人带来视觉、听觉乃至内心的体验，这种体验启发心智、催人进取、感到愉悦，正是人体验美感的过程。教育的功用在顺应人类求知、向好、爱美的天性，使一个人在这三方面得到最大限度的调和、发展，以达到完美。美感是人对事物审美的体验，它是根据一定的美的评价而产生的。儿童对美的体验也有一个社会化过程，婴儿从小喜好鲜艳悦目的东西和整齐清洁的环境。有的研究表明，新生儿已经倾向于注视端正的人脸，而不喜欢五官零乱颠倒的人脸。幼儿初期自发地喜欢相貌漂亮的小朋友，而不喜欢形状丑恶的任何事物，也能够从音乐、舞蹈等艺术作品中体验到美。

儿童阶段是一个人的人生观、价值观与世界观形成的第一个阶段，而且是不可替代的阶段。教育的最高境界应该是美的教育。教育给予儿童的一开始就应该是一个美的教育，只有以美启真、以美储善的情感陶冶塑造，才有真正的心灵成长，才是真实的人性出路。当代社会的快速发展，使社会本身已经成为对儿童产生直接影响的重要因素，视觉的、听觉的，在信息化发达的今天，无孔不入地影响着人类，尤其在商业化的时代，无所遮拦的广告等媒介，随处可见。对于那些还不怎么具备分辨能力的儿童，听到的和看到的，会有怎样的效应，社会上出现的种种问题已是结果。所以，美好事物的传播真的很重要。

三、学前儿童情感教育

（一）家庭情感教育

家庭是儿童成长的摇篮。幼儿时期，家庭给予孩子的影响和教育，是孩子以后接受教育、形成良好个性的基础。家庭中的一切教育是通过父母对子女的情感教育才得以实现，这是由情感本身的性质所决定的。情感是人对其

社会性需要是否得到满足而产生的较复杂又稳定的态度体验。它是无形的、不可触摸的，通过人的社会性交往才得以体现，而这种社会性交往又以它为纽带来维系。儿童在学习地理、自然等知识的过程中，引起了对大自然的热爱和对探索宇宙奥秘的兴趣，体验着人与人、个人与集体、个人与社会现实的关系，同时，良好的交往使儿童体验着团结、友爱、互助、荣誉感、责任感、进取心等积极的情感。在父母对子女的教育过程中，不可避免地掺入了情感的因素。最近有来自脑科学的证据表明，对于高级的抽象思维过程来说，情感是至关重要的。

学前儿童认识人类世界是从家庭开始，从父母的爱抚和关怀开始的。家庭中亲人的情感气氛是幼儿健康成长的必备心理条件。幼年的情感体验对人的一生发展将产生深远的影响。如何通过家庭的情感熔炉培养幼儿积极的情感态度，为将来成为情感高尚、心灵纯洁、热情友爱、勇于创新的一代新人打下良好的情感基础，这是广大家长和儿童教育工作者共同关心的问题。家庭中的情感教育不是某一门特定的、具体的课程，而是贯穿所有教育活动中，贯穿孩子的一日生活中，父母及其他家庭成员的人生观、价值观乃至他们对事物和对生活的态度的形成与影响，以及幼儿的态度、感情、信念和情绪发展的教育，都可归入家庭情感教育的范畴。家庭中的教育是从父母所创造的环境汇总开始的，家庭教育成功的重要因素之一便是为孩子创造一个好的家庭教育环境，情感教育也不例外。家庭环境分为物质环境与精神环境两大类，在有利的物质环境与精神环境中，孩子心情舒畅、精神振奋，容易产生愉快的情感体验和积极向上的情感态度。

（二）幼儿园情感教育

情感不论在人的品德形成还是其他方面都起着重大的作用，因此，情感教育是老师工作中的重要组成部分。由于儿童的情感极其敏感，老师在情感教育过程中，必须以真挚和丰富的情感，公正地、全心全意地对待每一位学生，创造和谐的气氛环境，深入孩子们的内心世界，全面理解和认识他们并采用合适方法，去教育和感化他们。理解是儿童情感教育的核心，现代教育的主要任务就是要了解孩子，这时候，孩子特别需要温暖，需要关怀和帮助。有的学生遇到困难，往往埋在心里，不愿意寻求援助。所以，老师在平日里要多留心学生的变化，一旦发现问题就要满腔热情地、及时地向学生伸出温暖的手，真心实意地为学生排忧解难。

幼儿园是幼儿从家庭走向社会的摇篮。刚入园的幼儿对老师和环境都不熟悉，感到周围的一切都很陌生，加上幼儿刚离开母亲、家庭，会产生畏惧、提防心理，并出现一系列的防御行为，少言寡语，心情焦虑，无心活动，怕生、躲避等。教师要热情接待幼儿，语言要温和，态度要和蔼，要像妈妈一样关心他们。幼儿的情感经常受外界情景支配和周围人的情绪影响。教师的情绪直接影响幼儿的情感。幼儿教师对幼儿要坚持正面教育，不要把幼儿当作出气筒，动辄就批评，甚至讽刺、挖苦，更不能对幼儿进行体罚和变相体罚。幼儿园是孩子们游戏的天堂，他们在这里尽情欢乐、唱歌、跳舞、做游戏。游戏是幼儿活动的主要形式，在游戏的过程中要有情感的引发，注意观察，并给予正确评价。

当前社会竞争日益激烈，要想在这个社会立足，就必须具备一定的能力，而这个能力需要我们从小进行培养，因此，我们必须加强幼儿园学生的情感教育，情感教育对于以后学生人格的形成有着至关重要的作用。如果情感教育实施得当，可以促进学生智力的发展，可以使学生具有积极的人生态度。实施情感教育的方式有很多种，可以直接创设情境使学生感受，可以直接运用教学策略进行情感教育，也可以使用随机的情感教育，方式有很多种，但是目的只有一个，就是真正帮助学生得到情感教育的熏陶，培养学生健全的人格。

（三）社会情感教育

幼儿期是儿童行为养成、品德塑造的关键时期。因此，幼儿期的社会情感教育对儿童社会性的发展起着至关重要的作用。作为教育者，我们要树立科学的质量关，并且要将促进学生的全面发展和使用社会发展需要作为衡量教育质量的根本标准，并强调实施素质教育，加强学生的心理健康教育，以

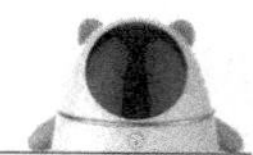

促进其身心健康发展，树立坚强的意志。

因此，对于幼儿阶段社会情感教育的空心化现象和边缘化地位，有必要加强幼儿教师对新课改理念的学习与领悟。只有幼儿教师和幼儿园改变了只重知识和技能的倾向，接受社会情感学习的重要意义，才有可能将社会情感的教育落到实处。环境根据其性质可划分为自然环境和社会环境两大类，对人类影响更大的是社会环境。社会环境是儿童得以发展的现实条件和现实源泉。学前儿童的成长环境理应是优良的。因此，我们应尽可能为他们营造良好的人文环境，使他们的身心得以和谐发展。幼儿期是幼儿行为习惯养成和品德塑造的关键时期以及奠定基础时期。社会情感教育是学前儿童全面发展不可或缺的一部分。因此，社会情感教育的发展，要从娃娃抓起，教育工作人员应该为幼儿的全面发展保驾护航。

第三节　学前儿童社会性的发展

一、学前儿童社会性概述

（一）社会

人类的生产、消费娱乐、政治、教育等，都属于社会活动范畴。社会指在特定环境下共同生活的人群，一种能够长久维持的、彼此不能够离开的、相依为命的、不容易改变的结构。社会是共同生活的个体通过各种各样关系联合起来的集合。人类从一万年前就已群体生活，渐渐形成原始部落，因环境影响，会迁居或定居，并慢慢养成共同生活的方式，进而演变成独特的文化。当这个文化变得比邻近部落较为先进或强大时，并与他们互相影响时，便形成了文化圈。当这个部族变得庞大或人数众多时，他们就会在某个地方定居并建立起一个聚居区，从而形成文明社会和城市文明。“社会”一词并没有太正式明确的定义，一般是指由人类自我繁殖的个体构建而成的群体，其占据一定的空间，具有其独特的文化和风俗习惯。

人类社会创造了语言、文字、符号等人类交往的工具，为人类交往提供

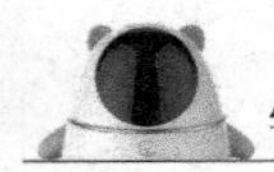

了必要的场所，从而保持和发展了人们的相互关系。有些非人的其他动物是有语言的，有些则无语言，但都可以交流，有语言的可以依靠语言去交流，所有动物都可以用肢体语言来交流。社会将无数单个的个体组织起来，形成一股合力，调整矛盾、冲突与对立，并将其控制在一定范围内，维持统一的局面。所谓整合，主要包括文化整合、规范整合、意见整合和功能整合。社会有一整套行为规范，用以维持正常的社会秩序，调整个体之间的关系，规定和指导个体的思想、行为的方向。导向可以是有形的，如通过法律等强制手段或舆论等非强制手段进行，也可以是无形的，如通过风俗习惯等潜移默化地进行。

（二）社会环境

所谓社会环境，就是对我们所处的社会政治环境、经济环境、法制环境、科技环境、文化环境等宏观因素的综合。社会环境对我们的职业生涯乃至人生发展都有重大影响。社会环境对人的形成和发展进化起着重要作 用，同时人类活动给予社会环境以深刻的影响，而人类本身在适应改造社会环境的过程中也在不断变化。

社会环境有狭义和广义之分。狭义的社会环境指组织生存和发展的具体环境，具体而言就是组织与各种公众的关系网络。广义的社会环境则包括社会政治环境、经济环境、文化环境和心理环境等大的范畴，它们与组织的发展也是息息相关的。组织开展公共关系活动，对组织生存、发展的大环境和小环境都有积极的建设意义。在自然环境的基础上，人类通过长期有意识的社会劳动，加工和改造了的自然物质，创造的物质生产体系，积累的物质文化等所形成的环境体系，是与自然环境相对的概念。社会环境一方面是人类精神文明和物质文明发展的标志，另一方面又随着人类文明的演进而不断地丰富和发展，所以也有人把社会环境称为文化社会环境。

（三）儿童社会性发展

在儿童心理发展研究中，“社会性发展”与“社会化”是两个主要的概念，

有些文献将它们替换使用或混用，有的文献则从不同的角度来说明。社会性是指社会中的个体为适应社会生活所表现出来的心理和行为特征。广义上可以理解为人在社会生活过程中所形成的全部社会特征的总和，是与个体的生物性相对而言。狭义的社会性可以理解为个体在其生物性基础上形成和发展起来的适应社会环境、与人交往、竞争和合作，以及影响他人和团体的心理特征和行为方式。例如，儿童守规则性、交往能力、利他行为、合群性等。儿童社会性的形成和发展是在个体的社会生活，通过接受教育和社会影响而逐步习得的，社会性的形成和发展也是一个终身的历程，在不同的年龄阶段中有着不同的任务和内容，社会性的品质和发展的关键期也不同。

从自然人到社会人的发展历程在个体上的体现，是人的社会化过程。在人的社会化发展过程中，文化、社会规范等人类为生存所需要的一切特征和行为方式是个体发展的基础，文化传承和教育作用尤为重要。个体社会化的初始时期即儿童时期，通过父母的教养，学习吃饭、穿衣、讲话、嬉戏、交往等，形成各种行为模式，并一直保持下去，这也是个体社会性发展的关键时期。由于社会性的发展主要是与人所处的社会文化相适应，社会文化对儿童社会性发展的要求也有不同的内容和程度，故儿童社会性发展与个性发展有着不同的发展路径和指引制约因素。个性朝着与他人区别的独特性发展，而社会性则朝着与社会群体相适应的方向发展。儿童在社会生活中表现出自己的个性，但他的表现如果违背社会的规范或价值观念，就会被看成社会性发展缺陷或发展不足。

二、学前儿童社会性的影响因素

（一）家庭因素

随着现代化社会的飞速发展，人们逐渐认识到，未来的竞争是人才的竞争，教育的竞争。面对未来社会发展的需要，教育学和心理学工作者不得不重新审视我们培养人才的目标，其中，我们对儿童社会化的培养一直没有给予足够的重视，使得一些儿童不关心他人，与同学、老师关系紧张，虽然学

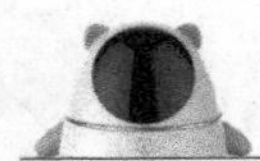

习成绩优秀，但缺乏基本的社会适应能力，不能与周围的人友好相处。儿童的早期生活经验将深刻地影响其一生，而学龄前期又是接受社会化的最佳时期。尽管儿童进入幼儿园和小学，家庭的作用随之消减，但是儿童在家庭生活中的时间依然较长，家庭本质上不同于朋友、教师、邻居和同事的短期关系。

在儿童发展过程中，家庭因素是影响其社会化程度的首要因素。家庭结构、家庭规模、性别、出生顺序、同胞关系、母亲就业等因素对儿童发展起着重要作用。在家庭影响中，父母教养方式的影响作用尤为突出。父母教养方式与学习不良儿童的亲子关系、师生关系、自我概念和社会行为存在着较为密切的关系，并在大多数维度上都呈“显著相关”，并且家庭资源会影响学习不良儿童的社会性发展水平。受到民主型教育的儿童比受到宽容型和专制型教育的社会性得分高。宽容型教育方式给孩子较多自由，对其社会适应能力发展有一定好处，但也会导致其社会性发展不成熟。采取专制型的教育方式的父母，对孩子过多干预、过分保护，在一定程度上限制了孩子的自我意识的发展。此外，父母教养方式对儿童自我效能感和良好情绪的培养起着一定的作用。个体发展受生理和环境的共同影响。作为个体早期的生活学习环境，家庭是儿童社会生活的基本单位，是个体从乳儿期、婴儿期、学前期乃至青年期的成长场所。儿童对家庭的需要不仅仅是生理层面的，还有父母的抚爱、支持及行为规范等社会适应机能的传授。这些需要的满足，可使儿童在获得安全感的基础上，面对新的环境形成良好的社会适应能力。

（二）学校因素

这里说的学校也包括幼儿园，儿童开始减少对父母和其他家庭成员的情感依赖，获得许多前所未有的经验。教师对幼儿积极的社会强化促进幼儿获得各种新技能。幼儿喜欢模仿、认同教师的行为，把教师的态度、信仰、价值观等作为他们自己的参照系。在幼儿园，幼儿学会了判断、理解别人的观点、情感、态度，遵守规则与道德要求，互相帮助，幼儿从以自我为中心转化到以别人、以社会为中心。学校老师对学生的支持和关爱会对儿童的良好发展起到促进作用，而对学生过于严厉的控制和训诫则不利于儿童对学校生

活的顺利适应，这一结论基本上得到了研究的普遍支持。在学业表现方面，老师对学生的关心和支持有利于提高学生的学习动机，可以正向预测学生的学业成绩，并且能够增强学校对学生的吸引力。

社会性发展是儿童心理发展的重要方面。幼儿教师是影响儿童社会性发展的重要因素，其对儿童社会性发展起着直接、重大的影响。教师对儿童社会性发展的指导在相当大程度上影响、决定着儿童社会性发展的性质与水平。社会性发展是儿童心理发展的重要方面。心理与教育研究表明，幼儿期个体社会性的发展与其将来社会性交往、行为、情绪情感、人格、个性、社会适应性以及学业成就、智力发展等有密切的相关。作为幼儿在家庭之外的主要成人交往者和教育者，教师对幼儿社会性发展产生着直接、重大的影响，是幼儿社会性发展的重要影响源。教师有必要在清楚认识影响幼儿社会性发展各主要途径的基础上，自觉树立科学、正确的幼儿社会性发展观、教育观，掌握正确方法，与儿童积极交往，有意识地、自觉地利用各种途径对幼儿施以全面的、多渠道的、积极的教育影响，更积极地促进幼儿社会性发展。

（三）同伴因素

同伴关系是指年龄相同或相近的儿童在平等交流中建立和发展起来的一种社会关系。同伴关系作为学前儿童重要的社会关系，是其发展社会能力、提高适应性、形成友爱态度的基础，对儿童社会性发展有着深远的影响。学前儿童的交往对象是与自己年龄一致、地位相等、心理发展水平相当的个体或群体，属于平行的交往互动。同伴之间没有权威和服从、高贵和低下之分，他们是平等的关系。而亲子关系与师幼关系都是成人与儿童之间的交往，属于垂直互动的交往。社会给予父母的监护角色、制度赋予教师的权威性等，都使亲子关系与师幼关系难以有真正的平等。学前儿童受心理发展水平的限制，对同伴的态度易受到自身情绪和对方行为等因素的影响，而幼儿的情绪又有不稳定性，常常受外界情境支配，导致同伴关系出现时好时坏的不稳定现象。同时，由于游戏分组或位置的变动，同伴之间的交往对象与范围也不断变化，这些都体现了同伴关系的不稳定性。

同伴关系也是影响儿童社会化的一个重要因素，它是同龄或者相近儿童之间的一种共同活动并相互协作的关系。同伴关系对儿童的发展有着潜在的影响，良好的同伴关系有助于儿童各种知识技能的获得，尤其是社会认知能力的发展。首先，同伴关系能够满足儿童所具有的团体归属感的需要，有助于发展儿童的自我意识。其次，儿童成就感的需要同样可以通过发展同伴关系得到满足。儿童正是在与同伴交往过程中，逐步学会如何与别人沟通和合作、如何理解与宽容别人、如何关心与帮助别人，这些都有助于儿童的社会性发展。

三、学前儿童社会性发展的环境创设

（一）环境的价值

随着时代的发展，越来越多的心理与教育研究工作者认识到环境作为一个复杂的系统对人的发展的巨大影响。个体发展的环境是一个由小到大层层扩散的复杂的生态系统，每一个系统都会通过一定的方式对个体的发展施以影响。这些环境以学校、家庭、社区、整个社会文化以及个体与其环境之间、环境与环境之间的相互作用过程与联系等不同的形式具体地存在于个体发展的生活中，在个体发展的不同时期、不同方面给予不同的影响。发育环境作为心理发展的主要影响源，是一个具有嵌套结构的生态系统。儿童处于这个系统的核心，对儿童心理发展影响最直接、最显著的是内层微系统，也就是家庭，稍外是中系统，还有更外围的外系统和宏系统。一般来说，这些因素越向外，影响作用越间接，实际上是这些因素交织在一起，动态地影响着儿童的心理发展。

对幼儿来说，因其年龄小，活动和思维的独立性还很弱，还不会自己主动地、自觉地选择、影响周围的环境，因此，受特定环境的影响会更大。在幼儿期，幼儿在家庭和幼儿园的时间最多、最长，与周围人的接触也最多、最密切，这是对幼儿最有直接影响的、影响最大的两个小系统环境。精神环境是一种特殊的隐性环境，对幼儿的情绪情感发展、个性品质形成有着非常

大的作用。众所周知，幼儿园教育是美的工作、是爱的事业，一所幼儿园能否成为幼儿真正的乐园，精神环境的好坏是举足轻重的因素之一。心理环境主要是指由师幼关系而产生的一种教育心理氛围，它是幼儿园育人环境的核心。幼儿教育要想方设法提供给他们得天独厚的育人环境，无论是物质方面环境还是精神方面的环境，都要不断赋予新时代的内涵，尽可能地为幼儿营造一个快乐天地，让幼儿徜徉在金色的阳光中，走向学校，走向社会，以积极、健康的心态去迎接以后生活中面临的各种挑战，不断造就自己，在童年时期就为将来能够获得人生的幸福打好坚实的基础。

（二）物质环境的创设

为儿童创设适宜的物质环境，可以促使儿童更加健康地发展。物质环境是幼儿园课程建设的重要组成部分。物质环境指要为幼儿表达自己的思想和制作创造性成果提供必不可少的物质条件，如各种可拼拆的玩具以及一些半成品和未加工的原料；绘画与手工需要的各种纸张、颜料、画笔、黏土、橡皮泥和剪刀、胶水等工具；各种游戏使用的玩具及废旧材料和半成品材料等。幼儿园物质环境的创设首先要考虑的是是否具备美观、安全、卫生的特征。这是大家很容易想到的，也是很多幼儿园和教师已经做到的。但是，在这一点上必须要把握好度。幼儿园的环境是为儿童创设的环境，儿童是环境创设真正的主人，因此，在为儿童创设环境时必须时刻想到从儿童的兴趣出发。在色彩选择、造型设计时，用一些儿童喜欢的明亮颜色，造型也尽量增加可爱的卡通元素。

活动空间是幼儿和教师、幼儿和幼儿发生交往，相互作用最多、最频繁的地方。活动空间的种种特性在极大程度上影响幼儿的社会性发展。在活动室内，幼儿的活动空间通常划成若干个活动区域，以便幼儿开展不同的活动。它应当有利于幼儿的交往和与教师的交流、接触。目前，我国幼儿园较为流行的分隔方法是活动区，例如，认知、积木、图书、音乐舞蹈、娃娃家等等。这种分隔活动空间的方法自有其优越之处。但在实际工作中，教师往往规定区与区之间不能相互随意往来，而且每个区严格限定人数。在室外活动空间方面，不仅要考虑大、中、小各班的活动场地的划定，还要重视全园公用的、混合场地的使用，以适合不同年龄的幼儿之间的相互交往。例如，有的幼儿园将室外的公共大型器械场地定期向全园开放，设置若干个点，每个点都由两名教师进行指导、监护，让每个班的幼儿自由选择自己喜欢的点和伙伴加入活动，这是一种非常有益的室外场地的安排和使用方法。

室内外环境的打造都应该充分考虑到儿童的已有经验，同时可以增加儿童的经验。小土坡上要造几种不同的梯子，在儿童已经玩过各类爬梯的基础上，可以将木梯、绳梯、桶梯、竹梯，还有用布标做成的软梯等同时提供，这样，儿童既可以自由选择，又可以在玩耍的过程中体验不同材质做成的梯子，获得新的经验。幼儿园的绿化带里既有儿童常见的各类树木，又有一些种类稀少的树木，既有在不同季节开花的树木，又有能结果的树木，儿童巩固已有经验的同时，又能认识新的植物。

（三）精神环境的创设

精神环境一是指幼儿与周围人的关系，包括幼儿与长辈、同龄伙伴及其他人建立的不同性质的关系，对幼儿的发展产生不同的作用；二是幼儿自身的心理状态的发展。教师、幼儿、家长是营造良好精神环境的主要因素，而教师对于营造良好的精神环境起重要的作用。它对幼儿的社会发展能起到非常重要的促进作用。教师要与幼儿之间进行多方面的交往和交流，师生之间的和谐、平等、关爱、互相信赖会使幼儿获得安全感。在良好的交往环境里，幼儿会摆脱自我中心语言，学习和运用社会化语言，在交往中学会评价，学会如何表达自己的情感，倾听别人的意愿；在良好的交往环境里，幼儿会模仿学习积极的社会性行为，在不知不觉的互相影响中，学会控制和调整自己的行为，逐步形成人际间协调的合作关系。

教师应对幼儿表现出支持、尊重、接受的情感态度和行为。这是建立师生间积极关系的基础，也是进一步培养幼儿良好社会性行为的基本条件。教师要善于理解幼儿的各种情绪情感的需要，不对不招自己喜欢的幼儿产生偏见，相信幼儿有自我判断、做出正确选择的能力，善于对幼儿做出积极的行

为反应。教师应当以民主的态度来对待幼儿，善于疏导而不是压制，允许幼儿充分表达自己的想法和建议，而不以权威的命令去要求幼儿。这种自由而不放纵、指导而不支配的民主教养态度和方式能使幼儿被视为独立的个体而受到尊重和鼓励。幼儿的发展并非单纯受幼儿园一种环境的影响，他们同时还接受来自其他大大小小的各种环境的影响。而且，各种环境之间也不是独立、静止存在的，而是相互作用、相互影响的，其作用过程和关系又形成更大的环境系统。在布朗芬布伦纳所提到的小环境系统中还包括另外一个对幼儿社会性发展非常重要的环境，即家庭。

第四节　学前儿童的个性发展

一、学前儿童个性概述

（一）个性

个性指的是个体持有的特质模式及行为倾向的统一体。个性是一个人区别于其他人的特殊性。世界本身就是由不同个性的人和不同个性的人所创造出来的物质组成的。我们的社会之所以如此丰富，正是由于存在着丰富的个性差异。保护和促进这种差异就是保护社会的丰富性。在日常的人际交往中，我们会发现，有的人行为举止、音容笑貌令人难以忘怀，而有的人则很难给别人留下什么印象。有的人虽曾见过一面，却给别人留下长久的回忆，而有的人尽管长期与别人相处，却从未在人们的心目中掀起波澜。出现这种现象的原因就是个性在起作用。一般来说，鲜明的、独特的个性容易给人以深刻的印象，而平淡的个性则很难给人留下什么印象。

发展儿童的个性，是关系到儿童健康成长以及更好地适应未来社会生活的大问题。所以，它是基础教育改革的重要课题之一。个性的形成和发展会受到遗传、环境、教育诸因素的影响，它是一个极为丰富和复杂的问题。心理学家耗费了大量时间和精力去研究它，然而还远远未能揭示其形成的全部规律。个性是一个人比较稳定的，具有一定倾向性的各种心理特点或品质的独特结合，个性的形成始于儿童期，若使儿童形成良好的个性品质，离不开素质教育的实施。基于教育实践的客观实际，从教育的角度思考应看作个体在一定的生理和心理素质上，在一定的社会历史条件下，通过社会实践活动形成和发展起来的，表现个体在社会实践中所持的态度和行为的综合特征。

（二）个性心理

人的一般的心理过程为人的共性，每个人均经过这个心理过程。人的个性心理为人的个性，每个人各不相同。个性心理是在完成一般心理过程后发展起来的，没有一般的心理过程的发生、发展，就不可能有个性心理的发生、发展。个性心理是指一个人在社会化过程中形成的稳定的、带有个体倾向性的总的精神面貌。从人的心理差异性、稳定性和整体性来看，可以把一个人的心理看作个性心理，简称个性或人格。个性或人格的成分就是在这种直接的、间接的环境中被教育、被培育、被熏染、熏陶中发展成长起来的。好的环境就培育出好的成材，否则成材就会受到种种的干扰和损害。年龄越小，想躲避或选择这种环境的可能性越少，也就是说，出身无法选择。随着年龄的长大，选择逐渐有了某些余地和主动权，人的各种心理活动，绝不是孤立进行的，总是组成一个统一的整体，而人的心理就是各种心理活动组成的多维体、多层次统一体对客观现实的综合反映。要培养人具有某种心理因素的良好品质，绝不能把它作为孤立因素来培养，而应把它置于心理结构的整体中去考虑。根据它的发生、发展、变化规律以及它与其他因素的关系，在完善系统心理结构的基础上，突出培养优良性格特征。独立性是思维的优良品质之一，它的形成受许多心理因素影响。如果把心理结构看作一个大系统，隶属这个大系统的认知系统、非认知系统都对独立性格的形成起着重要作用，对幼儿独立性格的培养必须建立在这些系统的发展上。

21 世纪是信息化、经济跨国化和综合国力竞争的时代，它需要全面发展和高素质的人才。21 世纪要求人必须具有各方面健全的机能和灵活应变的能力，不断学习的欲望、合作意识，具有开拓创新精神，独立意识，自信心、自控力、适应社会能力等良好的个性品质。但能力表现出来的高与低和人的

智力发展水平有着很大的关系，这并不意味着智力水平高的人能力就一定很高，这主要是受一些非智力因素的影响和制约，比如：胆怯、倦怠、自卑、消极的性格、兴趣的狭隘等都是妨碍个体能力得以发展的因素。因此，从小对儿童进行良好的个性培养是极其重要的，它对人的能力的培养有着不可估量的作用。但人的个性不是一朝一夕就能形成的，它是一个漫长而复杂的过程。因此，培养儿童良好的个性品质越早开始越好。

（三）个性发展

个性发展是指人类个体出生后直到青少年期个性的形成和发展过程。它是儿童心理学的重要研究课题。人的个性不是生来就有的，而是在个人的生理素质的基础上、在一定社会历史条件下通过实践活动逐渐形成和发展起来的。儿童个性的形成和发展要经过一个漫长的、复杂的过程。个性发展主要表现在为个体发展其所具有的某些先天的生理优势创造条件，促进个体形成在相应领域的特殊技能或能力；根据能够提供的可能性，激发个体的需求并提高需求的层次。在考虑社会和国家需求的背景下，尊重和培养个体的兴趣；努力创造良好的环境，提高个体的能力并使其能力得到充分发挥；引导个体在尊重并遵守人类共同的基本价值规范、遵守国家宪法和法律的基础上进行多元价值选择等。在培养创新人才的过程中，其个性发展也必然主要表现在上述方面。

个体出生后就有神经类型的差异，有的表现为好动，有的则比较文静。这些差异仅仅为儿童个性的产生提供可能性。在后天的生活和教育影响下，这些神经类型特点不断发生变化，或者被改变了，或者被加强而逐渐发展起来。人的个性的初步形成是从幼儿期开始的。幼儿出现了最初的兴趣、爱好的个别差异，也出现了一定的能力上的差异，初步形成了对人、对事、对自己、对集体的一些比较稳定的态度，也出现了最初的比较明显的心理倾向，这表明幼儿开始形成最初的个性。在幼儿个性形成中起重要作用的是自我意识，特别是道德意识的发展。儿童进入幼儿期以后，道德认识、道德情感、道德行为以及道德判断逐渐得到发展。他们的道德认识尽管还带有具体形象性和局限性，但已具有一定的认识倾向。在道德情感方面，像同情心、互助友爱、义务感等已有明显的表现，为更深刻的道德情感提供了发展的基础。而且现实生活中关于人们行为的道德评价，文艺作品中关于人物行为的道德评价，都能在一定程度上激起幼儿道德体验上的共鸣，并激励他们的道德行为的发展。

二、学前儿童个性特征

（一）主体性

主体性是个性的核心内容，又是个性赖以形成和发展的内部动力机制。主体性主要是指人作为活动的主体，在同客体的作用中表现出来的能动性、创造性与自主性。主体性作为一种哲学理念，是指主体的人在认识、改造自然与社会的过程中所表现出来的自主性、能动性和创造性等特征。儿童主体性的概念是流动的而非牢固的，是过程性的而非终结性的。儿童主体性的理论与实践类似于流体力学，其中主体性的概念，总是随着表征它的其他概念与要素的流动而流动。主体性的实践总是根据主体性的理论而展开，对儿童身份的期待及其相应的课程策略、教学程序等，既依赖对主体性的定位，又力求确保主体性的实现。儿童主体性具有一定的时间形式，与时间有着特殊的关系，主体性的时间在其有效范围和强度上有很大的变动性。儿童能够自由地向或远或近的过去、现在和未来的经验移动，并在现在的时刻点上完成超越时间性的自我建构。同时，作为集合概念的儿童也含有时间性的元素，我们当前关于儿童概念的认识，往往重叠着多个世纪以来的认识论景深。

少年儿童是祖国的未来，更是一个个鲜活的个体生命。主体意识的培养是社会和国家发展的必然要求，更是少年儿童个体发展进步的内在需要，也是少年儿童组织与思想意识教育的学科发展的要求。信息社会和知识经济的迅速发展，使知识成为经济发展的主导力量，同时也带来了知识量的空前膨胀。人们的生活习惯和行为方式、思维方式都受到很大的影响，传统的知识观、学习观、教育观很难不受到触动。学习不仅仅局限于校园，局限于老师

的传授，知识不再仅仅局限于书本，教育也不再仅仅局限于传统的师生面对面式的互动交流。在这种高速运转的社会模式下，一味地被动式的学习和工作方式，只能等待被淘汰。为了寻求信息社会、知识经济时代的一席之地，唯有启蒙人的主体意识，发挥人的主观能动性，积极面对压力，迎接挑战。

（二）独特性

独特性即个性心理相对的差异性。个性的差异性可分为两个方面：其一是某一个个体与他人的差异，即外部差异，包括智力的、情感的、意志的、性格的、能力的及体质的外貌上的差异；其二是个体内部各种心理品质的发展也是不平衡的。个性的差异性来自个体的自然属性与社会属性。就自然属性来说，人的先天差异来自异遗基因，社会属性的差异来自每个人生活的环境、社会的影响。每个人的个性都具有自己的独特性，即使是同卵双生子甚至连体婴儿长大成人后，也同样具有自己个性的独特性。

儿童总是以自己独特的眼睛看世界的，他们观察世界的角度、方式与成人不同，对问题的理解与思考也自然与成人不同。儿童有着与成人不同的表达方式，作为一个完整的个体，人是理性和非理性、认知和情感的统一体。儿童有自然的生理生命，是能与外界进行能量交换、进行新陈代谢的生物体。儿童也是精神性的存在，他要追求认知、情感等方面的发展。儿童还是社会性的存在，他生活在一定的社会关系之中，承担着一定的社会角色，要与同伴、父母、教师等发生联系。因此，儿童绝不是一个单纯的认识体，他要获得身心的全面发展。

（三）社会性

个性的社会倾向性也叫个性意识的倾向性。个性是社会关系的产物。教育过程中，心理发展的个性化过程必然同时又是心理发展的社会化过程。心理发展的个性化与社会化是统一的过程，教育的伟大力量在于把二者统一起来。个性是有一定社会地位和起一定社会作用的有意识的个体。个性是社会关系的客体，同时，它又是一定社会关系的主体。个性是一个处于一定社会关系中的活生生的人和这个人所具有的意识。个性的社会性是个性的最本质

特征。从个性的发展性与个性的社会性来看，个性的形成一方面有赖于个人的心理发展水平，另一方面有赖于个人所处的一定的社会关系。研究人的个性问题，必须以马克思主义关于人的本质的学说为基础和出发点。社会性可以看作是那些由于人的社会性存在而获得的一些特征，它包括社会认知、社会情感、社会行为技能与个性表现等方面，诸如反映在个体身上的道德行为规范、人际沟通能力、价值观倾向等特征。

幼儿社会性发展是否良好，不仅直接对幼儿的心理、行为产生巨大的影响，而且直接关系到幼儿今后能否积极适应各种社会环境，能否承担作为一个社会成员应有的责任。儿童出生后就置身于一个复杂的社会环境中，社会使用种种方法对儿童施加各种影响，使其成为一个符合该社会要求的成员，使其懂得什么是正确的，是被社会所提倡和鼓励的；什么是错误的，是被社会所禁止和反对的。儿童通过活动与周围的社会生活条件发生关系，而社会、教育对儿童的要求也要通过儿童的活动来提出。特定的社会环境和社会关系构成了儿童成长发展的社会条件，也是儿童社会性发展与教育所必不可少的基本条件。

（四）整体性

个性是个完整的统一体。一个人的各种个性倾向、心理过程和个性心理特征都是在其标准比较一致的基础上有机地结合在一起的，绝不是偶然性的随机凑合。人是作为整体来认识世界并改造世界的。个性心理包括智力与非智力因素，它们是一个整体，诸要素不是孤立存在，而是相互制约与渗透的整体。我们讲的和谐发展即来源于学生心理的整体性。整体性是指称某事物的构成要素及其效能上的联结、协同与一致，从而表现出完整的一体化特征。儿童的整体性精神是指儿童精神活动的一种基本策略或方式，它展现出其精神结构及精神功能上浑然自在的一体化倾向。

儿童携带着他未曾分化或没能有效分化的精神结构或心智系统，以一种整体感知的方式去建构与外界的联系，实现着自我与外界的联合与互动，这样，整体感知便成为儿童整体性精神的基本表达方式。这种整体感知方式表

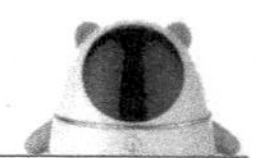

现为儿童在活动中将所有的感官功能卷入其中，是视觉、听觉、动觉全身心的投入与释放，是将肢体的运动、身体的姿势、肌肤的触摸、肌肉的张弛等融入其中的本体感觉过程。对于儿童的行为略有一点敏感的观察或注意，就不会对此感到陌生。

三、学前儿童个性培养

（一）教学活动

各科教学活动也是培养良好个性的有效途径。我们根据各科教学活动的特点，有意识地渗透个性培养的目标。教育活动的最终目的不仅仅是满足幼儿获得情绪上的宣泄，而是注重幼儿关键经验的提炼，能有目的、有计划地在活动中挖掘潜在的教育元素。有效的幼儿园教学活动应该是充实的，能促进幼儿发展的活动，而不是图热闹的活动。教师有意识地创设生动有趣的情境，就能有效地构建愉悦的教学情境，使教学内容深深地触及幼儿的心灵深处，诱导幼儿主动把学习新知的压力变为探索新知的动力。例如在幼儿进行具体操作时，教师不断地以赞许和鼓励的语言适时引导，操作没有对与错，出现操作方法不够准确的现象，教师没有加以指责，而是适当地提示和引导，使孩子们有一个安全的心理环境，极大地满足了幼儿的好奇心和探究欲望。整个活动真正让幼儿觉得创造是一种快乐，探究是一种享受，学习是一种充实。相信这种快乐、享受和充实也同样传递给了在场的每一位教师。

在整个教学活动中，教师的语言平和自然、富有感染力，关注每位幼儿在活动中的表现，尤其对活动中能力较弱的幼儿和不太主动的幼儿，教师能有意识地和幼儿一起活动，不断鼓励幼儿，帮助他们获得成功体验。要激励儿童在活动中充分地表现自己，按自己的兴趣、愿望和方式来活动，就必须为儿童创造良好、轻松、自由的教育环境。此外，要求幼儿回答问题时不重复别人的回答，鼓励幼儿要和别人想得不一样，敢于谈自己的思考、发现和意见。这样，幼儿自信、独立、勇敢等良好个性品质在各科教学活动中得到培养、发展和巩固。

（二）游戏活动

幼儿游戏是一种处于自然发展过程中的现象。由于活动是依据幼儿的兴趣和愿望自主发生的，游戏的发展带有极大的随意性和偶然性。幼儿园游戏则是在教育目标的宏观关照下，由教师组织开展的幼儿游戏。从幼儿游戏到幼儿园游戏，是将自然状态下的幼儿游戏纳入了有目的、有计划地对幼儿身心施加影响、促进幼儿发展的大背景中。这一转化过程中，幼儿的游戏呈现出不同的表现形式，主要有幼儿自发的自由游戏、教师创设活动区的区域游戏和以幼儿获得经验为主的、又有明确教育内容的主题游戏等，这三种游戏形式往往在幼儿园一日活动中共生，对幼儿的发展产生着不同的影响。我们研究幼儿园游戏活动形式特征及结构的目的是避免将自由游戏、区域游戏和主题游戏人为地割裂开来，互不联系，或者将自由游戏、区域游戏和主题游戏简单地并列。我们应将多种游戏形式在幼儿的一日活动之中纵向贯穿，将幼儿个体游戏和幼儿园集体游戏活动横向结合，为幼儿的发展提供更适宜的帮助和指导，实现游戏促进幼儿发展的整体功效。

丰富多彩、轻松愉快的游戏活动，是幼儿表现个性、培养和发展个性的根本途径。活动能激发他们的兴趣，使他们全身心地投入；活动能揭示他们对生活的理解和渴望，满足其心理需要。在轻松愉快的活动中，幼儿的个性心理特征能得以充分展现，从而为个性的培养发展创造条件。因此，幼儿教育要从幼儿个性出发，围绕幼儿的种种心理需求和对生活的渴望，置幼儿于一种有充分适宜设备的环境和轻松愉悦的情景之中，进行各种生动、有趣、利于身心的游戏、活动，并不断丰富、充实活动的内容和形式。同时，教师要把各种教育要求渗透到活动之中，并注意发现个性、因材施教，使幼儿形成教育者所希望具有的良好个性心理品质。游戏形式的发展是在教育实践中不断完善和提高的，任何一种游戏形式只是一个相对稳定的活动模式，必须形成一个开放的系统，只有保持内在自组织性功能，才能为教育活动提供一个更为广阔的空间，为儿童的发展创造一个适宜的教育环境。

（三）生活活动

进入21世纪以来，幼儿园课程改革进行得轰轰烈烈，各种课程应运而生。但是，在研究过程中，大家关注更多的往往是幼儿的学习活动，幼儿的生活活动很少受到人们的真正关注。当代中国，独生子女居多，家长非常重视孩子的智力开发，却对孩子生活能力的培养、生活习惯的养成非常忽视，对幼儿生活活动的组织缺少方法，父母、祖父母包办代替多，导致孩子生活技能差。现代生活实践证明，一个不会生活的人，也就不会学习、不会工作。幼儿园的一日生活是指幼儿从入园到离园的整个过程，主要包括专门的集体教学活动、游戏活动、生活活动等。幼儿园生活活动是指幼儿每天在幼儿园经历的各个生活环节的活动，包括入园、离园、如厕、洗手、喝水、进餐、午休等。幼儿园生活活动具有基础性、重复性、琐碎性、教育性等特征，是幼儿园课程的重要组成部分。

教师应当转变观念，树立整体课程观，通过教学和游戏活动促进生活活动质量的提升。教师应针对幼儿园生活活动中出现的问题和培养重点，生成教学活动内容。只有实际地进行与每一个幼儿的生活密切相连的教育，才可能成为一种自然而然的与幼儿个性相适应的教育。教师可以把与幼儿的生活活动密切相关的社会问题作为教学活动的主题。例如，针对食品安全、健康饮食等当下人们关注的热点问题，可以结合进餐环节，开展相应的食育活动。通过生活活动检验，巩固集体教学活动效果。生活化的教育空间意味着活动室不再是一个模式化的学习场所，而是一个个性化的生活空间。教师应当转变角色，从幼儿生活的催促者变为幼儿生活的陪伴者，从带着幼儿生活变为与幼儿一起生活，不断提升观察能力和组织能力，挖掘过渡环节的教育价值。

（四）家园结合

幼儿时期是培养良好行为习惯的关键时期，正处于人生初始阶段的幼儿自控能力差，良好的行为习惯不是一朝一夕就能养成的，必须从小抓起，从家长培养孩子良好的习惯开始，从老师潜移默化地影响孩子开始，我们要抓住家庭教育和幼儿园教育交替进行的重要时期，绝不能错失良机。在家园配合教育中，我们重点帮助家长明确培养良好个性的重要性，指导家长了解自己孩子个性的闪光点和薄弱点。然后针对孩子的特点，共同商讨教育方法，采用不同的方式进行帮助。家园合作是一项必不可少的幼儿园教育工作之一。教师应改变自己的教育观念，不能一味地用居高临下的方式指导家长，而应明确每个家长都有自己独特的育儿经验。我们应以诚相待，学会与家长沟通，虚心向家长学习，力求把家园工作做得更好。

家园共育，是体现当代幼教新理念的一种流行办园模式，指教师和家长在现代信息化的环境下，把自己当作促进儿童发展的主体，双方积极主动地相互了解、相互配合、相互支持，实现幼儿园与家庭的双向互动活动，共同促进儿童的发展。所谓最优化，就是指家庭和幼儿园配合默契，产生默契的协作氛围，有效地促进孩子身心和谐健康地发展。肩负着孩子启蒙教育任务的幼儿教师，不仅要注重幼儿智力、能力的培养，也要在促进孩子身体健康的基础上，注重孩子的心理健康，促进孩子健康人格的形成。要使幼儿健康发展，家庭和幼儿园应互相配合，努力营造一个良好的生活环境和氛围，不断改进教育方法，提高教育效果。家园配合有助于家庭与幼儿园、家长与教师的沟通，相互间经常交流有关孩子的信息，这种双向信息反馈便会形成教育的合力。家长与幼儿园的密切合作有助于家长和教师敏锐地发现问题并及时地解决问题，发挥家园互动的作用，促进幼儿全面健康发展。良好的家园配合关系是基于家长与老师的不断沟通的基础上，做好家园配合会让我们事半功倍。

第四章　儿童玩具的消费需求

玩具产业作为我国既传统又新兴的产业，是一个随着改革开放不断深化而得到迅速发展的产业。特别是近十几年以来，玩具产业发展势头迅猛，对于我国扩大出口创汇起到了重要作用。中国已成为世界最大的玩具制造国，中国玩具已经成为大多数发达国家和地区玩具的最大供货来源，中国玩具行业在世界玩具市场上占有举足轻重的地位。玩具业是一个劳动密集型的生产行业，科技含量至今不高。目前，全球玩具业形成这样一个格局：美国是第一玩具消费国，香港是第一玩具供应商，中国是最大玩具生产国。随着中国经济的发展，中国城乡居民的消费支出中，玩具类支出将越来越大。

随着科学技术的不断发展，信息网络技术的不断完善，近年来，在互联网上以电子交易方式进行购物活动的行为已经越来越普遍，传统商业活动各环节也逐渐网络化、信息化。在这一背景下，儿童玩具市场的发展迎来了新的机遇与挑战。据了解，美国“美泰”、“孩之宝”“迪士尼”，日本“万代”“多美”等国际知名玩具商已经开始了全方位抢占中国市场份额的行动，国内玩具市场已出现了中外品牌玩具群雄逐鹿的局面。为此，要继续保持中国玩具生产的领先地位，实现国际和国内市场双赢，就必须采取切实有效的对策。玩具产业是我国参与国际分工与合作的具有比较优势的产业之一。我国玩具企业普遍存在规模小、技术力量薄弱、营销网络不健全、运营资本不足等问题，在国际市场上缺乏竞争力。随着时代的进步，玩具发展理念已超越玩具本身，开始将玩具的生产与大众心理、社会历史文化有机结合起来。

第一节　儿童玩具市场现状

一、相关概念概述

（一）市场

市场起源于古时人类对于固定时段或地点进行交易的场所的称呼，即买卖双方进行交易的场所。发展到现在，市场具备了两种意义，一个意义是交易场所，如传统市场、股票市场、期货市场等，另一意义为交易行为的总称，即“市场”一词不仅仅指交易场所，还包括所有的交易行为。故当谈论到市场大小时，并不仅仅指场所的大小，还包括消费行为是否活跃。广义上，所有产权发生转移和交换的关系都可以成为市场。市场是商品交换顺利进行的条件，是商品流通领域一切商品交换活动的总和。市场体系是由各类专业市场，如商品服务市场、金融市场、劳务市场、技术市场、信息市场、房地产市场、文化市场、旅游市场等组成的完整体系。同时，在市场体系中的各专业市场均有其特殊功能，它们互相依存、相互制约，共同作用于社会经济。

市场是社会分工和商品经济发展的必然产物。同时，市场在其发育和壮大过程中，也推动着社会分工和商品经济的进一步发展。市场通过信息反馈，直接影响着人们生产什么、生产多少，以及上市时间、产品销售状况等；联结商品经济发展过程中产、供、销各方，为产、供、销各方提供交换场所、交换时间和其他交换条件，以此实现商品生产者、经营者和消费者各自的经济利益。市场是以商品交换为基本内容的经济联系方式。在商品经济条件下，交换产生和存在的前提是社会分工和商品生产。由于社会分工，不同的生产者分别从事不同产品的生产，并为满足自身及他人的需要而交换各自的产品，从而使一般劳动产品转化为商品，使产品生产也转化为商品生产。正是在这一条件下，用来交换商品以满足不同生产者需要的市场应运而生。因此，市场是商品经济条件下社会分工和商品交换的产物。市场与商品经济有着不可分割的内在联系。商品市场是指有固定场所、设施，有若干经营者入场经营、

分别纳税、由市场经营管理者负责经营物业管理，实行集中、公开交易有形商品的交易场所。

（二）商品

商品是人类社会生产力发展到一定历史阶段的产物，是用于交换的劳动产品以及商品流通企业外购或委托加工完成，验收入库用于销售的各种商品。价值是交换价值的基础，交换价值是价值的表现形式，人们总是把商品的使用价值和价值称作商品的二因素，把它们看作一个整体。任何社会经济形态中的商品，都是使用价值和价值的矛盾统一体。一方面，商品的使用价值和价值是统一的，缺少任何一个因素都不成为商品。价值的存在要以使用价值的存在为基础，使用价值是价值的物质承担者。另一方面，商品的使用价值和价值又是矛盾的。使用价值作为商品的自然属性，反映的是人与自然的关系；价值作为商品的社会属性，反映的是商品生产者之间的社会关系。使用价值是一切有用物品包括商品所共有的属性，是永恒的范畴；价值是商品所特有的属性，是商品经济的范畴。商品生产者生产一种商品，是为了取得商品的价值；商品消费者购买一种商品，则是为了取得该商品的使用价值。

商品是可以用来与别人交换的财产，换句话说，商品是具有所有权并可以用来和别人交换的财富。因此，和所有财产一样，商品也具有两种价值属性，即商品本身相对于人的需求的财富价值和相对于人们获得它而付出代价的财产价值。显然，商品的财产价值并不是商品本身所具有的价值，而是它的所有权的价值，一旦所有权消失，那么商品的财产价值也就不存在了。商品的财富价值就是相对于人的需求的满足价值。一事物的满足价值的大小取决于人们对它的需求度大小。

（三）市场营销

市场营销是把握当前或可预见的未来时间内的社会需要，并把这些发展和趋势转化为企业盈利机会的活动过程。市场营销学便是在对市场营销活动过程的经验教训总结的基础上提升的一种理论。现代社会不断高速发展，现代企业也随之得到了进一步的发展，然而，良好的经营是其内部进行管理的主要重心，而有力的决策却又决定着良好经营的发展。社会企业的发展经营以及管理决策的前提和基础，主要取决于市场信息。消费者在社会中消费各个企业的产品，为了能够全面有效地保证消费者得到高品质的服务，以及在使用产品中得到最大化的满意度，那么企业本身在做出每个决定的时候，都需要针对各种信息进行全面有效的分析。

现代市场营销是以发展循环经济、实现人类社会可持续发展为终极目的，不断开发新技术、创造新产品、引导新消费、传递新生活标准，以全球市场为视野，制定、选择和实施有利于企业资源与外部环境相匹配的市场营销战略，确保企业永续经营。其中，发展循环经济、实现人类社会可持续发展，为社会创造和传递新的生活标准是对现代市场营销本质最深刻的揭示。发展循环经济、实现人类社会可持续发展是现代企业市场营销活动的前提。基于循环经济为人类社会可持续发展前提条件下的市场营销，要求企业不断开发新技术、创造新产品、引导新消费、传递新的生活标准，是现代企业义不容辞的责任，企业要实现这一使命，不是简单凭借现有资源和市场所能实现的。

现代市场营销的本质涵盖了企业的核心价值和核心目的，即终极目的。创造和传递新的生活标准是现代企业的核心价值，发展循环经济、实现人类社会可持续发展是现代企业的终极目的。人类实践活动的最终目的，既是满足人类生物自身生存发展的需要，实现人类自身的根本利益和长远利益，也是为了满足非人类生物生存发展的需要，实现其非人类生物的存在利益和地球生物圈的整体利益，这既是人类实践选择的终极目的，也是市场营销主体所应选择的终极目的，是现代企业构建有自身特色战略市场营销理念的基石。

二、儿童玩具市场现状

（一）国际玩具品牌进攻

经济全球化是指世界经济活动超越国界，通过对外贸易、资本流动、技术转移、提供服务、相互依存、相互联系而形成的全球范围的有机经济整体的过程，是商品、技术、信息、服务、货币、人员等生产要素跨国跨地区的

流动。经济全球化是当代世界经济的重要特征之一，也是世界经济发展的重要趋势。随着国际经济区域化和一体化趋势的加快，国际竞争的范围越来越广泛，其程度也越来越激烈。经济全球化促进了各国科技人才、跨国公司、国家之间以及民间的全球性科技活动日趋活跃，如能加以有效地利用和积极参与，就能有效地促进中国技术水平的提高。中国企业可以利用国外的技术或在外国产品的技术基础上进行创新，建立和发展高新技术产业，实现经济的跨越式发展。在此背景下，国际竞争力研究成为世界性的热门课题。一国在某一产业的国际竞争力，能为一个国家创造一个良好的商业环境，使该国企业获得竞争优势的能力。同时提出了产业国际竞争力四阶段学说，即产业国际竞争力的成长阶段大致分为四个依次递进的阶段：要素驱动阶段、投资驱动阶段、创新驱动阶段和财富驱动阶段。其中，前三个阶段属于产业国际竞争力的上升时期，后一个阶段属于衰落时期。

日益激烈的国内市场竞争中，国外各大知名玩具厂商在占据了国内玩具的高端市场后，正随着外资超市的扩张向中国二线市场逼近。走进商场和玩具店，大大小小的维尼熊、叮当猫占据了最抢眼的位置，金发碧眼的芭比娃娃设了专柜，孩子们耳熟能详的变形金刚、蜘蛛侠、机器猫、奥特曼几乎都是进口货，中国民族品牌玩具寥寥无几。与此同时，美国、日本及欧洲动画片、漫画及游戏产品也充斥着国内市场，他们凭借玩具与相关动漫产品、游戏结合的成熟商业模式，充分利用自身丰富的推广经验和出色的产品技术，成功地吸引了国内消费者的目光，奠定了目前在中国市场的优势地位。与发达国家玩具行业相比，我国玩具行业的资产规模小，产值也相对较少，产业集中度较低。大部分玩具生产企业属于中小规模的加工企业，不具有规模优势，在市场竞争中仅仅能够自保，竞争后劲不足，竞争力严重缺乏。

（二）自主品牌数量不足

自主品牌是指由企业自主开发，拥有自主知识产权的品牌。国家品牌形象是在国际市场上，消费者对该国产品及其他服务的印象及评价。从营销角度来讲，国家品牌形象的大厦是由企业产品形象的砖石在国际市场上垒起来的。国家品牌与企业品牌的关系类似于母品牌与子品牌的关系，两者相辅相成、相互促进。国家品牌形象的提升可以为企业创造良好的国际市场环境，有利于企业自主品牌的创建和成长。相当强势的国家品牌形象能凸现国家形象的公信力，有助于企业品牌打入国际市场，被消费者接受。我国由于历史的原因，历来就缺乏商标及品牌的保护意识，从而造成了缺乏对品牌的有效保护。在国际市场上，我国许多很有市场前景的商标被国外公司抢先注册，产权落到他人之手。建立自主品牌是中国企业的理想目标，但考虑到国际分工的客观需求和多数企业自身缺乏品牌经营能力的现实，通过建立自主品牌来实现整体的产业升级的阶段还没有全面到来。

创新是知名品牌的构成要素。中国企业之所以品牌价值低，市场竞争力不强，是由于缺乏自主创新尤其是具有自主产权的核心技术造成的。因此，开展自主创新是中国企业建立品牌乃至知名品牌的根本手段，也是改变以规模和成本作为主要竞争策略的可靠之路。在成熟市场中的在位企业，尤其是跨国公司，在西方商业化进程中已形成了品牌化的经营方式。在当地市场，企业经营的主要任务是发展品牌而不是建立品牌，其进入国际市场时利用现有的品牌进行市场扩张，基本不存在进入市场采取建立新品牌，抑或像中国企业一样存在是采取品牌化还是非品牌化的战略选择问题。中国玩具业现在多以来料加工和模仿抄袭为主，自主品牌少，全球知名的玩具品牌更是缺乏，难以在国际舞台上占有一席之地。我国生产了世界上近八成的玩具，却只赚到非常微薄的加工费用，以至于一旦外部环境稍微恶化，便陷入了资金匮乏的困境。可见，在成本优势逐渐减弱，品牌优势日益凸现，且成为提高盈利能力重要因素的今天，只依靠贴牌生产，没有自主品牌，缺少核心技术，这是我国玩具行业发展受制约的关键。

（三）玩具行业人才匮乏

人才，是指具有一定的专业知识或专门技能，进行创造性劳动，并对社会做出贡献的人，是人力资源中能力和素质较高的劳动者。在多数人眼中，一切与玩具有关的东西都是最没出息的表现和登不了大雅之堂的东西。在这

种思想的影响下，我们的玩具设计始终处于被轻视的境遇。由于行业缺乏自主品牌，知名的动漫形象较少，导致玩具行业发展较为困难。此外，重技轻艺的问题一直存在。目前，国内的玩具设计专业教育太重技术培训，忽略了学生艺术修养的提高。很多院校把玩具设计专业划归工业设计学科，招生时就按照非艺术类学生考试，而开设的课程也基本以打板、打样、开模制造、材料选择与应用、安全检测、质量监控等具体生产环节为主，很明显我们这是在培养低端玩具制造人员而非高端玩具设计师。此外，我国人均玩具消费与世界平均水平差距较大，国内玩具行业高端人才缺乏，类似于玩具设计师这样的职业，只是近几年才开始出现，而且仅浙江工业大学、中国美术学院等少数高校设置了玩具设计专业学科。

玩具设计与钟表零部件设计原理相似。随着电子类玩具的普及，行业对设计人员的要求也相应提高了，设计员不仅要懂得玩具设计的方法，还应该把现代科学技术与玩具设计相结合。懂工程图纸、机械制造的技能型人才，玩具行业尤为青睐。另外，玩具设计还牵涉到美学工艺的问题。作为设计人员，要学会抓住流行因素，并将其体现在具体设计中。如想从事设计类岗位，还应掌握机械、建筑、美学、化工等相关知识。玩具设计师是指从事玩具产品和玩具类儿童用具的创意、设计、制作等工作的人员，其主要工作内容分为三部分：首先，分析产品的外观和性能进行打板、打样工艺排料，手工制作产品样品或模型；其次，根据样品或模型，进行产品的自主研发，绘制草图，设计功能模块，出设计图，并编制生产工艺流程；最后，研究市场和产品流行趋势，制订产品的整体设计方案。

总体来看，中国玩具产业整体正处在从高数量低技术型向高质量高技术型转变期，正在寻找新的突破口。要让国际市场了解中国玩具产业的雄厚实力和长期积淀下来的传统优势，中国玩具界就要把握世界玩具潮流的脉搏，把握未来的玩具发展方向，提高中国玩具产业的生产工艺，提升中国玩具产业的核心竞争力，打造中国玩具的自主品牌。

（四）玩具质量令人担忧

玩具的主要使用群体是少年儿童，他们是一个靠监护人保护的特殊弱势群体，对周围的事物和产品安全的认知度有限，且自我保护意识弱，受到伤害机会较大。玩具是儿童成长中的重要伙伴，儿童在日常生活中时时与玩具为伴，玩具产品的质量问题对儿童身心安全的影响是巨大的。玩具的使用者——儿童和青少年的特殊性，决定了产品安全成为玩具业首当其冲的要素，自然也成为限制中国玩具出口的重要因素，甚至成为各国名正言顺的贸易技术壁垒。

国家标准要求玩具采用的材料应清洁干净，无污染，但有些玩具材料有污染不清洁。危险毛边是塑料件的边缘存在的容易划伤儿童皮肤的毛刺。市场上有些塑料玩具上存在危险毛边。突出物是玩具上面向上突起的硬性的末端面积较小的部件，应增加末端的接触面积以加强安全性。但有些玩具突出物的保护件在试验后会脱落。标志和使用说明不规范。标识内容作为引导消费者选购和使用玩具的安全指南，是玩具质量中的一个重要技术要求。标识内容没有或不全，都将对消费者产生误导作用，直接关系到儿童的使用安全，影响玩具的适龄消费。有部分玩具无合格证、标准号标注错误、电池安全使用说明不全等。我国是玩具生产大国，也将成为玩具消费大国，玩具安全不仅仅是技术问题，也是涉及企业责任、良知、意识等诸多方面的社会问题。为了能够给儿童和青少年提供更安全的玩具用品，企业应更加重视、了解和应对国内外的玩具安全标准，改进和提高玩具产品质量安全。

三、儿童玩具市场发展对策

（一）提升自主创新能力

随着人们对玩具功能观念的改变，玩具的消费群体也正在迅速扩大，玩具已不再是儿童的专属品，越来越多高档、新颖的玩具开始成为成年人的休闲、娱乐用品。从创新源泉看，创新可以分为引进吸收后的模仿创新和自主创新。自主创新并不是什么都要由我们自己研究、发明和开发。玩具价值链

是由设计开发、生产供应、市场销售三大环节组成的，是一个哑铃形的价值生成链，生产供应环节的获利度明显低于其他两大环节。中国作为世界上最大的玩具生产地，所得利润却不是最多的。由于企业生产的产品趋同性高，行业内部竞争激烈所导致的利润微薄，也暴露了本土玩具企业在设计开发、市场销售方面的弱势。只有抓住产品价值的核心创造力，才能有效提高产品的附加值，增加企业利润，促进良性循环和有序发展。

玩具的功能性是玩具的重要特征，其主要表现就是玩具可以通过自身的图像、声音、动作等功能来传递各种信息，与使用者互动，让使用者产生愉悦之感或者受到教育启发。如果一种玩具失去其独特的功能，将很大程度上降低使用价值。因此，玩具要进行创新设计可以在其功能方面进行创造和革新，使其拥有更丰富、新颖、健康的功能。企业要转变自身经营理念，尊重和培养玩具设计人员的创造力，提升玩具产品价值，拥有自主研发产品，创立自己的品牌，由加工型向自主设计型过渡。玩具不但要具备新颖独特的功能，同时其美观时尚的外形和结构也是设计创新的重要元素。玩具的外观造型能够很好地体现产品本身的内涵和特点，能够从视觉上引起人们对玩具的喜爱。

随着科技含量较高的电子互动式玩具成为市场主流，一些电子产品厂商也开始转向设计研发一些高科技的电子玩具。近年来，随着高科技玩具的推出及众多高科技公司对玩具业的介入，原创玩具越来越多地凝聚了玩具企业的创新力和科技力，不再简单地抄袭模仿国外玩具，开始涌现不少有前途的本地品牌。由于是自主开发，有自己的开发平台，玩具的可扩展性极强，且价格很具竞争优势。越来越多的玩具商借助高科技淘金，必然会促使整个玩具行业注重营销系统的建立和品牌的传播，由此，便可从高额品牌附加值上赚取利润。

（二）培养玩具研发人才

真正投入玩具设计开发需要大量的人力、物力和财力，中国在玩具设计方面缺乏人才，到近年才陆续地开展相关专业的人才培养，这样的发展还需要漫长的过程。这几年，国家对玩具产业的支持力度和知识产权方面的宣传加大，使玩具企业逐渐有创新意识，但毕竟个体方面能力有限，基本还是以参考国外产品为主，创新设计很薄弱，中国玩具设计在创新道路上还有漫长的道路要走。由生产加工、出口贸易向自主研发、国内市场转移是企业今后发展的趋势，谁能占领国内市场，打出符合国内市场要求的民族品牌，谁就占得了主动和先机。在这种竞争中，专业人才的竞争起着主导作用。由此，高等院校作为人才培养的摇篮必须肩负起责任，为企业的发展需求输送优秀的可用之才。

玩具设计师作为玩具行业的灵魂人物，在行业中具有不可替代的作用，而现有专业玩具设计师的欠缺，也引起了国家有关部门的重视和社会的广泛关注。为促进行业设计技术水平的提高，在玩具设计从业人员中推行国家职业资格证书制度，中国玩具协会经由轻工部、劳动和社会保障部许可，开展了玩具设计师的培训、鉴定工作。随着国家和社会对玩具行业人才的日益重视，国内越来越多的高校设立了玩具设计专业。中国玩具协会在全国设立“中国玩具行业人才培训基地”和玩具行业特种职业技能鉴定站，这些行业人才培训基地就包括艺术学院、美术学院等专业教育机构，它们本身与各地知名玩具制造加工企业具有良好的互动合作关系，并在这些企业建立了玩具专业教学培训基地。

（三）产品融入民族元素

中华民族五千年璀璨的文化，是我们取之不尽的宝藏，而我们却往往身在宝山不识宝，不能从自己肥沃的文化土壤中汲取丰富的营养。世界各国都有丰富的民族文化资源，如何充分利用并予以创新，是玩具企业应该严肃思考和致力而为的。中国元素是指凡是被大多数中国人认同的、凝结着华夏民族传统文化精神，并体现国家尊严和民族利益的形象、符号或风俗习惯。中国的企业及品牌文化更是中国元素的重要组成部分。中国文化博大精深，源远流长，因此，中国元素也有很多组成部分。凡是在中华民族融合、演化与发展过程中逐渐形成的，由中国人创造、传承、反映中国人文精神和民俗心

理、具有中国特质的文化成果，都是中国元素，包括有形的物质符号和无形的精神内容，即物质文化元素和精神文化元素。

在民族元素的应用过程中，应注意将其加以丰富变化与灵活应用，针对市场要求进行一定创新改造。玩具的设计应符合国内外客户群体的审美偏好、情感诉求与消费习惯。我国拥有悠久的文化题材和浩瀚的神话传说、历史故事，机智勇敢的孙悟空，憨态可掬的猪八戒，大胆而有爱心的沉香，封神演义中的各路神仙等，他们变化多端的本领和可爱勇猛的形象深得儿童的喜爱。以这些文化资源为素材的相关产品如书籍、卡通片、服装等出现在市场的时机比玩具早得多。我国是个多民族国家，传统的民族特色是玩具业发展的力量源泉，如果善于挖掘题材，将民族特色和创新精神结合起来，注入现代科技含量，再与时令、节日、民俗及旅游业挂上钩，就能发挥中国传统玩具在国内外市场上的独特优势。

第二节　儿童玩具消费需求现状分析

一、相关概念概述

（一）消费

消费是社会再生产过程中的一个重要环节，也是最终环节。它是指利用社会产品来满足人们各种需要的过程。消费又分为生产消费和个人消费，前者指物质资料生产过程中的生产资料和生活劳动的使用和消耗，后者是指人们把生产出来的物质资料和精神产品用于满足个人生活需要的行为和过程，是生产过程以外执行生活职能，它是恢复人们劳动力和劳动力再生产必不可少的条件。凯恩斯把消费问题引入宏观经济领域，他把消费看作国民收入流通的基本形式之一。购买消费品的支出，称为消费支出。从全社会看，一个人的支出，就是另一个人的收入，总支出等于总收入。在两部门的经济中，社会总需求等于消费和投资之和，从总需求中去掉投资支出，就是消费支出。凯恩斯在分析了消费概念的基础上，又提出了“平均消费倾向”“边际消费

倾向”等概念，使消费理论增添了新的含义。

通常讲的消费是指个人消费。社会主义制度下，社会生产的目的是为了满足人们日益增长的物质文化生活的需要，这就消除了生产和消费的对抗性矛盾，并且消费也成为推动整个社会生产发展的强大动力。

（二）消费者

消费者在科学上的定义是食物链中的一个环节，代表着不能生产，只能通过消耗其他生物来达到自我存活的生物。从法律意义上讲，消费者应该是为个人的目的购买或使用商品和接受服务的社会成员。消费者与生产者及销售者不同，他或她必须是产品和服务的最终使用者而不是生产者、经营者，也就是说，他或她购买商品的目的主要是用于个人或家庭需要而不是经营或销售，这是消费者最本质的一个特点。作为消费者，其消费活动的内容不仅包括为个人和家庭生活需要而购买和使用产品，而且包括为个人和家庭生活需要而接受他人提供的服务。但无论是购买和使用商品还是接受服务，其目的只是满足个人和家庭需要，而不是生产和经营的需要。

在市场中，所谓消费者是指非以盈利为目的的购买商品或者接受服务的人。消费者正在成为营销竞争中一个越来越重要的力量，这是营销界的共识。与这个共识形成反差的是，在营销实践中，大多数企业仍然欠缺将这种力量为己所用的意识和手段，从战略制定到战术运用，都缺乏对消费者心理需求和行为偏好的准确呼应。在现实的经济生活中，经营者占据商品、服务信息和组织实力的巨大优势，消费者在交易中处于弱势地位。如果仅仅按照民商法调整平等主体间的经济关系的原则，赋予双方自由选择的权利，不能保证消费者得到实质上的公平。消费者概念中对商品或服务使用价值的消耗，才是消费者概念的内核。商品和服务具有使用价值和交换价值。生产经营者追求的是商品或服务的交换价值，以商品或服务换取货币或其他利益。而消费者需要的是商品的使用价值，消耗商品或服务的使用价值以满足个人的需要。生产经营者与消费者的分界线，就在于对于商品或服务的价值追求不同。

（三）消费需求

消费需求是指消费者对以商品和劳务形式存在的消费品的需求和欲望。当商品经济处于不发达阶段时，消费者的消费领域比较狭窄，内容很不丰富，满足程度也受到限制，处于一种压抑状态。在市场经济条件下，生产资料和生活资料都是商品，消费需求的满足离不开市场交换。随着社会生产力的不断发展，企业将向市场提供数量更多、质量更优的产品，以便更好地满足消费者的消费需求。随着人们物质文化生活水平的日益提高，消费需求也呈现出多样化、多层次，并由低层次向高层次逐步发展，消费领域不断扩展，消费内容日益丰富，消费质量不断提高的趋势。

企业只有充分了解消费者的需求，才能投其所好，企业才会取得成功。按照美国心理学家马斯洛提出来的需求层次理论，人的需求可以分为五个层次，分别是生理的需求、安全的需求、社交的需求、尊重的需求和自我实现的需求。对于消费者而言，生理需求主要要求产品需具有消费者要求的一般功能，如冰箱应能储藏食品，洗衣机可以清洗衣物等。安全需求则往往表现为消费者会关注产品对身体及对环境的影响，消费者往往会关注产品是否有益健康，是否有益环保，是否是绿色产品等。社交需求则表现为消费者会关注产品是否有助于提高自己的交际形象，消费者会关注精美的包装等这些产品的附加功能。消费者心理的差异性和多维性决定了消费者的需求是不断变化的，是有差异的。企业应根据消费者的需求不断地做出反应，随机而变，不断适应，并为之服务。

二、儿童玩具消费需求现状

（一）消费需求增大

儿童的玩具需要是儿童不同成长阶段中生理需要及心理需要的反映，并随着满足这一需要的内容、方式的改变而不断变化、发展。儿童玩具的使用者是儿童，由于儿童在不同发展阶段的生理与心理特征不同，儿童在不同阶段面临的成长任务也不同，所以，儿童玩具的设计应当充分了解并尊重儿童的玩具需要。随着中国经济的发展，中国城乡居民的消费支出中，玩具类支出占比将越来越大。在人们生活质量高度发展的今天，一些世界上重要的玩具市场都出现了玩具多元化趋势，它们能够充分利用本国的传统特色，将新技术与传统品牌相结合。另外，更多地注重让儿童采取主动的方式来玩乐，不仅挑战儿童的智力，也挑战着成年人的自我创造能力和智力。此外，还有其他因素，如玩具自身的品质、被认知的价值、醒目的设计、外延产品的创新、顺畅的供应和销售渠道、舒适的店内陈设、良好的口碑等。

（二）消费占比不高

我国儿童人均玩具消费与发达国家相比是很低的，相当于美国的1/10、日本的1/12，远远低于美国、日本等发达国家水平。并且很多中西部农村儿童玩具消费几乎可以忽略不计，随着我国人均消费水平的提高，以及消费理念的转变，我国玩具消费市场有望得到进一步的发展。儿童如此，相比较邻国日本的成年人的玩具消费，国内的玩具消费也是相距甚远。当然，国内物质生活在逐步提高，普遍的玩具消费意识已经在大众中间体现，这是一个积极信号。由于物质财富的两极分化变大，玩具消费也体现出两个阶层，一种是针对一般的消费大众，一种是针对富足消费。一般的大众玩具基本是消费玩具单价几块到一两百元之间的，而富足玩具消费是消费一两百到千元的玩具。这样的市场分化就要求我们在设计时注意产品定位的侧重点，益智类的玩具建立在安全、好玩、益智基础上，只要在材料上分开，比如一般木制类、注塑类、纸质类的成本较低，普通技术含量的电子玩具等，易被一般消费群体接受，而且这部分的市场需求很大。另外，我们也要看到玩具消费不仅仅是逢年过节时的礼物，它们是任何季节里的商品。

（三）消费不够理性

理性消费是指消费者在消费能力允许的条件下，按照追求效用最大化原则进行的消费。从心理学的角度看，理性消费是消费者根据自己的学习和知觉做出合理的购买决策，当物质还不充裕时，理性消费者心理追求的商品是价廉物美经久耐用。理性消费是指消费者的消费计划建立于自身的长远考虑，

消费、储蓄的目的不是仅仅为了实现当前的利益，而是充分考虑实现消费效用的最大化。除了消费过程中努力实现消费者的效用最大化，消费者的理性消费是要有益于社会的可持续发展，消费行为要科学环保，要有益于资源的充分利用，消费行为要恰好适度。促进理性消费，从消费者个人来说，要树立正确的消费观念，即应符合人的身心健康和全面发展要求。

玩具消费在国内还处于本能需要阶段，理性消费的不多。主动消费的养成有待于国内玩具育儿观念的养成及发展，有待于成人消费玩具观念的转变。我们先来看少儿玩具消费方面，玩具在国内并不作为育儿的重要方面，我们忽视了玩耍是孩子的工作，而玩具就是他们的工具，特别是这样的工具能够承载丰富的信息，向下一代传递上一代人的价值观、文化积淀和期望。玩具可以培养他们乐于思考的兴趣，培养他们的乐观主义和责任感，甚至在儿童期间就在培养他们以后的生活常识和技能，比如，给他们成年人工具的缩小版，让他们给小玩偶布置场景，安排局部生活，认识生活中需要的知识和技能。玩具还可以培养他们的想象力和创新力，特别是积木类和组装玩具套装类。但现今，国内小男孩喜欢机械电子玩具已有逐渐虚幻、暴力化的倾向，小女孩喜欢的娃娃和装扮玩具也存在不切实际或者是消极奢靡化现象，这其实是社会浮躁，崇拜物质金钱的反映。

三、儿童玩具消费特点

（一）乳儿期消费特点

乳儿期是个体发展阶段之一，从出生到 1 岁的乳儿期阶段，乳儿期运动能力的发展为乳儿的玩具消费活动提供了生理基础。年龄非常小的乳儿通过抓握反射动作能将整个身体抬起，当把乳儿放在座椅上时，他们会反射性地伸手去抓面前的玩具。此时，乳儿用双手操作物体的能力提高，可将玩具放在眼前研究。在探索物体的过程中，会先用手，再通过吸吮和用嘴咬，并能熟练地操纵、举起、转动玩具。同时，乳儿能辨别出玩具的声音、响度及位置变化，其听觉感受能力也在不断增强。乳儿期动作发展也最为迅速，从上部动作到下部动作，从大肌肉运动到精细肌肉群的动作，均按一定顺序发展；能听懂一些简单的词语，明白一些成人的手势，能与成人发生一定程度的交流。定向反射的形成使乳儿能注意新鲜事物，表现出初步的记忆能力。此期的心理机能发展从简单到复杂，从被动到主动，从笼统弥散的泛化到具体准确的专门化，心理组织水平逐渐提高。

乳儿期认知能力的发展为乳儿的玩具消费活动提供了心理基础。在这一阶段里，乳儿的逻辑思维尚未发育成熟，表现在对物体永久性的认识上。乳儿最初感知的仅仅是那些当前知觉领域里的玩具。特定的经验有助于乳儿建立物体永久性的概念，能够爬行或者骑过学步车的乳儿，当物体在他们面前被隐藏后，他们所使用的寻找策略也更为有效。这一阶段，乳儿尚无自我意识，不能把自己与周围的环境进行区分，乳儿的生活范围局限大，缺乏对行动结果的预见性和计划性，因此，乳儿期的玩具消费特点主要表现在认识玩具的直观性、模糊性和表面性上。由于这一时期思维的狭隘性，乳儿对玩具的认识主要由直观刺激引起，对玩具的注意和兴趣也主要受到玩具外在因素的影响，如玩具的声音、色彩、造型、图案等。

（二）婴儿期消费特点

在 2 岁到 3 岁的婴儿期阶段，婴儿的游戏方式以幻想游戏为主，幻想游戏的发展为婴儿期的玩具消费活动提供了生理基础。婴儿期的婴儿五指分化、手眼协调。到婴儿末期，手摆弄物体的动作向精细化和协调化发展，这有助于培养他们的生活自理能力。独立行走是婴儿发展的一个重要里程碑。游戏具有让儿童正在经历的心理矛盾戏剧化的作用，通常游戏不仅代表了问题，而且提出了解决方案。幻想游戏是表征思维的一种形式，即婴儿能对物体间的关系进行试验并能扮演社会角色。在这一时期里，婴儿能够直接玩他们自己产生的反映其心理表象的游戏，开始时，他们幻想游戏的特点仅是简单重复自己熟悉的活动。

婴儿期，感知觉的发展为婴儿的玩具消费活动提供了心理基础。在这一阶段里，婴儿对玩具的声音、色彩、造型等方面有着极强的感知力，他们不

仅渴望接受听觉、视觉、触觉以及嗅觉等各方面的信息，并且需要在诸多方面得到健全的发展。在婴儿期阶段，婴儿开始把自己当作主体来认识。这一时期婴儿的自我意识水平还处于较低阶段，对自己的心理活动、行为的认识与调节能力都处于低级水平，他们对自己、他人以及外界事物的认识往往以别人的行为、思想作为指导，本身缺乏独立的判断分析能力。婴儿期的玩具消费特点主要表现为使用玩具的模仿性上，在消费活动中，婴儿对玩具购买欲望的产生或对玩具产品的选择上缺乏主见，易受周围环境、其他人的评价或本身情绪的影响。婴儿期的玩具要能满足婴儿好动、好奇、活跃以及对任何事物都感兴趣的玩具消费特点，同时，这一阶段的玩具还应注重玩具的不同功能，使玩具的主题广泛、造型活泼、表现手法丰富。

（三）幼儿期消费特点

幼儿期生长速度减慢，智能发育加速，活动范围增大，接触社会事物增多。语言、思维和社交能力有明显发展。由于缺乏对危险事物的识别能力和自我保护能力，易发生意外伤害和中毒，此期保健重点在于培养良好的饮食卫生习惯，保证营养和辅食添加，预防传染病和意外事故。在幼儿期，个体的生理不断地发展变化，身高、体重在增长，身体各部分的比例逐渐接近成人，肌肉、骨骼越来越结实有力，更主要的是，神经系统特别是大脑皮层的结构和功能不断成熟和发展。在幼儿期，随着运动能力的不断提高，幼儿的思维变得越来越灵活，有意义的团体游戏的机会也逐渐增多。随着游戏质量的提高，更多的幼儿参与到更为复杂的游戏之中。

幼儿期自我意识的发展为幼儿的玩具消费活动提供了心理基础。在这一阶段里，幼儿自我意识的发展表现在自我评价能力的发展上，自我评价能力的发展使幼儿更加积极地去探索周围的世界，与玩具的互动是其中最主要的内容，许多幼儿能够熟练地操作玩具或玩游戏。另外，男孩和女孩也逐渐认识到了性别之分，并按照社会对自己性别的角色期待来选择玩具。这一时期的幼儿喜欢模仿他人的行为，所以对能模仿体验真实感受的玩具会更加关注。此时，生活中的一切都需要学习，与玩具的互动是幼儿健全良好心理和性格

的必由之路，是向他们传授知识的重要途径。让幼儿在快乐的游戏中培养良好的性格，将是促进幼儿身心全面健康发展的重要手段。

（四）童年期消费特点

在这一阶段里，儿童喜欢参与到团体运动中，团体运动为儿童提供了预演在未来工作和生活中需要用到的各种技能和方法的机会。参与团体运动的儿童把自己看成团体的一分子，并试着估计自己在团体中的行为所造成的影响。团体运动为童年期人际关系的形成创造了很好的环境，儿童在融入一个积极向上的团体之后，会对团体甚至是团体之外的更多人产生认同与尊重，这些积极的情绪体验将会增加儿童的成就感和社会交往能力。这一阶段，儿童的玩具消费倾向是根据自己的兴趣、爱好、判断力选择能进行团体合作或竞争的玩具。童年期的玩具消费特点带有明显的自我中心倾向，对玩具的注意和兴趣仍是由玩具的外在因素所引起。这一时期儿童与同龄伙伴的交往是其社会性发展的主要途径，随着儿童自我意识的逐步增强，儿童的玩具消费特点也逐步带有一定的社会性，如在与同伴玩具的比较中产生玩具消费的从众行为。

第三节　儿童玩具产业的发展趋势

一、玩具产业概述

（一）产业

产业是社会分工和生产力不断发展的产物。产业随着社会分工的产生而产生，并随着社会分工的发展而发展。在远古时代，人类共同劳动，共同生活。生产物质产品的集合体包括农业、工业、交通运输业等部门，一般不包括商业，有时专指工业，如产业革命，有时泛指一切生产物质产品和提供劳务活动的集合体，包括农业、工业、交通运输业、邮电通信业、商业饮食服务业、文教卫生业等部门。产业是指由利益相互联系的、具有不同分工的、由各个相关行业所组成的业态总称，尽管它们的经营方式、经营形态、企业模式和

流通环节有所不同，但是，它们的经营对象和经营范围是围绕着共同产品而展开的，并且可以在构成业态的各个行业内部完成各自的循环。

（二）产业链

产业链是产业经济学中的一个概念，是各个产业部门之间基于一定的技术经济关联，并依据特定的逻辑关系和时空布局关系客观形成的链条式关联关系形态。产业链是一个包含价值链、企业链、供需链和空间链四个维度的概念。这四个维度在相互对接的均衡过程中形成了产业链，这种对接机制是产业链形成的内模式，作为一种客观规律，它像一只无形的手调控着产业链的形成。产业链的本质是用于描述一个具有某种内在联系的企业群结构，它是一个相对宏观的概念，存在两维属性：结构属性和价值属性。产业链中大量存在着上下游关系和相互价值的交换，上游环节向下游环节输送产品或服务，下游环节向上游环节反馈信息。

随着技术的发展，迂回生产程度的提高，生产过程划分为一系列有关联的生产环节。分工与交易的复杂化使得在经济中通过什么样的形式联结不同的分工与交易活动成为日益突出的问题。企业组织结构随分工的发展呈递增式增加。因此，搜寻一种企业组织结构以节省交易费用并进一步促进分工的潜力，相对于生产中的潜力会大大增加。企业难以应付越来越复杂的分工与交易活动，不得不依靠企业间的相互关联，这种搜寻最佳企业组织结构的动力与实践就成为产业链形成的条件。产业链形成的原因在于产业价值的实现和创造产业链是产业价值实现和增值的根本途径。任何产品只有通过最终消费才能实现，否则，所有中间产品的生产就不能实现。同时，产业链也体现了产业价值的分割。随着产业链的发展，产业价值由不同部门间的分割转变为不同产业链节点上的分割，产业链也是为了创造产业价值最大化。

（三）玩具产业

玩具制造指以儿童为主要使用者，具有娱乐性、教育性和安全性三个基本特征的娱乐器具的制造。近年来，随着人民币升值、原材料涨价、劳动力成本上升、国外质量认证日益严格，代工企业生产成本大幅上升。由于代工企业缺乏自主研发能力，客户结构单一，在激烈的市场中又不能向玩具经销商转移上升的成本，利润空间受到挤压。代工企业利润下降导致行业整体利润水平处于较低水平。值得庆幸的是，国内涌现出了一批拥有自主品牌的玩具企业。自主品牌企业拥有自主研发设计能力，能根据市场变化快速研发设计各种畅销产品，同时，客户与市场结构的灵活性确保企业的定价能力，一般自主品牌企业的利润率要比代工企业高很多倍。此外，这些企业开始借助资本市场的力量实现业务拓展，未来发展可期。中国玩具生产企业必须从玩具产业可持续发展的角度出发，建立完善科学的生产质量保证体系，从产品设计、生产过程控制、产品最终检验等环节，确保玩具生产的安全可靠。

二、儿童玩具产业时代背景

（一）信息化时代

信息化时代就是信息产生价值的时代。信息化是当今时代发展的大趋势，代表着先进生产力。信息化时代历史背景由大机器、大工业和大量人员所从事的大规模流水线生产方式不再是主流，而第三产业即服务性产业将明显增加，信息类无形产业将成为关键资源，有力气但未受过教育或受教育较少的人将面临失业。信息产业化已经成为历史潮流，发达国家的产业结构正在实现制造经济向信息经济的转化，从而引起经济结构的调整和革命。在组织结构上由层序化向分子化结构演变，使非集权化成为当今世界组织结构改革的主导方向，并使企业组织国际化进一步成为趋势。

伴随着经济的不断发展，中国儿童玩具市场的消费额逐年攀升，电子商务更是加速了玩具销售的网络化过程。今天，玩具销售区域覆盖了中国城市以及广大农村的绝大部分。面对各种新奇多样的玩具，该如何选择成为众多家长必须面对的问题，尤其是具备电子游戏功能的各种智能玩具特别让家长头疼不已，儿童因沉迷网络游戏而耽误学业者比比皆是，至于如何杜绝此类事件也成为教育家和各界社会人士所共同关心的问题。在信息化背景下，儿童使用手机、平板等信息化产品去学习和娱乐是一个不可避免的趋势。我们

不可能一味地拒绝电子产品，从儿童的行为特点来分析，这会引起儿童的反抗和不满。让儿童理解玩具的使用方法，自己去使用和玩耍，主动地接触优秀的电子产品，对儿童未来的成长发展意义深远。以互联网为平台的智能化益智类儿童早教玩具不仅能够增强儿童的创新思维，还能锻炼儿童的操作能力和独立思考的能力，目前已经被越来越多的家长认可和期待。

（二）智能化时代

玩具业是属于娱乐经济体系内的一个子项，娱乐经济则是一种在社会变迁中逐渐形成的经济体系。对中国玩具产业而言，玩具产品的开发与设计往往融入很多元素，例如，它可以作为动漫、电影等文化产业的衍生产品。同样顺应信息化社会的发展，通信的信息化技术对玩具产业发展的影响使相应的玩具设计产品应景而出，并且得到了社会的普遍认可。随着互联网信息技术的快速普及，人们的休闲方式已经开始变得更加科技化与智能化，在这种趋势下的玩具产品往往结合了更多的信息技术、网络化技术，这些智能玩具产品将孩子们带入了一个新的认知世界。因此，结合信息化技术对传统的、固有的玩具进行再设计以增强其吸引力，对信息化产品进行再优化以便使之更适合现代儿童健康发展已经成为当今消费发展的趋势和目标。在这种情况下，玩具产品的智能化设计就显得更为迫切了。

玩具的智能化，是通过赋予传统玩具的功能化的特征来实现玩具的娱乐性的目的。功能性和娱乐性是智能玩具所具备的两种特质，娱乐性是玩具产品的共性，功能性是智能玩具相对于传统玩具的明显特征，它结合了一些声光电，还有目前应用广泛的信息化技术，在原来玩耍的基础上又加上了更多的互动技术，视觉、触觉、听觉的感官体验，增加了产品的综合趣味性。针对不同的目标消费人群，产品设计出来的功能体验也不一样，根据使用者的生理特征和心理特征来设计出不同的功能　　　　和娱乐性。好的玩具产品一定要有趣味性，这是吸引消费者的关键。科技的快速发展带动消费群体对玩具产品更高的体验需求，玩具智能化成为玩具行业发展的必然趋势，高科技智能化玩具不仅满足了儿童的好奇心，同时加强了消费

群体和玩具的互动体验。在国际贸易中，玩具已成为日益看好的商品之一，尤其是高科技玩具，正成为发达国家和地区行情最看好的儿童用品。不仅玩具越来越向高科技方向发展，连售货方式也逐渐高科技化。智能玩具从功能的角度来看，创新的技术会带来不同的体验，也会创造出不同的玩耍方式，这种状况主要是由于玩具结合更多的创新技术和新的创新玩法所带来的效应。

（三）国际化时代

随着改革开放及我国加入世界贸易组织，玩具业迎来了机遇并得到了发展，但是同时，中国的玩具业也面临着不断的挑战，金融危机的爆发导致国际消费市场的萎缩，国际玩具市场的门槛越来越高，劳动力成本和生产玩具的原材料成本不断上升及人民币升值，再加上我国玩具企业大多规模小，设备不先进，技术研发能力弱等，使我国玩具企业要真正走出国门，在国际市场上站稳脚跟，还需要克服很多困难。我国玩具业在世界上的地位举足轻重，对我国出口和国民经济的发展有重大意义。在世界经济一体化的今天，在跨国公司不断涌进我国的同时，我国也有很多企业走向世界。玩具产业有关联度较大、产业链较长的特点，经过三十多年的发展，中国玩具业已形成原料与设备的供应采购、生产加工、检测服务、专业市场开发、出口贸易等相关产业，产业集群优势日趋明显。

中国是全球最大的玩具制造国，中国玩具的客户主要为海外客户，中国玩具产品远销世界几乎所有国家，中国玩具的消费者存在于世界各国，并以外国消费者为主。网络为中小玩具零售企业进入市场提供可能，因此，在网络化时代，电子商务被广泛应用于中国玩具产业成为一种必然性。互联网无所不在的特点使全球玩具消费者可以浏览虚拟玩具商店，扩大了企业宣传机会，增加了企业进入全球市场的可能性。我国对电子商务的研究还处于初级阶段，金融业、商业、制造业、零售业企业渴望从电子商务中获得更多利润，推动企业的发展。同时，因为网络等环境的成熟，中国电子商务在逐步国际化，跨国网购成为一种新趋势，而中国玩具行业更是一个特殊的行业。

三、儿童玩具产业的发展趋势

（一）科学技术深层应用

目前的玩具产品已不再满足于仅运用机械或初级机电一体化手段来生产，而是大量运用声控、视控和光控及集成电路芯片等技术生产高技术的电子智能玩具，并被许多国家视为高科技发展应用的象征。智能科技的迅速发展不仅给人们的生产生活带来了极大的便利，也在潜移默化中影响着人们的生活方式。智能手机的成功普及也标志着智能科技运用进入了一个新的层次，目前智能化已经渗透到住宅、家居、医疗行业、制造业等各个领域，与我们的生活密不可分。玩具领域也想在大数据时代通过智能化平分一杯羹，但是市面上的智能玩具仍然存在着许多不足，尤其与传统儿童玩具结合较少，传统玩具仍然止步不前。在这种情况对比之下，传统玩具面临式微。拥有较高科技含量的电子电动玩具在趣味性、互动性、教育性、声光效果方面，相对于传统静态玩具和机械玩具都占有明显的优势，这也反映到我国玩具出口结构中。高科技的介入将促使中国玩具业离开低水平复制的恶性竞争，有利于玩具产业向高水平、健康的方向发展以及提升我国玩具业在国际国内高端市场上的竞争力。

由于科技的迅速发展和经济全球化的影响，外来品牌大量涌入国内市场，国外的儿童玩具因为极富有童趣的设计感、结合儿童心理的颜色选择、环保绿色的概念引入以及良好的品牌形象而越来越多地受到广大消费者的青睐。反之，中国的传统儿童玩具已经逐渐从市面上消失了，例如，滚铁圈、皮影、空竹等，这种流失的主要原因是传统玩具落后于科技的发展，跟不上时代的脚步，这些玩具的样式、玩法、包装、用料等都停滞不前，娱乐性降低。传统玩具必须与时俱进，结合新的科技，以新的形式展开新的设计，只要国内注重对于传统儿童玩具这一块的体系研究，注重工业设计，研发一套符合自己国情的玩具设计方案，必将迎来消费者的青睐。来自父母辈的传统玩具不仅是一种传统文化的传承，更能唤起家长们对儿时的回忆，这也是连接孩子与父母之间的感情纽带，在未来市场上会更有发展潜力。

（二）安全标准不断提升

目前，在众多玩具销售市场中，除大型百货商场和玩具专业商场外，其他市场销售的玩具产品，大多为假冒或劣质产品。有的产品的使用性能达不到标准要求，有的产品安全性能不过关，塑料产品的原材料为再生塑料等，问题百出。更有甚者，在毛绒玩具的填充物中夹带医院废弃棉絮，给儿童身心造成极大的伤害。近年来，因玩具产品质量产生的纠纷和因玩具产品质量而引起的儿童意外伤害事故时有发生。随着生活水平的提高及环保观念的强化，促使玩具消费者从自身健康和安全考虑出发，对玩具的质量提出更高的要求。玩具进口国为保障本国消费者的健康和保护本国玩具产业，也制定了愈来愈严格的安全与环保标准。随着消费意识的逐步提高，人们在关注传统产品质量之外，越来越重视环保情况。玩具大部分是面向儿童这一弱势消费群体，为保障儿童的身心健康和安全，玩具产品必须符合安全和环保规定。

新的国家标准出台后，目前正规玩具企业受到的影响都不会太大，但相当一批作坊企业将面临退市。企业生产经营的玩具产品质量，不但是反映本企业的产品质量水平，更重要的是出口到了境外，一定程度上就代表了中国内地玩具产品的质量水平。只有提高了所有玩具产业相关人员的质量意识，才能在玩具的设计、材料的采购供应、玩具的生产，包括玩具的销售环节，做到不设计存在安全质量问题或质量隐患的玩具、不采用质量不合格的玩具材料及配件、不违反工艺要求进行生产、不销售有质量问题的玩具。新的玩具国家标准还对玩具测试进行了明确的规定。玩具测试的目的是模拟玩具可能受到的、可预见的合理滥用和损坏，用以发现玩具在这些情况下使用是否会出现潜在危险。新标准并没有太多的提升技术门槛，所以我们预测对于正规玩具企业的影响不会很大，换句话说，凡是现在能够出口或能够进入国内大商场销售的玩具都不会遇到太大障碍。

（三）文化产业合作加深

随着社会经济的发展进步，文化产业已经成为我国国民经济发展中不可或缺的重要组成部分，文化产业对于政治、经济的推动作用不容小觑。与此

同时，我国的文化产业还处于初步探索阶段，至今尚未形成正规的文化产业市场，因此，我们更要时刻保持清醒的头脑，进一步推动文化产业的发展。文化产业就是按照工业标准，生产、再生产、储存以及分配文化产品和服务的一系列活动。文化产业主要是以生产和提供精神产品为主要活动，以满足人们的文化需求为主要目标。文化产业主要是指文化意义本身的创作与销售，狭义的文化产业主要包括文化艺术、文化出版、文化旅游、广播电影等几个层次，具体表现为文学艺术创作、音乐创作、舞蹈、摄影、工业设计与建筑设计等。文化产业是文化与产业相结合的产物，是伴随着人类文化与产业的发展而发展的。产业集聚化发展是文化产业发展的一大趋势，文化产业具有较强的产业融合性，这就决定了它在发展过程中需要整合各种文化资源。我国文化产业起步较晚，未来更需要打造特色文化产业集聚群，打造相对完善的文化产业链条，实现文化产业的集群效应，增强整体竞争实力。

影视、动漫等文化产业的繁荣为传统玩具的研发设计提供了更多的素材、拓宽了思路。设计中加入文化元素能提高玩具的商品价值、提升消费者对品牌产品的忠诚度与辨识度。影视、动漫作品的热播能促进其授权玩具及衍生品的销售，塑造良好的品牌形象，提升品牌知名度和美誉度。经典玩具产品一般都具备人物性、故事性等文化元素。市场上热销的变形金刚、高达战士、迪斯尼系列玩具的原型都来源于相关的影视、动漫作品。动漫产业作为典型的文化创意产业，决定了动漫产业集群的竞争从一开始就由它的文化特性决定了它的竞争优势不仅仅是单纯依据劳动力的低成本就能够获得优势的，这是片面的理解动漫产业是劳力型产业的做法，在集群化发展的过程中，还必须注意和重视动漫产业的文化特性，充分体现出其知识型产业的特性。

（四）教育功能继续深化

儿童在生理、心理上与成人大相径庭，因此，与成人教育相比，儿童教育在内容、方法、方式等方面都表现出鲜明的特点，而玩具在其中扮演着一个不可替代的角色，它是现代儿童教育中不可或缺的一个物质条件。游戏是

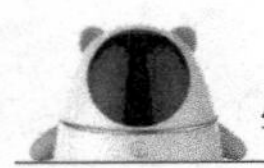

儿童生活中的重要组成部分，玩具是儿童游戏娱乐的载体，在儿童的童年中扮演着不可替代的角色，而当今儿童的游戏时间、游戏种类等却随社会环境及生活方式的变化而产生急剧减少的状况。学龄前儿童的主要活动是游戏，游戏活动是促进儿童生长发育和进行培养教育的最好手段，玩具承当载体作用，是家长对儿童进行教育和激发孩子们的想象力和创造力的有效工具。而国内教育有点急功近利，知识的灌输在学龄前儿童中占了很大比例。在现在的大都市中，家长都忙于上班，所以玩具对学前儿童的成长是十分重要的，玩具会成为孩子们忠实的玩伴。

运用玩具做游戏，是儿童智力发展的重要手段，是儿童认知活动的一种重要形式。儿童的认知水平决定其活动水平及游戏水平，决定儿童游戏的方式。未来的玩具业发展的关键词是“个性”与“科教性”，玩具厂商应秉承赋予孩子们更多的自由的理念并提供更多价格的选择，以符合市场的潮流。其中，建构类玩具与科教类玩具将逐渐成为市场的主导。建构类玩具包括常规的拼插、建筑类玩具，还包括让孩子自行动手组装、设计出反映自己喜好、品位和想象力元素的产品。科教类玩具将科技、工程、艺术、数学为元素融入玩具的设计开发中，让各个年龄段孩子获得学习的能力，享受学习的乐趣。

第五章　娱乐活动中儿童心理的发展与玩具设计

娱乐活动是儿童生活的重要内容，是儿童主要的社会生活方式，是儿童健康成长不可缺少的伙伴。传统娱乐活动作为一种文化形式，以其独有的特点，深受儿童的喜爱。许多传统娱乐活动对儿童心理发展有莫大功益，是发展儿童综合素质的宝贵资源。随着社会的发展，儿童的兴趣和爱好也日趋改变，但很多历史悠久的文化形式并没有失去其存在的价值。娱乐活动以一种浓缩的形式包含了所有的成长趋势，儿童主要是通过娱乐活动而向前发展的。由于娱乐活动的涵盖面十分广泛，在讨论娱乐活动对促进儿童心理发展的作用时，必须首先明晰涉及的是哪种娱乐活动。有的娱乐活动可以直接导致发展；有的娱乐活动可能促进学习和发展；另外一些娱乐活动可能只是反映了发展。因此，不能孤立地探讨娱乐活动在儿童心理发展中扮演的角色或者不加分析地铺张它的优点。有些娱乐活动甚至会对成长和健康造成危害，例如，可能导致社会批评和否定的娱乐活动以及更极端的可能导致身体伤害的娱乐活动。

心理的发展是一个连续的过程，可以被分解为一个个小的不连贯的步骤。无论是可观察到的行为还是潜在的生物发展过程，都以一系列小的、互相关联的、可测定的数量增减的形式出现。心理发展的顺序是固定、呈阶梯形的。在各个年龄阶段，心理的发展有一定的秩序，并且可以做出预测。玩具的主要功能也表现在启迪智慧、刺激各器官反应、提高综合能力、协调身体机能等方面。已经有相关研究表明：对于开发儿童的智力，锻炼儿童的动手动脑能力、身体协调能力等方面，玩具发挥着重要作用。儿童在玩玩具的过程中能够无形地去开发智力，启迪智慧，在给孩子们带来一个永不磨灭的快乐童年的同时又能满足他们的好奇心。

第一节　玩具与娱乐

一、娱乐概述

（一）娱乐

现代娱乐可看作一种通过表现喜怒哀乐或自己和他人的技巧而使与受者喜悦、放松，并带有一定启发性的活动。很显然，这种定义是广泛的，它包含了悲喜剧、各种比赛和游戏、音乐舞蹈表演和欣赏等。人的需求是分层次的，并且需求的产生和满足是由低向高呈阶梯式上升的，也就是说，当低层次需求没有得到满足的时候，更高级的需求则不会产生或者无法得到满足。人的最低层次的需求是生存的需求，即基本生活需求和安全需求，其次才是诸如自尊、被爱等基本的精神需求。由于娱乐活动产生的前提条件是人们必须有闲暇时间，有剩余收入，并且有较好的心情，因此只有当人们解决了温饱问题，甚至在社会上已得到应有的尊重之后才会产生娱乐的需求，并且这种需求不是生活必需，某一天可能需求量很大，而另一天的需求量可能很小，甚至完全没有。

有些娱乐活动可以一个人单独进行或只要求很少的参与者，有些不需要很多或很复杂的专门设备，尤其是一些简单的游戏活动，娱乐者在家里就可方便地进行。然而，通过研究我们发现，大多数娱乐者期望从娱乐活动中获得的并不仅仅是娱乐行为得以实施的本身，更重要的是希望在娱乐活动过程中寻求到一种与工作时完全不同的气氛，一种能够使自己暂时忘却日常生活中的自我那样一种境界，即在活动中不由自主地放松精神，从而得到精神上的休息。这种效果的取得往往需要一种社会环境，一种竞争的气氛，特别是分享快乐的朋友。有时，对快乐的分享比快乐本身更重要。

（二）娱乐设施

游乐设施是指用于经营目的，在封闭的区域内运行，承载游客游乐的载体。随着科学的发展，社会的进步，现代游艺机和游乐设施充分运用了机械、

电、光、声、水、力等先进技术，集知识性、趣味性、科学性、惊险性于一体，深受广大青少年、儿童的普遍喜爱。对丰富人们的娱乐生活，锻炼人们的体魄，陶冶人们的情操，美化城市环境，游乐设备发挥了积极的作用。游乐场是儿童生活中归属的一个集体，游乐场当中的具有特殊意义的娱乐设施能使儿童产生强烈的归属感，同样也会产生对游乐场的适应与向往。行为、心理科学研究表明，在人的成长过程当中，儿童期的感性体验具有重要的作用与影响。假如说，书籍是人类赢得知识结晶的阶梯，那么，娱乐设施就是儿童成长过程中的渡船。儿童通过对娱乐设施的接触和了解，可促进自身感觉与运动器官的发育，利于智力开发，使其创造思维能力、想象能力、认知理解能力、注意力以及语言表达能力等得到发展，同时也能开阔视野，激发儿童的情绪。特别是在游乐场这个小群体中，儿童可通过相互间的合作与交流提高自己的动手能力、合作、独立、团队精神。

现阶段，我国游乐场儿童娱乐设施的设计和建设，大多数停留在旧有的物质性设计与建设的层面，没有重视儿童成长的需求，支持儿童健康成长的理论和实践创新较为缺乏。在现代社会发展时期，游乐场娱乐设施的设计上针对儿童尤其是独生子女提出了很多关于社会学、心理学的问题。因此，我们必须缓解儿童健康成长与娱乐设施之间的矛盾与冲突，创造直观、形象化的环境，使他们在开阔眼界、增知益智，培养其合作与交往能力等方面，得到良好的完善。

（三）娱乐活动

谈到儿童、童年就会自然地与娱乐活动联系起来，儿童是在愉快的娱乐活动、童年生活中成长起来的，可以说，儿童离不开娱乐活动，童年离不开娱乐活动。在娱乐活动中，他们创造自己、创造了童年。自古以来，娱乐活动就是许多哲学家、教育家、心理学家关心的问题，沿着他们思索的路线，我们能找到在他们心目中娱乐活动是什么、儿童为什么进行娱乐活动、娱乐活动内容是什么、娱乐活动与人发展的关系等问题的答案。随着时代的发展，娱乐活动对儿童发展的重要性日益受到大家的关注和重视。娱乐活动质量的

高低决定了童年质量的高低，童年生命阶段质量的高低毫无疑问地影响了儿童的发展。幼儿园娱乐活动作为幼儿园活动中非常重要的一块内容，它同时也影响着整个幼儿园课程作用的发挥，影响着幼儿园整体的教育质量的提高。

娱乐活动是儿童在某一固定时空中，遵从一定规则，伴有愉悦情绪，自发、自愿进行的有序活动。幼儿园娱乐活动作为幼儿园教育活动的一项重要内容，它与在自然状态下的儿童娱乐活动必然有所区别，它是在教师精心创设的情境中进行的，在娱乐活动的过程中隐含着教育目的和教师的作用，带有较明显的教育性。娱乐活动对儿童的读、写能力都有好处，娱乐活动注重过程而不是结果，过程中儿童的创造力等各种能力都得到培养，儿童娱乐活动质量是否得以保障和教师的教育指导作用有直接的关系。

二、娱乐活动的理论依据

（一）心理学角度

弗洛伊德认为，游戏主要是儿童满足愿望和掌握损伤性事件的途径。在现实生活中，儿童有种种冲动、欲望需要得到满足，但由于不同缘由的限制，儿童的愿望往往得不到满足，由此造成儿童的紧张和压抑。游戏恰恰能为儿童提供这样一个舞台，使儿童那些不被现实接受的、放肆的、危险的冲动表现出来，从而缓解儿童的紧张状态。另外，在儿童期，受身心发展的限制，个体的自我结构和心理防线还不足以防御一些损伤性事件，因此，儿童会在游戏中重复现实生活中给他们影响的事情以掌握这些损伤性事件，从而抵制各种危险，成为环境的主人。表层的动机往往是显露的，而深层的动机则往往是潜隐的。因而，在显意识的水平上，人们是可以主要出于快感体验等表层动机而游戏的。

儿童已经具有大人所有的各种欲望，却尚未具备大人所有的现实地满足这些欲望的能力，因而，儿童最大的愿望就是长成大人，以便能像大人一样生活。儿童在游戏中模仿大人的生活，其实是想要通过这种既为自身能力所许可也为社会所认可的方式来替代性地满足自身的现实欲望。对于儿童来说，

通过虚拟活动获得现实欲望的替代满足这种动机通常都是不自觉的，即潜意识层次的。在显意识的层次上，儿童通常都是出于快感体验的动机而游戏的。游戏在本质上是精神性的，是人内心的想象活动，这种想象活动是否借助物质媒介得到表现是无所谓的。由此，我们也可以将作为纯粹想象活动的精神游戏看作狭义游戏，而将物化与未物化的精神游戏整体看作广义游戏。

（二）生物学角度

斯宾塞认为，无论动物还是人类，他们的生存和发展都离不开对环境的适应，不同的是，人类跟低等动物相比用不着耗尽一切力量维持生存和进行发展，从而有了相对过剩的精力。这些过剩精力不可能一味地积聚，否则就会造成人的内部要求与其理性适应环境之间的失衡，为了达到均衡状态，必须找到排解和发泄过剩精力的出口，如果没有机会发泄于有实效的活动，就会发泄于无所作为的活动，因此就有了游戏。生命也是内部生理关系对外部关系的适应，有机体不仅感受影响而且随后变化，这种变化使它能以特殊的方式来反映外界随后发生的变化，虽然游戏对于维持生活所必需的活动过程没有直接帮助，它并不是直接追求功利目的，但在游戏中所得到的各种器官的练习，无论对于游戏者个人以及整个民族都是有用的。

亚里士多德就认为游戏是紧张工作的一种放松，是一种娱乐自由的活动，通过游戏，使人们摆脱了一种严肃、有压力性的工作活动。之后古罗马文论家马佐尼也认为，游戏是一种娱乐自由的活动，在娱乐过程中，使人受到启发教育——已开始触及现代意义上的艺术教育功能。在康德看来，艺术的本质与游戏的目的具有相似性，都是主观的、纯粹的、自由的，是沟通感性与理性的中介，只有通过游戏，感性与理性才能达到和谐的自由境界，也唯有如此，才能产生美感效果。并且，康德认为，艺术与游戏都是使人们摆脱痛苦、摆脱压力而趋向的一种自由形式，唯有游戏才能给人以自由，也唯有游戏才能给人以身心舒畅，取得愉悦的效果。同时，海德格尔认为自由和存在与游戏的本质有一定的联系，海德格尔从人的存在来讨论自由，与游戏活动中的游戏者一样，都是从自然的束缚中解放自身的一种存在方式，游戏者为了在游戏中能获得自由，一方面还得遵守游戏规则，遵守在场者的游戏方式，自己有可能失去了自身的支配方式。

（三）文化学角度

赫伊津哈游戏论以给游戏下定义和分析游戏的本质及其重要性为基础。他在不同的著作中对游戏的定义不同：游戏是在特定的时间和空间中展开的活动，游戏呈现明显的秩序，遵循广泛接受的规则，没有时势的必需和物质的功利；游戏的情绪是欢天喜地、热情高涨的，随情景而定，或神圣，或喜庆；兴奋和紧张的情绪伴随着手舞足蹈的动作，欢声笑语，心旷神怡随之而起。赫伊津哈排除了放松身心、竞技攀比、本能模仿、生活准备、个体克制等心理学和生理学方面的解释，这些解释虽然在研究游戏的动机和影响上发挥了一些作用，也透露给我们一些与游戏本质和意义有关的东西，但是，它们都是片面的，没有抓住游戏的本质。赫伊津哈认为，古代社会中为满足生命需求的狩猎活动带有游戏的形式，近现代社会中，社会生活价值的体现也带有游戏的形式。然而，在文化的演变过程中，游戏与文化的关系并不是一成不变的。

如果没有游戏，没有游戏规则的规范，文明是不可能产生的。可以说，从上古时期到现代的文化，游戏始终贯穿其中，存在于文明发展的每一个角落。甚至可以说，游戏是人类文明的摇篮。语言、政治、法律、经济等都是游戏的产物，都是在遵循游戏规则的前提下产生和发展的。赫伊津哈游戏论研究的是游戏的形态，而不是游戏的历史，是处于人类文化领域中的游戏，而不是作为一种人类活动的游戏。赫伊津哈深入文化中去把握游戏的本质，进而研究游戏在各种文化形态中的表现。他研究的是文化本身的游戏特征，是文化的游戏因素。不论是诗歌、神话、哲学、艺术，还是法律、战争中都存在游戏因素，正是这种游戏因素衍生出了人类社会中的诸多形式。

（四）现象学角度

加达默尔是现象学大师，他把游戏作为他对艺术作品进行本体论阐释的出发点，运用现象学的方法，从本体论的视角对游戏进行研究。在他看来，

游戏对游戏者而言具有优先性，虽然游戏者在游戏活动中仍可以自主决定自己采取何种行为，但这种行为并不像游戏者事先安排的那样一成不变。通常游戏者需要根据游戏的具体进程，根据游戏自身的规则做出相应的决定。所以，游戏并不是在游戏者的意识或行为中具有其存在，相反，它吸引游戏者进入它的领域中，并且使游戏者充满了它的精神。他认为游戏的存在方式与自然的运动形式很接近，以至可以得出一个重要的方法论结论，即不能说动物在游戏，也不能说水和光在游戏，我们只能说人在游戏。人的游戏是一种自然过程。正是因为人是自然，并且就人是自然而言，人的游戏的意义才是一种纯粹的自我表现。因此，他认为，只探讨游戏的生命功能和生物学的目的是不够的，游戏最突出的意义就是自我表现。

加达默尔强调游戏是艺术本体论阐释的入门，强调游戏与主客体无关，游戏者和观赏者依靠自身的内心秩序，在往返重复中无目的、无功利的自我表现等方面的思想，实际上已经推翻了游戏主客二分的认识论，转向主客未分的本体论模式，使传统认识论中的现象与本质、思维与存在、主体与客体二元对立的矛盾消解在游戏中。游戏的工具价值是指游戏作为一种工具和手段，能对其他事物起重要的作用。游戏具有教育的工具价值，它能成为幼儿教育教学活动开展的一种形式和手段，使教学生动有趣。幼儿的身心发展水平和游戏的特征决定了游戏作为一种活动形式和手段，对幼儿园教育活动的开展有多方面的意义，它能使幼儿兴趣倍增，教学高效有趣。

三、玩具与娱乐的关系

（一）玩具是娱乐活动的物质基础

有人说，娱乐本身就是人类的玩具；也有人说，玩具其实就是娱乐的延伸。玩具的诞生与人类的娱乐活动存在密切的关联，因而把玩具的起源与娱乐结合在一起进行考察，无疑是正确解释玩具产生原因的重要途径。娱乐既然是儿童的一种生活方式，它随时随地都在发生，比如用手绢叠出老鼠等各种造型，这个时候，儿童手中的手绢其实就是一件玩具，我想最早的玩具就是在这样的娱乐过程中形成并发展下来的。今天的玩具更是发展成为一种商业产品，从玩具的分类就可以看出玩具品种的多样化，这不仅满足儿童在更多环境和时空娱乐下的需要，也可以从玩具与娱乐的关系看到玩具的本质——玩具与娱乐是分不开的，玩具的生命力就蕴含在娱乐中。对于大多数娱乐而言，没有玩具，娱乐是不能进行的。娱乐是儿童生活中最主要的内容，也是最自然、最好的学习方法。在娱乐中，玩具作为娱乐的材料，娱乐的物质基础在这个过程中扮演着相当重要的角色。儿童借由玩具的娱乐过程学习这个世界的真理，作为成人很快便能将我们对于世界、对于真理的看法，通过玩具传给下一代。

（二）娱乐活动对玩具有着传承性

所谓功能就是事物所发挥的有利作用和能力，包括产品在人们心目中具有存在价值的所有因素。其实，玩具的功能较之游戏，更容易被理解和接受，虽然它是游戏的物质基础，在游戏中充当各种道具，但它是一种外在的、直接的实物，人们更容易通过自己的观察去判断它的功效。很多学者也对玩具的这种功效给出了自己的评论，有的学者指出，现代的玩具集娱乐、休闲、教育、健身以及辅助治疗于一身，也就是说玩具是一个具有多功能的复合体。玩具的娱乐和教育功能也越来越受到消费者的密切关注，家长所要求的玩具不但要成为孩子们的亲密玩伴，而且必须是他们成长的良师益友。这样的认识已经在众多玩具购买者和消费者的心目中确立。

对于大多数的普通家长、普通消费者而言，他们对游戏的各种理论并不了解，并不知道游戏价值对于儿童的重要性和功能性。虽然他们也同样说不出原因，但是，他们非常明白玩具是孩子需要的，玩具可以让他们的孩子停止哭泣，玩具可以让他们的孩子欢笑愉悦。再加上当今的玩具作为一种加工设计的产品，从诞生那刻起就带有某种特定的功能目的，从它的造型、材料、色彩以及玩法就决定了它的功能目的性，比如积木、橡皮泥。玩具从某种角度去发现是起源于游戏的，是随着游戏的发展而发展的，它必然是游戏价值的外在化身，所以在功能上，玩具对于游戏具有传承性。玩具娱乐功能就是

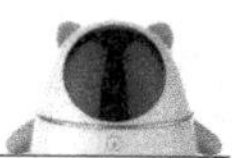

游戏的内在主体价值的化身，而玩具的教育功能就是游戏外在功能价值的化身。所以，经过设计和赋予特定功能的玩具更容易让家长和消费者认识和选购，其实在这样简单的、直接的认知过程中，游戏价值就通过玩具得以传递，在玩具被购买和使用后，游戏价值就通过玩具得以实现。

（三）玩具对娱乐活动的价值凸显

儿童成长是快速的，随着智能思想等方面的成熟变化，儿童在不同阶段玩耍的游戏种类是不同的，因而满足这些游戏种类所需要的玩具也是不同的。游戏是娱乐活动，一些非正式比赛项目的体育活动也归为游戏的范畴。几乎在人的各个年龄段都有不同的游戏存在。玩具是儿童游戏娱乐的载体，在儿童的童年中扮演着不可替代的角色，而当今儿童的游戏时间、游戏种类等却随社会环境及生活方式的变化而产生急剧减少的状况。在城市环境中，人们的活动空间因公寓式的住宅而变得狭窄，生活方式相对封闭，儿童也很少有机会接触自然，大多是双休日在父母的陪伴下到公园游玩。在这种情况下，玩具就成为儿童最亲密的伙伴。儿童玩具发展到今天，相较于起初的单纯的娱乐功能，承载了更多以往不具备的功能，其中，教育功能的作用在当今社会尤为重要。

娱乐是以心理愉悦为过程和目的的展现人的能力的活动。在互联网时代，娱乐在经历多种形式变革后，仍旧以蓬勃的姿态向前发展，是全球媒介共同的特征之一，对当今媒介具有指向性的作用。儿童玩具是儿童游戏时使用的器材，更重要的是儿童探识世界和传统技术等物质传递的媒介之一。儿童是国家的未来，玩具承载着儿童对童年的美好意义，帮助其在人生最初阶段，树立起正确的生活、社会观念。玩具产生于游戏，具有文化传递、引导教育、丰富精神等多重功能。在信息时代，文化交流日益频繁，外来文化的冲击，使传统文化面临生存、发展和创新的问题，玩具中的文化功能该如何保持，同样面临选择。同时，对教育的重视让家长更加注重玩具中的教育功能。儿童玩具的最终目的是探索世界，在这一过程中玩具的功能也随着时代的变化而悄然变化。换言之，玩具在传统技术的继承方面，在儿童与他人、与文化习俗、认知概念等世间万物产生联系或发生关系时，表现的作用价值已然不同。

第二节　娱乐活动中的儿童心理发展

一、娱乐活动的价值

（一）符合儿童发展需要

人类发展生态学理论将对人的行为和发展的研究放置于一个相互联系、相互影响和相互作用的、稳定的生态系统之中，探究生态系统中的各种生态环境对人的行为和发展的作用，以及人与各种生态环境的交互作用。家庭、幼儿园这些环境对发展中的个体产生影响，是通过个体所感受到的在这个环境中正在进行的活动、自己和他人所扮演的角色、人与人之间的人际关系所产生的，如果在环境中个体体验不到这些要素的存在，那环境也不能对个体产生影响，正是因为有了这些体验，环境才能对人的行为和发展产生作用。

游戏是一种古老的社会现象，有着比文明还要漫长的历史，但人们对游戏的系统反思和研究还只是近代的事情，自康德开启了系统研究游戏的时代之后，游戏研究呈现百家齐放、百家争鸣的态势。纵观游戏理论的发展历程，人们对于儿童游戏的认识经历着从陌生到熟悉并不断深化的过程。幼儿园阶段的幼儿身心发展还不成熟，他们活泼好动、乐于挑战、富于竞争，规则意识薄弱，并且身体各器官发育也不完善，游戏对于这个阶段的幼儿来说是不可或缺的。从身体发展来看，运动类游戏可以带动儿童全身器官的活动，使全身各部分得到有效的锻炼，从而促进幼儿身体协调能力和骨骼的发展，增强幼儿的身体抵抗力。从心理发展来看，幼儿通过在游戏中的各种体验，不仅可以认识客观世界，还能学会与人交往，初步完成社会化，增强幼儿的自信心和责任感，从而完善幼儿的健全人格。

（二）保障儿童游戏权利

任何一项权利在从应有权利到法定权利再到现实权利的动态变化过程

中，都有其背后的根源，换句话来讲，任何一项权利的存在都有一定基础，离开了一定的基础，这种权利就失去了存在合理性。权利产生后，在特定的社会条件下，一个人能否享有权利，享有哪些权利，在现实生活中能在多大程度上切实地行使权利，同样不是无限制的，而是永远不会超出该社会物质生活条件所许可的范围。游戏权之所以能成为儿童的一项基本权利，也不是凭空产生的，而是在社会政治经济文化发展到一定程度，随着人们对于儿童、童年的理性认识以及对于游戏之于儿童的独特价值的科学认识的基础上发展起来的。儿童权利是专属于儿童的特殊人权，作为儿童权利下位概念的游戏权毫无疑问也具备人权的一些属性。人权的一个基本属性就是普遍性，儿童权利是带有普遍性的权利，它也成为游戏权的一个典型特征。

游戏是自由的而非强制的，游戏的这种自由特性也决定了游戏自由权成为儿童游戏权的核心，但任何自由都不是无限制的自由，不能以限制或剥夺他人自由来换取自己的自由。游戏自由权也是如此。对游戏自由权来说，我们一方面要保障儿童的游戏自主权，让他们能自主地决定是否进行游戏、进行何种游戏、在何地游戏、与何人游戏、游戏多长时间、如何进行游戏等事项；另一方面，在成人安排的游戏中，要充分尊重儿童的意见，让儿童参与决策，要允许儿童根据自己的兴趣和需要来决定玩什么游戏，而不是规定儿童玩什么，要使儿童有实际上自由选择的可能。单一的游戏活动材料即使允许儿童任意选择，实际上是无自主选择可能性，等于没有自主。研究表明，幼儿在活动中是否可以选择活动材料以及自选程度的高低，直接影响着幼儿活动的积极性和主动性。在材料不可选的情况下，幼儿的无所事事率最高。随着材料可选程度的提高，幼儿的无所事事率降低，交往频率提高。

（三）符合幼儿教育目的

游戏从本质上说是指一类由幼儿自主控制的，能带来愉快情绪体验的，有操作材料的活动。幼儿作为人类的一分子，具有人所共有的特性，一旦个体的基本需要得到了满足，人们就会产生追求自由的需要，他会努力去寻找一种由自己来控制事物发展的感觉，会去做一些平时想做而一直没有机会去做的事情，以达到“自由王国”的境界。幼儿具有自身的特殊性。由于体力、智力和经验等方面的不足，幼儿在成人观念中始终处于一种无能为力的状态，成人认为他们既然不必为承担生活的压力而工作，也就无权参与成人的社会生活。由于身心发展的限制，处于低年龄阶段的幼儿不需要学习太多的固定知识，并且他们也难以接受太多文化知识的灌输，因此幼儿园需要做的是开发幼儿的大脑，培养幼儿的学习兴趣以及学习积极性，为幼儿上小学打下良好的基础。游戏的特点正好决定了其对幼儿的独特作用，如幼儿在游戏中遇到困难时会想尽办法去解决，这有助于不断培养他们的创造性思维，也有助于他们在学习中养成举一反三的好习惯。总之，幼儿在享受游戏乐趣的同时，也能开发智力，培养创造性意识，这和幼儿园的教育目的不谋而合。

游戏教学的目的在于借助游戏的娱乐性以改变儿童对某些枯燥、乏味的传统教学方式的厌倦心理，消除孩子的生理与心理的疲劳，使他们积极地投身到教学活动中去。能带给游戏者愉悦的情绪是任何一种真正游戏的基本特征。有些游戏往往会伴随着忧虑和些许害怕，如当一个儿童打算去滑一个陡峭的滑梯时，他心理会有些恐惧，但儿童依然会一滑再滑，因为这种游戏具有愉悦性质，它能给儿童带来克服困难、赢得挑战所产生的满足感和娱乐感。因此，即使要完成的教学任务对儿童有一定的难度，只要使教学过程能巧妙地化为儿童自身一种真正的游戏过程，儿童的愉悦感就相伴而生。

二、不同娱乐活动中幼儿心理发展

学前教育非常重视儿童的娱乐活动，尤其是音乐、美术和游戏活动。这些活动既能锻炼幼儿多通道感官的综合作用，又能带给儿童强烈的情感体验。只要没有成人的干涉和强迫，孩子在这些活动中总是尽情尽兴的。同时，这些活动又是生动的认知过程，是幼儿人际交往、共同活动的平台，有利于发展幼儿的规则意识和互助行为。

（一）音乐活动中幼儿心理发展

音乐是一种人类的普遍特质，人类可以借助音乐交流思想和情感，也可

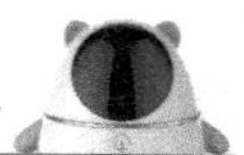

以借助音乐促进其他方面的发展。在幼儿的各种活动中到处都有音乐的影子。

从音乐感知能力的发展看，3—6岁的儿童随着他们认知水平的不断发展，其音乐感知能力也得到了较大的发展。3、4岁的儿童已经可以较好地感知韵律轮廓，这一时期可以考虑培养幼儿的绝对音高感。4、5岁的儿童可以较准确地辨别音高的音域，对一些简单的节奏能较好地重复，还能根据节奏打拍子。5、6岁儿童的调性感会慢慢增强，能区分响亮与柔和的声音，可以辨别简单音乐间的异同。

从音乐表现能力的发展看，3岁以后，儿童的歌唱会逐步从自发地创作“轮廓歌”向演唱成人教的标准歌曲方向发展。3、4岁的儿童创作的“轮廓歌”内容已逐渐清晰和完善，并能较为完整地唱出标准歌曲的片段，对词义也有初步理解。4、5岁的儿童掌握歌词的能力有明显进步，能较完整地唱出一首歌的歌词，唱错字、发错音的现象大为减少。5、6岁的儿童能唱一些歌词较长、较复杂的歌曲，发音、吐字、音准等方面均有很大的提高。

从动作与音乐协调能力的发展看，3—6岁的儿童开始喜欢坐下来认真地听音乐，能跟着音乐有意识地做出各种动作，还能跟着音乐的节奏踩出正确的步伐。从音乐欣赏能力的发展看，3、4岁的儿童还不能较好地理解音乐作品的不同性质，却能根据音乐作品中的速度变化做出相应的动作。4、5岁的儿童已能欣赏内容广泛、风格多样的音乐作品，能基本理解乐曲想要表达的情绪情感，并产生一定的想象和联想。5、6岁的儿童能初步掌握音乐的表现手段，能细致辨认音乐作品中的速度、力度及音区的变化，能理解音乐作品中表达的思想内容，正确辨认音乐作品的情绪，能明确表示自己喜欢或不喜欢的音乐作品。

（二）美术活动中幼儿心理发展

儿童美术活动包括绘画、手工、造型、美术欣赏等方面。其中，儿童绘画是最有代表性的活动。幼儿在绘画的世界中，是自由的、极富创造性的，他们能够通过绘画无拘无束地表达自己的情感。

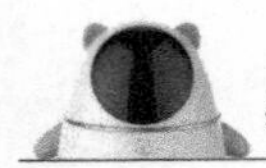

从绘画能力的发展看，3—6 岁是儿童绘画的定型期，也是儿童处于幼儿园阶段学习绘画的关键时期。随着儿童认知能力与手指精细动作的不断发展，他们渐渐能够将头脑中想画的事物用图画的形式表达出来，且随着年龄的增长，画出来的图画越来越像他们想画的事物，已能具备事物的特有形态，因而被称之为定型期。定型后期的儿童不仅能将事物的结构表现得更加合理，还能通过增加更多的细节来表现物体的一些基本特征。图 5-2-1 和图 5-2-2 分别为 3 岁儿童和 6 岁儿童的绘画作品，从中我们不难看出，3 岁孩子的精细动作、手的控制能力还不够，作品中的线条还不太流畅，内容还不够丰富，细节考虑得还不太周全，但这些在 6 岁儿童的作品中都得到了大大的改善与提高。

图 5-2-1　全家游（3 岁儿童的作品）

图 5-2-2　长颈鹿（6 岁儿童的作品）

从美术欣赏能力的发展看，3—6 岁处于直接感知美术形象期阶段。这一时期的儿童开始能够理解图片、图画、陶艺作品等是真实世界的体现。他们能把图画看成事物的照片，更注重画里画了什么，而不考虑绘画的艺术形式和技法，喜欢的物体和颜色是儿童评判作品好坏的标准。心理学家利德斯做过一个这样的实验：要求 6 岁儿童把 126 幅画分成美的、丑的和不确定的三类。结果表明，50% 以上的儿童无法判断画的美丑，即 6 岁儿童对于什么样的画是美还没有一致的标准。然而，绝大多数儿童认为，有花、动物、家庭摆设、珠宝、小鸟等儿童熟悉的、美好的、他们喜欢的事物的作品是美的作品，而画有残骸、人的脑壳、人形的怪物、手枪等东西的作品是丑的作品。

（三）游戏活动中幼儿心理发展

游戏是儿童快乐的源泉。我们经常可以看到儿童在幼儿园的建构区，认真、仔细地用积木搭建一座城堡，我们也经常可以看到儿童在幼儿园的娃娃家，扮演着医生，用听诊器给“病人”看病，等等。图 5-2-3 是新星幼儿园小班的孩子们在积木建构区搭积木，图 5-2-4 是孩子们正在进行角色游戏——专家门诊，在这个游戏中，孩子们扮演着不同的角色，有扮演医生的，有扮演病人的。游戏中，有欢笑的嘈杂，也有思索的宁静，有伙伴之间的交流，也有对物的探索。

图 5-2-3　积木建构

图 5-2-4　角色游戏：专家门诊

在游戏活动中，幼儿各方面的能力都能得到延展。“最近发展区理论”认为，幼儿的发展有两种水平，一种是幼儿的现有水平，另一种是幼儿可能的发展水平。两者之间的差距就是“最近发展区”。研究证明，游戏能帮助幼儿在最近发展区内建立一个平台，促使幼儿在语言的使用、记忆、自我控制和与他人合作等诸多方面更进一步延伸拓展相应的能力。幼儿在游戏活动中的心理特点主要体现在五个方面。

一是兴趣导向。幼儿热爱游戏，主要是因为他们对游戏的内容有着浓厚的兴趣。“游戏唤醒调节理论”认为，当缺乏足够的刺激时，人们的中枢神经系统就无法保持一种最佳程度的唤醒状态，从而达到一个不愉快的低水平。同理，当一个游戏所包含的新鲜刺激很少时，幼儿的中枢神经就无法处于兴奋的状态，就会使他们感到无趣。

二是注意力集中。幼儿在游戏中，普遍会表现出高度集中的注意力，并且不容易受外在因素的干扰。这种高度集中的注意力，往往会让幼儿在游戏中的思维更加敏捷，想象力也更为丰富。这种注意力的集中，可以通过游戏的方式来进行有针对性的强化。经过特别训练的幼儿，大多都能在游戏中表现出惊人的创造力。

三是有积极的情感体验。幼儿之所以喜欢游戏，是因为游戏能给他们带来身心的愉悦和积极欢乐的情感。虽然并不是所有的游戏都能在第一时间带来积极的情感体验，但是短暂的不良情绪之后，幼儿收获的最终还是快乐。比如，复杂的乐高配件玩具可能会给初步接触此类玩具的幼儿带来烦躁、焦虑的情绪，但一旦他们克服困难、找到规律之后，他们体验和感受到的是战胜困难和取得成功的喜悦。

四是假想与真实的转换。在游戏中，幼儿的心理活动常常会进行着假想和真实的转换。游戏里发生的很多场景都是幼儿假想出来的，尤其是在象征游戏中，幼儿常常需要借助自身的想象力来充实游戏。比如，在“看医生”的游戏中，“医生”给“病人”打针需要用到酒精棉球消毒，虽然玩具中没有这样东西，但幼儿会假想手中有，并把动作做到位。

五是与同伴的交流与合作。在游戏中，尤其在社会性、集体性的游戏中，幼儿彼此之间进行频繁的交流与合作是普遍存在的。如当幼儿遇到需要分配角色的集体游戏活动时，相互之间就需要协商、交流与合作。

三、娱乐活动对儿童心理发展影响

（一）提升道德品质修养

道德属于上层建筑的范畴，是一种特殊的社会意识形态。它通过社会舆论、传统习俗和人们的内心信念来维系，是对人们的行为进行善恶评价的心理意识、原则规范和行为活动的总和。道德品质的一般特征是综合体现一定社会或阶级的道德要求，高度凝结着个人自觉的意志和信念，并因此表现为道德行为总体的稳定倾向。现实社会关系状况是道德品质形成和发展的客观基础，参加社会实践是道德品质形成和发展的根本途径，个人的主观努力和

自我修养是道德品质形成和发展的内在条件。对于共产主义道德品质的形成来说，更应注重于参加革命实践、接受共产主义教育和自我道德修养。人们对儿童天性如此重视，原因在于儿童的天性蕴含着潜在的能力，世界上许多发明创造与儿童的天性不无关系。儿童道德教育与儿童天性密不可分，它理应以儿童的天性为基础。

中华民族的传统文化博大精深，生活在此文化背景之下的儿童是中华民族传统文化的继承者和传承者。然而，在现实社会中，儿童对传统文化缺乏必要的了解，表现为在社会生活经验的欠缺和精神层面的脆弱。传统游戏富有生活气息和地方色彩，可以反映出民族传统文化的内涵。通过接触这类游戏,不但有助于儿童了解传统文化,传承中华美德,接受民族传统文化的熏陶,更有助于儿童提高民族自信心，树立民族自豪感，振奋民族精神。作为品德形成的中间环节，道德情感的体验在道德学习过程中至关重要，因为道德学习是一种情感体验式学习。儿童只有通过情感体验，与道德发生切实的关系，才能促使道德认识的深化和道德行为的养成。传统儿童游戏是一种体验式的道德教育活动，它通过儿童在游戏中模仿生活中的情景，通过道德的生活和体验道德情感，进而深化道德认识，激励道德行为的发生，最终提升自身的品德修养。

（二）促进认知能力提升

儿童对身边的物体或玩具表现出兴趣，一会儿碰碰一会儿拉拉，一会儿又丢开。这是早期儿童对周围世界的探索，通过咬、摸、拉、扔等动作，儿童开始初步认识到事物的属性，能够辨认不同的颜色和形状，并且认识到有些东西是硬的，使劲咬会牙齿疼，有些东西是圆的，可以滚动，等等。语言本身是一种概括化的符号，是代表一类事物的象征。儿童不是简单地学习语言，而是学习用组合的方式把语言作为思想和行动的工具。游戏恰恰提供了语言表达的环境，孩子们一边游戏，一边口齿伶俐地进行童谣接龙或成语接龙。这些语言比较口语化，具有更大的灵活性，儿童说话和听话时获得了一个轻松、自由的语言环境。由于游戏本身具有的愉悦性、新奇性和结果的不

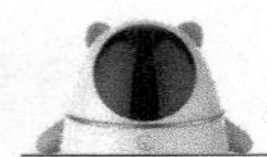

确定性等特点，使游戏本身就极富创造性。有的需要动脑筋的游戏，可以使儿童的思维、想象力、创造力得到进一步发展，孩子们在游戏中还会根据情景需要，开发出新的游戏方式和游戏规则，促进了儿童创造力的培养。

（三）加速儿童的社会化

为了确保能在社会中成功地生存，个体通过与他人和社会的交互作用，学习其生活的那个社会长期积累起来的知识、技能、观念和规范等社会文化，将其内化为个人的品格和行为，并根据发展的需要，履行一定的社会角色行为，这就是社会化过程。社会化伴随着个体生命的始终，学前儿童社会化是个体社会化过程中的第一步，是个体不断完善社会性、逐渐成长为一个有着健康人格、确立社会角色、成为社会人的过程的第一步。游戏是儿童主要的社会生活方式，是儿童社会化的天然的人生实验室，直接构成了儿童心理发展的主要社会条件。儿童在游戏中开始初级社会化，并且建立初步复杂的社会关系。传统游戏多为集体游戏，在游戏中，儿童不仅获得一些粗浅的交往技能，更重要的是，儿童可以逐渐地消除自我中心，学会关心他人，理解他人，认识并认同成人的社会角色。儿童也开始学会通过分享、协商、谦让和互助等方式相互交流与合作，因此，在如今的独生子女时代，单纯的个体化游戏，对儿童社会化极为不利。

有关儿童游戏与社会认知发展的研究都着重于戏剧或想象游戏，因为儿童从事这类游戏时，必须扮演各种不同的社会角色，并符合其角色行为的社会规范。人生活于社会关系中，因此，儿童社会化的重要内容就是学习构建友好人际关系与解决人际问题的技能，学会分享、助人、合作等社会性方式，以及正确处理人际关系的技巧。儿童需要学会冲动控制与情绪适当表达的有效方式，获得丰富的情感体验，学会有效的情绪调控和健康的情感表达，儿童社会化强调的是认知、情感与行为的综合发展。儿童通过社会化过程形成正确的自我认知。在与社会的不断交互过程中，个体的自我意识日渐增强，渐次形成清晰的自我概念，逐渐分清“自我”与“非自我”及二者的关系，在这一过程中，现实原则的学习也在社会化过程中得以强化。

第三节 玩具在儿童娱乐活动中的意义

一、玩具的现实价值

（一）发展的需要

儿童与大人相比，无论是在生理上还是在心理上都大相径庭。儿童的教育与成人相比，儿童玩具教育活动在内容、方式、方法上都有很鲜明的特点。玩具在玩具教育活动中有着不可替代的地位，同时，它也是儿童教育中不可或缺的物质条件。古今中外的教育家及教育心理学家都同意这样的观点，即玩具是儿童的一本教科书，肯定了玩具对儿童成长的教育意义。玩具是儿童成长过程中正当的需要，也是儿童成长的一种必然途径。儿童玩玩具不可能是独立完成，需要一定的途径和方法。对儿童来说，玩具教育活动最主要的功能之一就是社会化，让儿童在教育活动中发展社会性是自然而且最有效的方法。玩具在活动中扮演了重要的角色，是活动过程中的物质基础，儿童借助玩具在整个活动中学习和认知世界，很多时候成人也可以通过玩具很快将真理传授给下一代。教育学家杜威认为儿童的玩具越直接越好、越接近真实越好。在玩具教育活动中，儿童不论是在认知还是在体能上都能达到最大的发展。

（二）行为的需要

在儿童中，行为异常的儿童往往是最让人担心的，也是最消耗成人的精力和耐性的，而结果往往是不尽如人意的。例如，具有攻击性的儿童往往给其他儿童带来困扰。在玩具教育活动中心，有个别的儿童看到很多玩具就会欣喜若狂，独自霸占着所有玩具，有甚者将玩具当作武器攻击其他小朋友，对其他小朋友造成危害。经过几次的接触，老师了解到这个小朋友从小没有玩具，而且家长认为玩玩具是很幼稚的事情。经过老师与家长的交流，一段时间以后，家长认识到应该给孩子一定的空间，让他自由成长，和其他的儿童一块成长交流，同时也认识到儿童的成长需要玩具。儿童在活动中的某些情绪也需要发泄出来，成人应积极配合寻找一种相对安全合适的方式，容易让儿童接受的方式释放情绪。

（三）文化的需要

不同文化的人们对玩具教育类活动的理解不同，有的甚至是完全不一样的。从一个完全无视教育活动的文化环境，进入一个强调在教育活动中学习的环境，这会给儿童造成很大的冲击。在有些民族的文化里强调要在学校的课堂学习，对这一类，教师要花很长的时间改变这样的儿童及其家长对教育活动的态度。教师在教育活动中可以适当更改自己的语言方式，例如，将积木主题活动称为在积木中学习，把沙水游戏称为在沙子中学习。在互动中和儿童一起讨论学到了什么，是解决上述问题的好方法。教师可以引导儿童的游戏，为他们设计合理的挑战性任务，激发他们参与游戏的积极性，激发他们的活动热情。

二、玩具在娱乐活动中的意义

（一）学习操作辅助

玩具不仅可以为幼儿提供学习机会，还可以给幼儿带来快乐。学前幼儿主要是通过操作玩具来学习的，例如，在人们最常见的搭积木游戏中，我们可以鼓励幼儿多尝试，寻求用什么办法使其想象中的物体更漂亮、更牢固。在游戏开始时，幼儿通过对玩具的操作来发挥自己的想象力和创造力。在对玩具的不断操作中，一方面锻炼了幼儿的手眼协调能力，另一方面还可以促进幼儿思维和创造能力的发展，并且在自己的成功和奇思妙想中获得兴趣和快乐。又因为幼儿玩具的造型一般是根据生活中物品的典型特征并采用夸张、变形思维模式制造的，这在引起幼儿好奇的同时也会给幼儿带来无限的喜悦。因此，玩玩具是幼儿通过游戏认识世界的主要途径和学习方法，是他们认识自己和周围环境，表达自己思想的重要途径之一。

自主活动是以材料选择、时间控制、玩法创造为主的一种自由自愿的活动，其以宽松、自由赢得了幼儿的青睐。面对摆放有序、琳琅满目、色彩鲜

艳的玩具，孩子们能随心所欲地选择自己喜欢的玩具，用自己的方法操作摆弄，在与材料的互动中，创新思维涌如泉出，如同鱼儿水中游、云儿空中飘般惬意自然，孩子们的情感在满足中释放，表现出无尽的创造力。定向指导活动向幼儿介绍了激发创新思维的基本方法，为创新思维做了知识和经验的储备，在幼儿的收敛性思维中给了很大的帮助，但也给了幼儿一个无形的枷锁，生怕出错而缩手缩脚。自主活动则为幼儿创设了一个宽松自由的心理、物质环境，解放了幼儿的手和脑，幼儿敢想敢做，分散性思维受到激发。

（二）文化发展传承

玩具是对现实生活中实际物品的模拟、提炼和加工。当幼儿在成人的指导下从游戏中了解玩具的名称、作用时，他们也对人们赋予玩具的文化进行了学习，包括玩具的形状、颜色、用途，帮助幼儿认识和丰富人类社会特有的文化信息。玩具的声音和色彩及外观也会给幼儿带来乐趣和美感，它还可以帮助幼儿学习掌握凝结在玩具中的人类社会的文化历史经验，玩具的这种传递一定价值观念的作用也是一种文化传承。玩具作为实物的再现具有一定的文化品性，幼儿游戏中的玩具传递着人类社会的价值观念，为幼儿提供掌握社会文化的机会和途径，同时也是幼儿学习如何使用人类特有工具的重要方法之一。因此，幼儿游戏中的玩具不仅是幼儿的玩物，也是传播和传承文化的重要工具。

中国传统文化拥有五千年的历史，意义深远，博大精深。无论是物质方面还是精神方面都给我们设计以启示，无论是对中国传统文化元素还是对传统文化精神都有不同方面的应用和发展。传统文化与现代玩具设计不可分离，玩具设计者应该在中国传统文化的基础上进行现代设计理念的提炼，应用于玩具设计之中，走出一条拥有本民族特色的玩具设计之路，使玩具设计走出国门，走向世界。

（三）影响游戏行为

在幼儿游戏过程中，玩具的种类要考虑幼儿的年龄特征，给年龄较小的幼儿玩具时数量要多，但种类不宜过多，这样可以引发他们进行平行的机能性游戏。游戏中玩具的新旧程度对幼儿游戏行为也有影响，新的玩具可以引起幼儿的兴趣与好奇，会让幼儿产生更多的探索性行为，而他们熟悉的玩具，只能让幼儿进行象征性的游戏和练习性游戏，不能引起他们对游戏活动的兴趣。在幼儿游戏中，玩具的数量通常是引发争夺玩具纠纷的关键，尤其是当玩具数量增多时，还会阻碍幼儿之间的交往，使其社会性得不到应有的发展，但是这种情况在幼儿年龄不断增长的情况下会逐渐减少，因为他们在游戏中已经学会了通过协商和交往共同作用于该玩具，而且赋予它各种玩法和内容。

游戏中的玩具是幼儿阶段的主要学习工具，对玩具的玩耍和操作是幼儿认识世界的主要途径和重要学习方式。陈鹤琴认为：玩重要，玩具更重要，玩具在幼儿教育中的作用就好比中、小学的教科书一样不可缺少。他认为玩具不仅仅使幼儿快乐，更重要的是具有教育作用。因此，游戏不但能促进儿童各方面的发展，还可以反映儿童各方面的发展状况。我们教育工作者应充分挖掘玩具在游戏中的教育价值，利用玩具独特的教育作用，为幼儿各方面的发展提供更多更好的帮助。

（四）提升社交能力

玩具是幼儿交往的媒介。同样一个玩具，根据人数的多少有不同的玩法，幼儿可以自己单独玩，也可以和小朋友一起玩，不同的玩耍方式会给幼儿提供不同的生活经验，学到不同的东西。自己单独玩耍时，幼儿可以按照自己的意愿去选择、摆弄玩具，培养其独立思考、独立处事的能力；与同伴一起玩时，可以发展幼儿的社交能力和沟通能力，让幼儿学会谦让、分享、协商、合作等；活动结束之后，将物品收拾好、放回原处，可以增强幼儿的责任感。

第四节　娱乐活动中儿童心理发展与玩具设计

一、玩具设计符合儿童心理发展的必要性

（一）产品定位以人为本

儿童的生命与生俱来地拥有宝贵的种族遗产，在儿童的生长发育中，儿童自发地开发着这些宝贵的天赋。只要有健康的自然生态和文化生态，只要

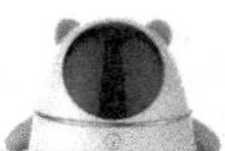

有适当的物资食粮和精神食粮，只要有成人世界的关爱、支持和帮助，任何遗传学上正常的儿童都会按照共同的生物学指令实现类似长胳膊长腿这样的生长发育，都会逐步展开童年的精神世界，都会主动地探索、游戏、梦想、涂鸦、歌唱、表达。所有这一切构成了儿童的生活、儿童的世界、儿童生命的现实形态。如果社会变革的方向是以人为本，那么，教育变革的方向便应当是以儿童为本，即儿童本位。

产品设计之前必须进行调研定位，做到以人为本的设计观。在设计之前就应该准确把握每个年龄段的心理发展特点并进行定位，这样才能设计出满足消费者诉求的产品。人是整个产品从设计到使用过程的中心，产品设计的最终目的也是为了满足人们的需求，让产品更好地服务于人类，让人类的生活变得更加便捷美好。同时，在这个最终目标下，评判一款产品优劣的最基本标准就是是否满足人们的需求、解决人们的问题。因此，玩具可以被认为是特殊的产品，一方面具备产品为人们服务的共同特点，另一方面它有独特的为人们娱乐的特殊服务特点，而玩具所针对的消费和使用人群大多为低幼儿童，即几乎所有的玩具是供给儿童娱乐和玩耍的。对于玩具从属于产品的这个共性上，还有其服务于儿童供人娱乐的个性上，说明玩具不但应该做到针对消费人群和服务对象，同时也应该明确消费人群的年龄和心理特点。这些都更加说明了，玩具同样需要甚至比其他产品更加需要考虑人的因素，做到以人为本的设计观。

（二）迎合儿童心理诉求

玩具在以前仅仅被当成让孩子消磨时光以此换得父母片刻安宁的工具。现在随着社会的发展和儿童消费品比重的增加，玩具有了更加重要的地位，也引起了重视，它已成为促进儿童身心健康发展必不可少的童年伙伴。人们对玩具产品的要求也已经不是简简单单的好玩、实用旧能满足的，越来越多的消费者对玩具的外观造型、功能、颜色、安全、益智方面有了更多的要求。

儿童玩具只有适应了儿童的心理发展，才能让儿童乐于接受玩具，真正发挥出玩具的教育功能。反之，若玩具违背儿童心理愿望，儿童就会产生抵触、不满、恐惧等消极情绪，这样就很难达到更高的教育儿童的目的。儿童是人一生中成长和发育的最显著阶段，他们的心理方面的发育也异常迅速。心理的发展是否健康和完善对于儿童以后的成长至关重要，不但对于他们的身心产生重要影响，甚至对于他们的人格都会产生重要意义，因此，早期儿童心理发展是十分关键的。对于玩具产品，只有适应儿童心理发展的生理要求，做到不逾越也不落后于正常的心理发展速度，同时能够起到引导和促进的作用，这样才能对儿童的身心发展产生有益影响。作为玩具设计师，更应该对设计的玩具负责，让玩具产品能够适应儿童的心理需求，让该阶段的儿童能够喜爱、乐于接受该玩具产品。

（三）助力儿童早期培养

心理学家的创始人阿德勒既强调人格的整体性，认为人格是一个不可分割的统一整体，又强调人格的独特性，认为每个人的人格都是一种独特的组合。我们所说的健康的人格表现为活泼开朗、做事有自信心、有坚持性、积极参与活动、愿意与同伴交往、富有同情心等。儿童的这种开朗乐观、机智豁达的良好性格需要从小培养，这就要求我们要从小培养儿童良好的性格和习惯。孩子们除了家庭和学校外，还与其置身的社会环境密切相关。社会是一本百科全书，整个社会环境对孩子个性发展的影响是无形的。社会文化环境是个体心理发展必须依赖的外部条件，幼儿的发展方向是走向社会，在社会化教育中，要让幼儿学到必要的社会生活知识，树立正确的道德观，培养良好的行为习惯和品质，这是社会化教育的主要目的。

儿童期是整个人的成长和人格塑造的重要时期，只有仔细研究这个时期儿童心理发展的情况才能把握住这个关键点，收获较好的教育成果。例如，儿童两岁到四岁对细微事物特别感兴趣，因此，此时应设计能够培养提高此项能力的玩具。儿童阶段是人一生中最为迅速的成长阶段，此阶段不但身体快速成长，他们的心理发展也极其迅猛，因此这个时期是塑造人格的关键阶段。如果能够利用玩具对儿童的早期心智进行很好的引导和教育，那么，对于儿童以后的成长发育都会产生重要的影响。对于玩具设计，应该有意识地

针对每个阶段儿童的特点，抓住每个阶段学习的敏感区，促进儿童在每个阶段更好的发展，提高相应的能力。

二、符合儿童心理发展的玩具设计策略

（一）符合儿童发展节奏

玩具在儿童的成长阶段具有重要的作用，尤其是教育益智作用。在成长之中，其心理发展也是同步前进的，儿童的心理同样具备那种分阶段进步和成长的特点。每个年龄阶段有每个年龄阶段的特点，每个心理阶段同样具有每个心理阶段的特点，也就是经常所说的心理年龄。对于设计师来说，这些阶段的特点就显得尤其重要，应该具体分析各个年龄阶段的特点，准确定位，设计适合那个阶段的儿童玩具。儿童成长的每个阶段都会在玩具游戏阶段获得很多，而每个阶段所需要的却大不相同。比如，儿童到了童年期阶段，他们各方面的心理和生理发育已经有了很大的提高，具有了很强的学习能力，有自我认知能力，更加注重个人性别对儿童团体的影响。这时，男孩会表现出男性发展的趋向，他们会钟情于较为激烈和挑战性的玩具，如四驱车这种竞技类玩具。而此时的女孩子，她们则开始关注可爱而美丽的娃娃或者各种各样的公主玩偶。因此，对于玩具设计，必须关注儿童每个阶段的心理发展特点，做到有针对性的对待。

（二）贯彻落实寓教于乐

玩具是儿童玩耍的工具，玩耍又是原生态的、自我发动的学习，所以，玩具也就成为儿童学习的工具。换言之，玩玩具就是儿童特有的学习形式，儿童能在玩玩具的过程中自然地学到许多新的知识。游戏是儿童的天性，玩具是游戏的物质载体，幼儿要玩耍往往离不开玩具。因此，有人形容玩具是儿童最亲密的伴侣，是童蒙时期的教科书，这话一点也不过分。在儿童时期，孩子们往往是在游戏中学习各种知识，通过摆弄玩具自然地得到发展。作为儿童成长乐园的幼儿园，应充分发挥玩具的功能，让幼儿在玩玩具的过程中健康成长。游戏玩具作为儿童日常生活中不可缺少的内容，也更加受到教师

们的广泛重视。

益智教育对于儿童的整体教育来说是至关重要的，对于儿童将来的各方面成长发育起到重要的基础作用。对于玩具设计，在适应儿童心理发展特点以后，很多家长提出了要能够起到益智的作用。毫无疑问，儿童早期教育十分重要，低幼儿童玩具也需要注重益智的作用。但是，益智并不是玩具最根本的功能，从玩具的定义就可以知道，玩具的根本属性和目的就是供人娱乐的，假如背离这个主题那就不是玩具了。儿童玩耍和互动的本身就是益智的过程，对于他们各方面发展都有很大帮助。对于玩具的设计应该是不留痕迹地把益智教育渗透到娱乐中，让儿童在玩中学习知识和技能。

第六章　影响儿童玩具消费心理的设计要素分析

目前，我国的玩具市场虽然庞大但是设计环节相对薄弱，虽然在玩具设计与消费心理方面有些相关的研究，但是对于儿童各个年龄阶段的生理与心理特征以及由此而形成的阶段性的视觉需求未做详细介绍，导致儿童的玩具色彩设计与视知觉能力不太相符。另外，许多玩具的设计没有考虑到成人的心理，仅被儿童所喜爱但家长不决定购买，则很难在产品的销售与推广中获得成功。纵观儿童玩具市场，很多玩具在设计中并未考虑消费者的心理感受和色彩需求，随意用色、胡乱搭配，也有许多玩具过于追求视觉刺激，色彩过于艳丽，导致甲醛超标等。。一般来说，消费者的购买动机分为生理性购买动机和心理性购买动机。心理性购买动机按其心理因素的不同又可细分为感性动机、理智动机和惠顾动机等。由于儿童的生理、心理状态还未成熟，所以他们的购买行为主要受感情动机的影响。

随着社会的发展，国民文化素质的普遍提高，人们在人才、教育、文化、家庭、伦理等诸多方面的观念已经发生了巨大改变，一种新观念确立的速度大大加快，教育在人们心目中的地位空前提高。计划生育国策的深入人心和国民整体生活水平的逐步提高使每一个家庭自然而然地倾尽心力和财力，用来培养和呵护儿童，儿童教育越来越受到重视。儿童玩具大大丰富了儿童游戏的内容，创造了一个富有魅力的想象世界，促进了儿童感觉器官及智力的发展。好的玩具是儿童的良师益友，因而，玩具对孩子具有极大的意义。设计师在玩具设计时首先应考虑儿童认知发展的不同阶段，认知阶段的不同，儿童需要的玩具也不同。

第一节 影响儿童使用心理的玩具设计要素

一、儿童的消费心理特征

（一）认识商品的直观性

一般而言，儿童对事物的认识主要由直观刺激引起，对商品的注意和兴趣主要来自商品的外观因素的影响，如商品的图案、色彩、造型、声响等。这个特点在低龄儿童身上表现得更为突出，他们最容易被结构简单、色彩明快鲜艳、能活动、带响声的玩具所吸引。另外，由于低龄儿童的商品知识及消费经验较少，生活范围局限很大，他们不了解市场商品的营销情况，很难辨别商品的好坏，也不在乎商品使用的社会效应，这就使得儿童对商品的认识带有很大的模糊性和直观、表面的特点。

儿童对外界事物的认识主要是直观表象的形式，缺乏逻辑思维。对商品的注意和兴趣主要来自商品的外观因素的影响，如新奇有趣的外形、活泼生动的图案、鲜艳跳动的色彩等。这个特点在低龄儿童身上表现得更为突出，他们只从商品的直观印象上来决定是否购买此商品，而不注意商品的品牌和生产厂家，更不会比较商品的质量和性能等。由于儿童缺乏成熟的、严谨的、准确的价值判断，消费直观性心理成为儿童普遍的消费心理，对事物的认识主要由直观刺激即引起，具有直观、表面、情感化的特点。

（二）选择商品的从众性

从众消费是个体消费者基于群体压力或寻求社会归属感，把其他消费者的期望或行为作为自己行为参照的准则，进而在自己的产品评价、品牌选择以及消费方式上表现出迎合公众舆论或其他消费者期望的消费现象。该现象的产生，一方面可能是消费者顺从群体压力而做出被动的、消极适应性的消费行为，另一方面也可能是消费者寻求社会认同和群体归属而做出的主动的、自我调整式的、积极适应性的消费行为。在消费情境中表现为消费者基于外部参照群体的期望来进行产品购买决策，在进行产品购买决策时赋予参照群

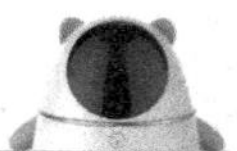

体的意见和期望以较大权重、选择身边多数人偏好的品牌等。

儿童的自我意识水平较低，对自己的心理活动、行为的认识及调节能力都处于较低的水平，缺乏独立的判断分析能力，在行为上表现出很大的模仿性、从众性，特别是年龄小的儿童在吃、穿、用、玩等方面都呈现出明显的模仿性特征。儿童的消费行为转移性强，容易受外界的影响，如父母、玩伴、同学、老师以及厂商的促销手段等，所以在消费活动中，儿童购买欲望的产生到购买行为的实现，都受到别人的消费行为及评价的影响。他们对自己、他人以及外界事物的认识往往以别人的行为、思想作为指导，本身缺乏独立的判断分析能力，在行为上表现出很大的模仿性、从众性。在消费活动中，儿童购买欲望的产生或对商品好坏的认识，受别人的消费行为及评价的影响很大，大都来自对周围其他人的模仿，年龄越小，模仿性越大。特别是学龄前期，别的小朋友拥有某件玩具或用品，常常会诱使儿童产生消费欲望，并以此作为其向父母要求购买的理由。当然，随着年龄的增长，儿童的模仿性消费逐渐被具有个性特点的消费所代替，购买行为也开始有一定的动机、目标和意向。

（三）挑选商品的好奇性

在人类进化过程中，好奇心是一切文化的进步，尤其是科学进步的根源。好奇、好问、好动，是儿童的共同特点。儿童的好奇心是儿童求知欲的表现，是儿童个性的典型特征之一，是儿童获取新知识的主要动力。好奇心是指在认识事物过程中对未知的新奇事物积极探索的一种心理倾向，它是促进人智能发展和帮助人认识客观世界的内部动因。儿童好奇心随着儿童活动能力的增强，活动范围的扩大，特别是认识能力的提高而出现并不断发展，同时又对幼儿的认识能力具有积极的促进作用。好奇心的发展对儿童创造力的形成、个性的发展，尤其是稳定兴趣、求知欲的形成和积极、主动性格特点的形成具有重要作用。因此，增强儿童的好奇心，不仅是促进儿童全面发展的需要，也是现代社会进步的需要。

好奇心强的儿童不但渴望从成人那里获得各种关于周围世界的知识，而且自发地进行各种探索活动，对于好奇的事物他们跃跃欲试。儿童的认知发展规律决定了儿童的消费行为易受感情的影响。少年儿童具有天真的心理特点，他们纯情、幼稚，具有超乎常规的想象力，内心世界丰富多彩，对万物充满了好奇，形状新颖、外观独特的产品包装更能吸引儿童的关注。他们对商品的认识更多是通过商品的直观样式来判断其优劣，因此，他们的消费行为具有较为明显的求新、求奇的心理特点。凡是奇特有趣的东西都能对他们产生强烈的诱惑力，陀螺、溜溜球、会说话的汤姆猫、拼插玩具、芭比娃娃等，他们总是爱不释手。对新、奇、特的产品，孩子们总会使出浑身解数得到他们，这就是为什么我们在超市总是看到不买玩具就大哭的孩子们。

（四）面对商品的犹豫性

犹豫指的是做事拿不定主意，不知道选左或选右时出现的心理状态。因为有东西阻碍了你做决定，而障碍的形成就是你内心做出的决定。从心理学角度讲，消费者在确定购物目标前一般要经历对商品或劳务的认知过程、情绪过程和意志过程。在认知过程中，消费者对商品的品质、花色、功能等产生初步的印象；这一感性认识在广告促销或人员推销等外界作用的推动下被进一步强化，使消费者的购物情绪发生变化，在热情和激情的驱使下，形成购物意志。如果消费者产生的情绪是冷淡、消极，形成的意志就是排斥或拒绝购买。由此可见，消费者在选择购物目标时，对商品或劳务的第一印象很重要。

儿童在购物活动中常常表现出一种捉摸不定、犹豫不决、左顾右盼的心理。他们之所以在购买中表现出这样的心理现象，主要是因为他们年幼，生活知识缺乏，对购物活动生疏，缺乏商品知识和消费经验，不会挑选。加之他们往往都有较强的自尊心，在公共场合有些胆怯，于是在选择商品时常常显得犹豫不决、无所适从。儿童的消费纯属情感性的，对一种事物产生兴趣快、失去兴趣也快，稳定性极差。孩子还会通过购买或者拥有某些商品来显示自己与别的孩子或者他人不同。

二、基于儿童使用心理的玩具设计

（一）题材选取

幼儿选择玩具时，首先考虑的是玩具的题材，他们常常会选择自己喜欢或熟悉的形象。从某种程度上讲，是否选取合适的创作题材决定着玩具设计的成败。幼儿玩具的创作题材既要关注时尚，又要挖掘传统。

1. 以时尚为题材

所谓时尚，又称流行，是指在一定周期内社会上或一个群体中普遍流传的某种生活规格或样式，它代表了某种生活方式和行为。幼儿玩具设计若要富有时代感，符合国内外流行式样，研究和把握幼儿时尚现象和时尚规律就显得十分重要。幼儿玩具设计时尚化，可从三个方面着手：一是追随热播的动画片。动画片是幼儿之间情感维系的纽带，动画片里的卡通形象是玩具设计的重要题材，像"神偷奶爸""疯狂动物城""爱宠大机密"等动画影片里的卡通形象都被衍生为幼儿玩具，且市场销路颇好。在我国，最突出的例子就是当今风靡全国的动画片《熊出没》，由几位主角衍生而来的各类玩具，市场上应有尽有，十分火爆。如今，"熊出没"已成为一个民族品牌，销售着孩子们喜爱的各类玩具。图 6–1–1、6–1–2 是以"熊出没"为主题的塑胶玩具和声光玩具。

图 6–1–1

电动玩具：熊出没仿真电动玩具

图 6–1–2

声光玩具 / 故事机：coco 机器人小铁

二是关注媒体舆论导向。媒体的舆论导向对玩具设计同样有着深刻的影响。把舆论导向当作玩具设计题材的现象相当多见，且市场效应极为明显。比如，特大自然灾害之后，市场上立马会出现以“救护”为主题的情景玩具，旨在通过玩的过程教会孩子们一些助人、自助的知识，深受家长、教师和孩子的欢迎。比如，“5·12”大地震之后，随着全国各类媒体宣讲地震中的逃生、救援知识，市场上立马就出现了以“救护”为主题的情景玩具，且深受幼儿欢迎。图 6–1–3、6–1–4 是以消防为主题的 LEGO 拼插玩具。

图 6–1–3

LEGO 拼插玩具：云梯消防车

图 6–1–4

LEGO 拼插玩具：消防直升机组合

三是密切关注玩具行业潮流领导者的前沿动态。作为玩具设计师，应多了解国内外前沿的设计理念，关注著名的玩具展览，留意前沿的设计动向，把握玩具市场的动脉，让设计与国际接轨。对于玩具设计来讲，潮流领导者在国际上是四大著名的玩具展会，即纽约玩具展、东京玩具展、纽伦堡玩具展以及香港玩具展，在中国内地是广州、杭州、扬州等著名玩具生产基地。关注他们的展览，留意他们的设计动向，都会对幼儿的玩具设计起着引导作用。

2. 以传统文化为题材

各民族都有自身璀璨的文化，以文化为题材创作出来的玩具不计其数。中国有着五千多年的悠久历史，玩具设计源远流长，新石器时代就有了石质玩具和木质玩具，后又发明了七巧板、九连环、陀螺、华容道、棋类、风筝、布老虎等等。作为文化衍生品的玩具，不但可以启迪智慧、寓教于乐，而且能传承文化。比如，“芭比娃娃”自 1959 年在美国国际玩具展上推出以来，

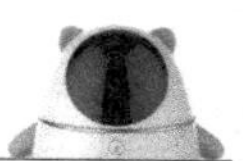

已有近六十年的历史，如今“芭比”依然风靡全球，成为美国文化的标志之一。中国有着悠久历史，文化底蕴深厚、特色明显，玩具设计师只有在把握幼儿玩具发展态势的基础之上，充分挖掘历史文化，并在设计中注入时代理念，在继承传统的同时开拓创新，才能使玩具文化的内涵和外延更加丰富，才会带给幼儿更多的乐趣。

（二）形态设计

形态是承载玩具信息的重要载体，是最具视觉传达力的要素。幼儿可以透过玩具的形态，凭“第一感觉”来决定是否对玩具喜爱。玩具的外观造型是玩具与幼儿进行情感沟通的载体，幼儿玩具的形态一定要符合其心理和审美情趣。因此，塑造玩具的外观形态是玩具设计最重要的因素之一。幼儿是感性的，他们对世界充满好奇，要想引起他们的注意，玩具的形态设计可从以下三点出发。

1. 具象化的形态设计

幼儿期的心理过程带有明显的具体形象性和不随意性，抽象概括性和随意性开始发展，开始形成最初的个性倾向。幼儿审美特征显示，他们对熟知的，带有观赏性、玩耍性的事物比较感兴趣。具象化的形态是反映现实生活最直接的方式，它们大多是设计师从生活中提炼出来并经过艺术修饰，既新颖有趣、充满想象，又通俗、易懂。具象形态的玩具非常受幼儿的欢迎，他们在玩此类玩具时会有一种身临其境的感觉。玩具设计师可以认真观察幼儿熟知的事物，确定玩具形态的基本要素。

2. 抽象化的形态设计

抽象化形态的玩具是设计师运用主观能动性、创新思维能力等，在自然形态、仿真物体及其他事物的基础上，融入自己的情感及对客观事物的分析创造出来的。抽象形态的玩具主要以点、线、面为设计元素，造型简练，构成感强。幼儿具备一定的图形识别能力，并常常会伴随相关联想。当他们看到玩具的抽象形态时，总会与自己常见的、熟悉的事物联系起来，从而加深对玩具的认识。因而，设计师在进行玩具形态设计时，要以幼儿常见的基本

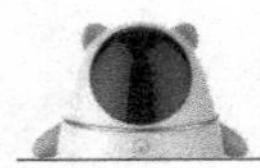

几何形态或以幼儿熟悉的图形作为抽象形态设计的元素。如图6–1–5、6–1–6，是当今深受家长、老师和小朋友欢迎的益智拼搭积木磁力片，通过磁力片的自由组合，不仅可以培养孩子的空间思维能力和自我探索能力，还有利于提高孩子的社交能力、手眼协调能力、色彩认知能力、问题解决能力等。

图 6–1–5
益智拼搭积木：磁力片

图 6–1–6
磁力片：手机、平板扫描呈现的4D效果

3. 卡通化的形态设计

幼儿思维发展具有一定的过渡性，是一个由具象思维向抽象思维过渡的发展过程。而卡通化的形态设计，由于既具备一定的具象性特征，又具备一定的抽象性特征，已成为幼儿比较理想的玩具形态设计形式。卡通中变形手法是在对具体形象提炼、概括的基础上，提取其中的关键性信息进行夸张、扭曲、强调等艺术化处理，使其形象更鲜明、更具感染力。从情感上来说，卡通化的形态能增加亲和力，消除幼儿对陌生事物的恐惧感；从认知上来说，卡通化的形态能把一些不易被幼儿觉察、领会的事物变得直观，更能凸显单纯和稚气。

（三）色彩设计

色彩心理学家歌德把色彩分为积极的和消极的两类：积极的色彩如黄、红黄、黄红，含有一种积极的、有生命力的、努力进取的态度；消极的色彩如蓝、红蓝、蓝红，则表现出一种不安、温柔、向往的情绪。当然，我们应该承认，不同的心理经验、不同的视角，对色彩的情感意味会有不同的认识。但有一点是肯定的，色彩对人的情感会产生明显的影响，不同的色彩能唤起

人们不同的情感反应。玩具使用者在使用玩具过程中，玩具的色彩对其心理情感的影响是非常大的。儿童很容易受玩具和环境色彩的影响而表现出不同的情绪。颜色丰富而靓丽积极的玩具常常使儿童活泼好动、积极乐观。颜色沉重而消极的玩具往往会使儿童闷闷不乐，安静内向。色彩偏好与孩子的性格情绪有着很大关系，孩子对色彩的选择，甚至可以透露出他当时的情绪是快乐还是忧伤。对颜色的无意识选择有可能说出了孩子深层个性。孩子越是极端地热爱某一种颜色，他的个性往往越突出，这种个性往往是他优点和缺点的爆发点。了解儿童对不同色彩的偏好能更好地把握儿童的内心世界，能针对性地利用颜色的作用来改变孩子的内心情绪，有利于引导消费，使玩具被孩子喜欢。

颜色一般是最早映入眼帘的事物，它是沟通商品和消费者的最初着眼点。根据各种不同的年龄以及不同消费水平的消费者的心理诉求，玩具产品的色彩设计需要采用迥异的颜色组合。色彩应该在第一印象时刻就抓住消费者的注意力，激发消费者潜在的购买欲望。伴随着高科技发展的工业技术，色彩在设计中显得越来越重要。现代的色彩表现为形状和色彩不断简化，用颜色去定义形状，用色彩去表现产品个性，表现出独具一格的色彩魅力。颜色可以算是一种特殊的符号代表，它在人们生活中起到了重要的作用。设计进行之中，假如产品的色彩处理得当，能够很好地弥补造型方面的不足，促使产品更加的完美。

好的色彩设计，不但可以帮助消费者正确理解产品信息，还能激发消费者的情感反应，引起消费者对相关事物的联想。研究表明，儿童，特别是幼儿，对事物的认知、了解和选择，基本上都是依据对视觉有着强烈感染力的色彩进行的。成功的玩具色彩设计不仅能快速、正确、形象地表达出玩具的主要信息，并对购买者产生强烈的视觉吸引力，而且可以让幼儿在无意中接受美的熏陶，在一定程度上提高他们的审美能力。玩具设计师应该根据儿童对色彩的认知规律和过程，从儿童健康成长的视角出发，充分了解不同年龄阶段儿童的色彩心理，尊重他们的喜好，设计适合并有助于儿童成长需要的玩具。

此外，幼儿玩具的色彩设计应在关注流行色的基础上，有一定的文化、历史、地域、民族特征的体现，以帮助幼儿认识社会、了解社会、积累知识。同时，还可以借助幼儿对玩具色彩的喜好特征，观察孩子的性格，从而及时地采取恰当的措施，预防不利于儿童成长的因素，为他们的健康成长提供正能量。

第二节　影响家长购买心理的玩具设计要素

一、家长消费心理影响因素

目前，在家庭消费中，幼儿的消费比重逐渐上升。据调查，玩具是家庭幼儿消费的主要内容之一。因此，玩具设计除要根据儿童消费心理设计以外，还应该迎合家长的购买心理。家长的购买心理主要涉及四个方面：安全、功能、材质和包装。

（一）安全要素

玩具是幼儿成长中不可或缺的玩伴。由于幼儿自我保护意识缺乏，玩具在带给幼儿无尽乐趣的同时，又存在着一定的安全隐患。如今，幼儿玩具安全性已成为家长最关心的问题之一。作为设计师，必须把安全性放在首要位置。在设计过程中，充分考虑各种使用场景，能够发现当前设计的潜在隐患，平衡设计与成本间的关系，做出利于儿童身心发展的健康玩具。要熟悉各国玩具安全标准，选用安全无毒、有“3C” 认证，经过严格安全检测的材料。玩具要有明确的年龄细分，符合不同年龄儿童身心发展的需要。玩具结构设计要建立在人机工程学基础之上，符合儿童操作使用习惯，帮助儿童养成良好习惯。

（二）功能要素

从心理学的角度来看，玩具对儿童的决策能力、社会化程度以及创意思维的形成与发展都具有非常关键的作用，主要在于寓教于乐、启迪儿童，在玩要过程中为儿童体验、解读、再造出新的意义提供载体，并促进儿童身心发展。目前，玩具的娱乐性、益智性、教育性等几大功能正受到越来越多的

家长关注，他们认为玩具是促进孩子健康成长的良师益友。可以说，玩具的功能性对于幼儿玩具的购买者家长来说，是至关重要的。幼儿玩具设计必须与时俱进，洞察国际玩具设计潮流，注重功能研发，并符合家长、幼儿的心理需要，只有这样，家长才能买得放心，幼儿才能用得贴心。

（三）材质要素

从符号学的角度看，材料是产品构成中重要的要素符号，材料的重要性不在于它的自然属性，而在它能够给人带来的特殊感受。人们往往通过视觉、触觉、嗅觉等感官通道来综合感受材料的特征，并会伴随某种联想产生特定的情感体验和心理感受。因此，不同材质的玩具，给幼儿带来的感觉也不同，幼儿可以通过不同材质的玩具来刺激这方面的机能发展。如，幼儿在玩数棒玩具的过程中，通过观察、拿捏、敲碰等，可以得知数棒的颜色、高矮、粗细、软硬等。设计师只有了解材料，并合理使用材料，才能做到“物尽其材，物尽其用”。

（四）包装要素

包装是商品销售中的重要环节，包装不仅能保护商品，更重要的是能宣传商品、吸引购买，是商品与消费者之间联系的纽带。玩具包装需要在对玩具起到防震、防尘、防潮等基本保护作用的前提下，尽量体现玩具特征和差别，要与玩具的结构相配合，包装上的图案要与玩具本身风格一致，并起到辅助效果。玩具包装要与玩具价格相配合，尽量做到绿色环保，切忌过度包装。另外，玩具包装要体现便携式和安全性，要与玩具的使用方式相结合。

二、家长选购玩具策略

（一）重视玩具娱乐功能

娱乐性是玩具最基本的功能，是对幼儿年龄特征的尊重。孩子对玩具的兴趣，并不在乎其是否具有教育意义，而只考虑玩起来是否有趣，能否最大限度地满足其愉悦的需要。家长应该更注重玩具的娱乐性，避免给孩子造成过大的压力。从幼儿这方面讲，幼儿是玩具的消费指向，但幼儿期是个体消费的依赖期，虽然幼儿已经具备表达自己选择的能力，但他们的消费内容很大程度上是由成年人做出选择。幼儿对于玩具的兴趣点往往集中在玩具的娱乐性上，好玩和有趣是他们选择玩具的标准。对他们来说，玩具是他们独立参加社会实践活动的工具，玩具是他们快乐的源泉。因此，玩具设计应该把娱乐性作为第一功能。这就要求设计者充分考虑到幼儿心理特点、行为习惯。同时，由于幼儿从事独立活动的经验及能力水平还很不够，玩具设计应当把安全要素作为设计的前提条件，充分考虑到幼儿各项生理能力。

（二）严格遵守相关标准

面对琳琅满目的玩具市场，我们在赞美玩具的新奇、惊叹玩具价格昂贵的同时，也为玩具设计和生产的不合理而担忧。家长选择玩具时主要受自己喜好与价格等因素的制约，但实际上，选购玩具还有更多更重要的因素需要考虑。著名儿童教育家陈鹤琴先生曾对好玩具标准做过精辟阐释：第一，可以引起儿童发生兴趣；第二，质料坚固不易损坏；第三，可以刺激儿童想象力和发展儿童创造力；第四，儿童自己玩弄而且能拆开；第五，能适应儿童能力，发展儿童智力；第六，能洗且不褪色，形状也不丑陋，满足儿童美感需要；第七，有变化，能活动。玩具是儿童游戏的支柱，正如陈鹤琴先生所说的，一个好的玩具其形状是能满足儿童丰富的想象和创造的，其功能是多变的，儿童要能把它想象成许多他所需要的东西，是能满足儿童不断萌生的愿望的。

（三）注重卫生安全问题

家长在选择玩具的时候，应该通过观察、触摸等方式检查玩具的表面有没有明显的毛刺或较为锋利的棱角。其次，还要分析玩具的设计是否科学合理，其组成的物质有没有毒性，细小部件是否密封得当，牢靠性是否达标，如果玩具本身是彩色的，还要注意色彩会不会脱落等。家长还要注重观察玩具表面标注的警告标志及其内容。家长在选择玩具的时候，应仔细观察玩具的结构和表面整洁度，在考虑以后玩具清洗的方便和快捷的同时，防止玩具上的细菌转移到幼儿身上，从而带来不必要的卫生安全隐患。家长在选择玩

具的时候，不仅要考虑玩具能否促进幼儿智力发育，能否让幼儿在玩的过程中积极思考，还应综合考虑玩具的社交价值、个性发展价值、情绪形成价值等因素，从而保证幼儿身心得到全面发展。

随着现代科技的快速发展，高科技的电子产品也在逐渐走入我们的生活，不少家长从小就让孩子对着平板电脑看动画、图片等，这些电子产品也渐渐成为孩子们的另类玩具。如果孩子用眼常常疲劳，眼睛超负荷工作，那么远视状态结束的时间可能会提前。加上小孩视觉系统发育还不成熟，控制眼睛闭合的肌肉和控制瞳孔的收缩能力不如成年人，这样更容易比成年人产生视觉疲劳，这种疲劳的积累极易让孩子发生近视。所以，家长更应该注意此方面的预防工作，做到防患于未然。儿童是祖国的未来，是民族的希望，儿童的健康成长与社会的进步及发展息息相关，关注儿童健康是全社会的共识。儿童玩具伴随着每一位孩子度过快乐的童年，家长在选购时要真真切切地关注它的质量安全。

（四）结合实际，理性消费

家长应该转变自身对于玩具智力开发的重视度，应该认清玩具的学习价值。虽然说智力玩具能够给幼儿的身心成长带来积极的促进作用，如开发幼儿智力、缓解幼儿学习的压力等，但单纯的智力玩具并不能达到很好的成效，甚至某些智力玩具因为单一的提升智力而变得枯燥，从而让幼儿产生了抵触心理。家长应通过各类媒体、幼儿园、家长会等途径，来了解幼儿玩具的种类和其他有关玩具的知识，然后再结合孩子的兴趣爱好选择合适的玩具。最后，家长在购买玩具以后，应该观察孩子使用玩具的热情和实际效果，给以后购买选择玩具提供参考。此外，家长在幼儿使用玩具的时候，一定要真正地参与进去，并在必要的时候给予一定的指导与帮助。

据心理学家与教育学家的研究发现：孩子们无时不在学习，并非只是在正式的学习时间，而学习的主要方法是玩。所以，当我们为他们选择玩具的时候，应该慎重，因为玩具是孩子们的教科书，他究竟从家里的游戏与玩具中学到了些什么，要视你给他的游戏器材——玩具。不同年龄阶段的孩子有不同的兴趣和爱好，对玩具的需求是不同的。即使是同一年龄阶段的孩子，也都有各自的特点。家长要了解孩子的兴趣、爱好、智力水平，不要根据自己的好恶和兴趣购买玩具，尽可能带孩子一块去选购玩具，让孩子参与买玩具，同时，这对孩子也是一个很好的锻炼。

第三节　影响教师教学心理的玩具设计要素

一、教师教学心理影响因素

（一）职业感受

职业感受是从业者对自己的职业生涯的主观感觉和体验，它反映着从业者职业生活的状况。就教师而言，他们的职业感受对他们所从事职业的认同感、工作态度和职业行为都有直接的影响，因而，对幼儿园和幼儿教育的管理者来说，了解教师的职业感受及其形成的原因，努力增强其积极正向的感受，降低其消极体验，显得至关重要。对于教师来说，其自身的职业感受对其职业认同感、职业行为以及工作态度等均有直接的影响。大部分幼儿教师在自己所从事的这一职业中能感受到幸福，但是也有部分教师职业幸福感不强，导致这一现象的因素主要有组织管理、教学活动中所起的冲突、社会地位低，家长的不理解与不尊重，这些均会在不同程度上影响幼儿教师的职业幸福感。

在当前的幼儿教育发展过程中，幼儿教师普遍认为在工作中承受的心理压力较大、成就感较弱、疲劳感较深，使教师产生了倦怠感。幼儿教师具有较严重的职业倦怠感。出现这种结果的可能原因在于，较中小学、大学教师而言，幼儿的特殊性要求教师富有更大的责任感和工作任务量，幼儿教师除了要向中小学、大学教师一样教授学生知识以外，还要承担对幼儿饮食起居照顾的责任，这必然给幼儿教师带来了更大的工作压力以及更多元的角色冲突，幼儿教师长期在高压环境下工作，极易失去工作热情，面对困难时，往往怀疑自己的能力，产生退缩意识，对眼前的工作失去原有的兴趣，继而产生情绪衰竭，最终导致较严重的职业倦怠。

（二）社会文化

传统文化虽然发生和积累在过去，但是由于其继承性和延续性的特征，也影响着现在和未来。它们在当今重知识、生活节奏快等条件中仍然具有很大的影响，仍有很强的生存空间。纵观早期家庭教育的表现，我们就可以看到儿童很早就在读书识字、练就各般才艺。近来，随着人们对进步思想的研究，教育界也逐渐认识到游戏对于儿童成长的重要性，而玩具是游戏中重要的凭借物，理所当然地成了重要的教育资源。但是，由于家长在教育幼儿方面受到很深的传统文化和现代快餐文化的影响，使得幼儿园教师与幼儿教育的专家也无所适从。由此，形成了理论和实践相分离的现象——理论上重视游戏和玩具，实践中却轻视游戏和玩具，在一定程度上也影响着幼儿教师的玩具观。

（三）自身因素

谈到教师的学历并不是要判定教师的教育地位，而是要从教师获得何种学历，来推测当初他所接触的教育内容，这个是重要的，因为初次接触的东西总是印象深刻的。当初接触的关于玩具的观念或多或少都会在现在幼儿教师的头脑中留下痕迹，并可能继续影响着幼儿教师关于玩具的行为。据研究者调查，在目前的在园幼儿教师中，他们有很多的第一学历为大专学历，中等人数的本科学历，少量的硕士学历。儿童观和游戏观在理念上从出现到现在，经过了很多个发展阶段，其整体趋势是由封闭、控制到开放，而幼儿教师的儿童观和游戏观就处在这个趋势上的各个阶段。幼儿教师的儿童观和游戏观会影响其玩具观。倘若幼儿教师的儿童观是以儿童为中心、认为儿童的需要是自然的、儿童期存在需要各种保障的，那么幼儿教师就会格外注意玩具的事情，因为玩具与儿童是一体的。又倘若幼儿教师认为游戏是儿童成长的必须途径，通过游戏可以展现和发展儿童各种能力，那么幼儿教师也必然会格外重视玩具的事情，因为玩具与游戏也是一体的。

人们对一事物的认知是由浅入深，由不全面到全面，对玩具的认知也不例外。近年来，对玩具的研究是由少到多的，成果也逐渐显现出来，应用于

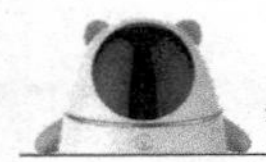

幼儿教育的层面也越来越多。倘若幼儿教师的个性是那种很容易接受新观念或新事物的，那么他的玩具观也会不断地变化和完善。如果幼儿教师的个性是属于比较慢热或者固执的，那么他的玩具观就会暂时停滞，甚至会影响其玩具行为。

二、教师玩具观的形成策略

（一）加强理论学习

从目前的情形来看，虽然玩具教育仍未成一个体系，也没有专门对其进行建构的学者，但是在幼儿教育家们的论述中仍然可以找到一些关于幼儿园中为什么要应用玩具、如何应用玩具以及玩具的应用中应注意什么问题的文字。目前，已经出版了很多本关于游戏与玩具的相关书籍，幼儿教师可以以此作为依据来学习玩具的概念、种类、属性，如何指导、管理等知识，力求在运用玩具方面做到游刃有余。对于玩具信息的获得，并不仅仅来源于幼儿教育家们的论述或者是现场的指导，因为这些都是正面的信息，幼儿教师同时也要获得一些关于玩具的负面信息，以便在其实践中防患于未然。这些负面信息，比如说玩具含有的某些因素不利于儿童成长，像巫毒娃娃等一些不正当的邪教玩具或者恐怖玩具之类，幼儿教师最好对这类玩具也有所了解，才能提前准备应对，或者在真的面对这种情况时，将其扼杀在摇篮的状态。幼儿教师不仅要熟知园内的玩具，同时也要对市场上存在的玩具予以涉猎，这样不仅可以查漏补缺幼儿园的玩具，而且可以获得更多的玩具理论知识。

（二）增长实践经验

经验的分享与互通有无是教师专业成长路上的重要途径。如果可能的话，在幼儿园内部或者相邻的幼儿园之间成立一个专门针对玩具问题的研讨组，这对幼儿教师来说是受益匪浅的。研讨中，可以是优势经验的分享，比如在市场上如何选择玩具，如何保证在园玩具的安全卫生，在什么样的条件下投放什么样、多少的玩具是适宜的，在幼儿玩玩具的过程中教师主要的观察点在哪、在什么时间进行干预、如何干预，等，这些都可以反映出幼儿教师本

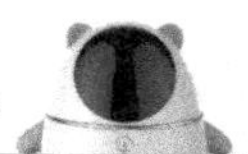

身对玩具各层次的认知。玩具的开放程度是指玩具能够在多大范围内提供给幼儿，这个范围包括玩具的数量、种类、提供的时间、地点等。玩具开放性程度的高低体现了幼儿教师对幼儿的游戏权利以及玩具在幼儿成长中价值的重视与否。给幼儿投放多少数量的玩具，投放什么玩具，在什么时间、地点投放等受多方面因素影响，如果只考虑到某影响因素，那么在实践中就增加了按照某因素做事的概率。

（三）推进师生互动

在幼儿园一日活动中，大部分的师生互动发起在教育活动中。教育活动中，教师通过提问、应答等方式和幼儿产生互动，而在游戏活动和生活活动中，教师的指导和干预明显减少，和幼儿的互动也相应减少。有时候老师会趁幼儿游戏的时候在一旁稍作休息，只在幼儿提出要求的时候给予回应。师生互动的中心始终围绕着知识的传递和理解，而知识对流则主要发生在教育活动中。从师生互动的发起目的来看，纪律约束不再是频繁的互动内容。指导活动成为师生互动的主要内容，除此以外，互动的内容还包括询问情况、请幼儿做事等。纪律约束这一带有强烈控制色彩的互动内容比率降低，反映出随着教育改革的不断推进，教师的教育观念也在逐渐改变。师生互动的主要内容为教师对幼儿的指导，纪律约束的次数逐渐减少。

随着信息技术的快速发展，现代幼儿接收到的信息更加广泛，幼儿的知识积累更加丰富。此外，幼儿的好奇心强，传统的以教师为主体、幼儿为客体的模式已经无法满足幼儿强烈的探究意识。以游戏为切入点，开展师生关系互动模式与策略的实践和研究，可以在游戏中建立平等和谐的师生关系，使幼儿更加快乐地学习。教师需要对自身在游戏互动过程中的正确定位加以明确。老师并非是管理者与决策者，应该将自己作为一个游戏良好环境的创造者，为幼儿间的交往提供机会、维持组织互动活动顺利进行。幼儿才是游戏活动互动中的参与主体，只有幼儿自身的参与和反应，才能真实地反馈出游戏的有效性。

第七章　基于学前儿童心理学的玩具设计理念

理论知识指导着实践活动，玩具的创新设计同样离不开创新性设计理念的指导。通过创新性设计理念的引领，更能促进玩具的创新设计活动的发展。设计理念是设计师在空间作品构思过程中所确立的主导思想，它赋予作品文化内涵和风格特点。好的设计理念至关重要，它不仅是设计的精髓所在，而且能令作品具有个性化、专业化和与众不同的效果。21世纪的到来，科学技术、文化迅速发展，人们的生活节奏加快，生活方式和生活内容都有了明显变化。人们越来越注重精神方面的追求，对事物的标准要求越来越高，心理期待值逐步提升。对作为产品的玩具要求同样如此，简单、重复地延续中国传统的民间玩具已经不能满足现代人对玩具的需求。设计离不开设计师，优秀设计师的优秀设计可以造福于人类，可以为人们的生活添加方便，添加色彩和情趣。同样，失败的设计会给人们增添烦恼，会给生活带来不便。作为设计者，我们必须清楚自己的责任。

设计是一种有目的、有计划的实施行为，它跟纯艺术不一样，不是一种纯粹的内心世界的、自我的主观表达和宣泄。事物都在不断地发展变化着，作为设计者，一定要有敏锐的观察力和清晰的洞察力，掌握市场前沿最新动态，了解前沿信息，清楚发展动态，针对市场现状、人们需求进行设计，这样，我们所设计的产品才能符合市场需求，才有一定的销路。对玩具来说，时代的进步，科学技术、文化的发展，人们的生活方式、审美各方面都有所变化，人们对玩具的需求也在发展变化，玩具逐渐朝科技、智能、互动方向发展，作为设计师必须看到这一点，对传统玩具进行现代化设计。

第一节 安全性理念

一、安全性概述

（一）安全

安全是指没有受到威胁，没有危险、危害、损失。人类的整体与生存环境资源和谐相处，互相不伤害，不存在危险、危害的隐患，是免除了不可接受的损害风险的状态。安全是在人类生产过程中，将系统的运行状态对人类的生命、财产、环境可能产生的损害控制在人类能接受水平以下的状态。安全，是人类的本能欲望。中国人一向以安心、安身为基本人生观，并以居安思危的态度促其实现，因而视安全为教育的一个重要环节。由于社会的进步，人类生活方式日趋复杂，可能危害身体生命安全的情况随之增加。因此，国际君友会呼吁各级学校加强实施安全教育，并增设课程，与各有关课程及课外活动配合实施。

没有危险是安全的特有属性，因而可以说安全就是没有危险的状态，而且这种状态是不以人的主观意志为转移的，因而是客观的。无论是安全主体自身，还是安全主体的旁观者，都不可能仅仅因为对于安全主体的感觉或认识不同而真正改变主体的安全状态。没有危险作为一种客观状态，不是一种实体性存在，而是一种属性，因而它必然依附一定的实体。安全感虽然不能归结为安全的一方面内容，但它同样也是一种客观存在着的主观状态，是在研究安全问题包括国家安全问题时需要研究的。但与安全是一种客观状态不同，安全感可以说是安全主体对自身安全状态的一种自我意识、自我评价。这种自我意识和自我评价与客观的安全状态有时比较一致，有时可能相差甚远。例如，有的人在比较安全的状态下感觉非常不安全，终日里觉得处于危险中；也有的人虽然处于比较危险的境地，却认为自己很安全，对危险视而不见。

（二）安全意识

幼儿是祖国的未来、民族的希望、国家宝贵的人才资源，幼儿能否健康成长，关系到国家的前途命运好坏，关系到党的事业兴衰成败。因此，幼儿安全问题就成了全社会高度关注的话题。所谓安全意识，就是人们头脑中建立起来的生产必须安全的观念，人们在生产活动中，对各种各样可能对自己或他人造成伤害的外在环境条件的一种戒备和警觉的心理状态。幼儿活泼好动，年幼无知，好奇心强，没有基本的生活经验，对日常生活中哪些事情能做、哪些东西能玩不清楚，在他们的眼中什么东西都能玩、什么事情都能做。为此，许多安全事故就发生了。

在幼儿教育中，安全是第一位的。在幼儿园中只靠保教人员的外在保护是远远不够的，必须在各种教育活动和一日生活的点点滴滴中，对幼儿时时进行安全意识的强化教育，培养幼儿的自我保护能力，才能更好地保证幼儿的安全。幼儿的年龄小，生长发育十分迅速，但身体各部发育尚未完善；幼儿的活动欲望强烈，但自我保护意识差；幼儿动作的灵敏性和协调性比较差，遇到危险时，无法自己保护自己，因而容易受伤。幼儿的安全意识淡薄，由于生活经验贫乏，缺少安全防护知识，预想不到危险情况所导致的后果，因而不知道害怕，执意孤行，导致不安全事故发生。幼儿年龄小，语言表达差，自己一旦有什么异常情况，往往不会表达，甚至没有表达的意识，致使一些事情没能及时发现。因此，培养幼儿安全防范意识尤为重要。

（三）安全教育

由于学前幼儿的年龄较小，并不具备妥善处理问题的能力，对于出现的突发情况往往不能做出正确的处理，尤其是一些意外发生的事情。因此，对于学前期幼儿来说，缺乏安全意识和自我保护意识、自我保护能力是普遍存在的现象。在幼儿学前期教学工作中，我们不仅要关注学生知识文化水平的提升状况，对于幼儿的安全保护意识也要给予足够的关注，将幼儿的安全教育工作同幼儿的知识文化学习相结合，使幼儿在学习文化知识的同时，提升自我安全保护意识，全面提升幼儿的综合素质，为幼儿接受义务教育打下坚实的基础。

幼儿的年龄较小，没有灵敏的判断能力和协调的运动能力，同时，幼儿缺乏生活经验，幼儿的能力和实际的体力也是有限的，这就导致幼儿在进行活动中经常会出现受伤的现象。不仅仅是伤害自己，有时也会对与自己一同玩耍的同伴造成意外的伤害。因此，在学前的幼儿教学中，幼儿教师要明确这一点，提前做出准备和安排，避免或是预防出现这一状况。另外，幼儿教师在对幼儿进行教育的同时，可将安全自我保护意识融合在书本课堂上，或是融合在课余活动中，提升幼儿的自我防护能力。幼儿教师还应该通过一定的训练途径，集中力量向幼儿解释如何提升自我防护能力，如何在活动中保护自我。保护幼儿的安全人人有责，幼儿的安全教育仅靠教师、家长已不足以提供给幼儿全方位的保护，幼儿自我安全意识的提高及良好行为习惯的养成也是搞好幼儿安全教育的重要方面。在幼儿的安全教育中，应培养幼儿自我安全意识与自我保护能力，养成良好的行为习惯，让孩子学会辨别安全与危险，学会应对偶发事件，善于保护自己。

二、儿童安全分类

（一）家庭安全

幼儿安全教育是由家庭、幼儿园和社会共同完成的，而其中最重要的关系就是家庭和幼儿园的关系。一方面，家长对家庭安全教育和幼儿基于安全教育的学习特点的认识和态度是安全教育能否有效实施的前提。另一方面，幼儿家长对幼儿园安全教育以及安全教育家园合作的认识和正确态度有助于帮助家长更深刻地理解孩子，并且在一定程度上能够促进家庭安全教育的实施。幼儿园年龄期的孩子正处于直观行动思维发展阶段，对事物的感知具有直观性，愿意用身体感知周围事物，但是儿童本身尚缺乏明辨是非的能力，更欠缺对安全的认知。因此，家长在实施安全教育的时候，应该考虑到幼儿的发展阶段和本身的特点，家长对幼儿的基于安全教育的身心特点的了解情

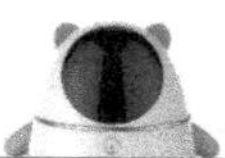

况，在很大程度上决定家长选择安全教育内容与方法的合理性。

家庭安全就要从家中的各个设施入手，门窗、楼梯口装栅栏，以防孩子不小心跌落。独睡小床应足够大，以免转身时滑落跌伤。地板不可太滑，以防孩子行走太快时摔跤。窗旁不宜放置桌椅、床，防止孩子攀登时从窗口跌落。家具建材安全。家具、墙壁转角尽量保持圆角，以免孩子奔跑时撞伤。建筑材料和家具保证无毒，以防孩子吸入有毒气体。门窗关闭，侧框架可装上防护条，以免孩子关闭门窗时夹伤小手。保持孩子卧室空气新鲜，远离厨房煤气灶、炉子等。室内最好晒到日光，每日开窗通风，上、下午各一次。煤气灶具规范使用，并装报警器，用毕即关，勿让儿童玩弄煤气开关，并告知其危险性，尤其在门窗紧闭时更要注意防范煤气中毒。厨房及卫生间应留有气窗，日夜通气。

儿童一般均好奇心强、冲动好动、精力旺盛，这些要素决定了儿童是意外伤害的易发人群。因此，各级医疗保健机构或家庭，均应通过儿童个性、气质、行为测量确立每个儿童意外伤害的危险系数，进行诱导教育。针对学龄前儿童好奇、爱模仿人的特点，父母或看护人应努力解答孩子们提出的各种问题，并在各种许可的情况下和他们一起动手、动脑，引导他们了解世界的奥秘，满足其学习新东西的需求，以减少孩子因单独模仿、操作而带来的危险。作为安全保护行为的塑造，家长或看护者还要接受不同年龄儿童面临的安全事故和各类安全事故应急处理措施的专题培训，最大程度上减轻意外伤害带来的危害。

（二）校园安全

幼儿园安全制度建设是以保护在园幼儿身心皆不受威胁为目的，创立要求幼儿园工作者共同遵守的行为准则和工作规程。在意识方面，幼儿园园长具有一定的危机意识：重视幼儿园常规安全演习、设备实施的正常维护等各种安全问题，并将其制定在安全管理制度文本中。然而，在幼儿园实际安全工作中，幼儿园安全制度建设在从文本制度转化为制度建设的措施时，仍存在不足，部分幼儿园虽然制定了安全制度，可是这些制度往往是制定了之

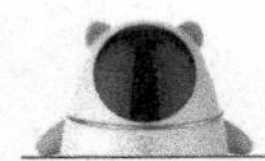

后就被搁置一旁，变成一纸空文。现行法规中缺乏针对幼儿园安全制度建设的专项法规。基础教育改革以来，学前教育的健康、可持续发展受到社会的广泛重视，但是针对幼儿园安全制度相关问题的探讨始终未得出定论，也没有专项的法规规范指导幼儿园安全制度建设。幼儿园作为幼儿学习、生活的场所，须充分考虑到幼儿区别于中小学生的年龄及身心发展特点。因此，专项幼儿园安全制度建设法规的制定迫在眉睫。

人事制度改革以前，幼儿园的从业人员主要是事业编制人员，员工队伍稳定，这些员工长期在幼儿园工作，主要从事幼儿的教育、管理和后勤服务工作，经历过多次职业教育和培训，他们对规章制度、安全知识和幼儿教育规律比较熟悉，具有熟练的专业知识和安全工作能力，积累了丰富的教育和安全管理经验。经过多年的人事制度改革，事业编制人员只退不进的用工方式，随着事业编制人员逐年退休，目前幼儿园的从业人员大多数是非事业编制员工，并且已经成为幼儿园的主力军。防范安全事故意识的缺失，忽略对安全工作的检查监督，安全工作存在的问题不能及时被发现，存在的安全隐患得不到及时整改，导致安全隐患长期存在。

在实际工作中，应建立健全幼儿园安全生产责任制、安全管理制度、安全检查制度、校车安全出行规定、校车司机工作守则等，严格落实各项安全规章制度；对幼儿园园长、管理人员、幼儿园教师、校车司机等人员实行安全培训制度，使其明确安全职责；对幼儿开展安全宣传教育工作，提高幼儿自我保护能力；为幼儿园建立应急救援体系，编制应急救援预案，开展应急救援演练。教师是人类灵魂的工程师，作为幼儿园的教师，更是幼儿身心健康发展的基础，而大多数幼儿园招聘的教师在学历、专业技能方面参差不齐，综合素质不达标，未经过岗前培训，未取得教师资格证。因此，幼儿园要加强对教师的招聘条件考核，确保教师整体素质优秀，同时为教师提供岗前培训条件，特别是对于安全教育问题也要纳入培训范围，努力提高教师安全意识。

（三）户外安全

户外活动是儿童生活的重要组成部分，儿童进行户外活动的时间多集中在春季和秋季，冬季和夏季受天气影响较大，但是寒暑假进行户外活动的时间要比平时长。儿童户外游戏活动空间是儿童进行户外游戏的重要场地，在游戏活动中，儿童的生理、心理、思维、认知、语言和交往能力等得到发展，可见，儿童户外游戏活动空间对儿童的健康发展起着尤为重要的作用。但是，因为个人不安全的行为或者活动空间设施设计不当等导致的儿童碰撞、擦伤、摔伤等事件时有发生。另外，儿童户外游戏活动空间常常被人类的其他活动所占用，这是儿童户外游戏活动空间的设计者没有考虑到的。大多数儿童户外游戏活动空间布局不合理且空间较为狭小，不能满足不同年龄儿童活动的需要。现在很多儿童户外游戏活动空间设计已经成为一种固定的模式，设计师敷衍了事，大多只放置两三件符合成人美学或自认为能供儿童娱乐的设施。

保护儿童户外游戏活动安全的有效措施之一，就是要努力减少交通上的干扰，要对社区的道路系统进行合理规划，使儿童活动空间尽量远离道路，避免人流、车辆穿过儿童游戏活动空间。但是在一些居住区，因为限制人流、汽车的通行，一定程度上阻碍了消防车的通行，这也给居民长距离搬运大件物品带来了不便。户外游戏活动空间为儿童提供了大量的冒险性活动，但同时，活动场地内还存在着许多危险的环境要素隐患。设计师要严格区分冒险性和危险性的本质，虽然不能设计绝对安全的户外游戏活动空间，但应该尽量减少危险的环境要素隐患。

三、儿童玩具安全影响因素

（一）儿童生理特征

儿童时期身高的增长速度相比体重的增长速度要快，身体的比例随着身体体重的增加，生理不断发展成熟，逐渐向成人的心理特征靠近发展，儿童时期的特点慢慢消失，下肢的快速增长，让儿童的坐高比例逐渐缩小，身体各机能发展日趋成熟。脑部机能结构处于快速发展阶段，脑重增加、神经纤维增加、神经纤维基本髓鞘化和整个脑皮质的发展逐渐成熟。随着神经髓鞘化的完成，运动转由大脑皮质中枢调节，不断地改变婴儿时期的心理特点，容易疲劳、困乏。学龄前儿童的心肺功能随着儿童的不断成长，心脏的生长发育处于一个快速形成发展时期，如肺体积比例逐渐变大。受成长年龄的特点的限制，心脏和肺的收缩力较弱，心肺功能还比较弱，心跳的频率较成人阶段要快。

学龄前儿童展现出来的基本特征就是活泼好动、对新事物充满好奇、接受新事物的能力不断加强、身体各机能都处于一个发展的阶段。学龄前儿童的智力思维等处于开始形成并快速发展的重要阶段，根据学龄前儿童的发展特征设计选择适合这一阶段的玩具，让孩子们通过直接游戏互动的形式进行学习。在这一阶段主要选择益智类玩具，从功能上、形式上都体现出适合该阶段儿童的发展特征，儿童通过与玩具的玩要和体验互动，促进引导儿童心理上的发展。儿童是特殊的弱势人群，对这一类人群的安全考虑相对于普通人、正常人来说有较多的特别之处。他们的生理、心理发育尚不成熟，对事物的认知也不完全，缺乏自我保护意识，他们在使用产品时，任何潜在的问题都可能造成严重的后果。部分儿童虽然已经具备了小范围内的活动能力，但身高和肌肉力量仍非常有限，精确控制动作的能力也不足，同时，他们的心理情感控制力和稳定性还不够高，感知能力发展还不完全，认知事物的经验不多，因此，他们面临相对成人更多的安全性问题，家长需要给予教育引导和监护。

（二）国家法律政策

目前，国内对婴幼儿玩具的研究主要包括玩具的功能性研究、玩具的教育性研究、玩具种类研究等。有木制玩具设计、科学玩具的教育价值、体验型儿童玩具设计应用、基于中国传统文化的玩具设计、现代儿童益智玩具设计、针对儿童早期情商教育的玩具、以学龄前儿童游戏行为为中心的交互式玩具、儿童玩具设计与儿童心理发展关系的研究等。对玩具安全都是在提到玩具材料和外形轮廓的时候简单提及，玩具的安全问题没有一个系统的理论

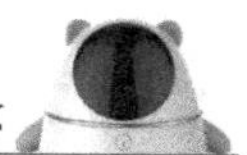

支撑，有待进一步的研究。与食品接触的玩具、儿童化妆品玩具、带弹性绳的悠悠球以及含磁铁部件的玩具等在我国市场上非常普遍，但是我国的玩具安全标准并没有涵盖这些玩具。从玩具安全事件看，由玩具中的磁铁部件、摇摇车等造成的儿童伤害、伤亡事故经常发生。虽然很少有与食品接触的玩具和儿童化妆品造成伤害的报道，但也不表示此类玩具没有伤害，而是因为其含有的可迁移化学元素对身体的伤害是隐性的，不易察觉的。

目前，我国与世界各国的贸易往来更加频繁，国际标准对我国的对外贸易具有重要的意义，而目前玩具安全方面的国际标准多根据美国、欧盟等西方发达国家的标准进行制、修订。我国的玩具安全标准标龄过长，而玩具的更新却是日新月异，目前我国市场上普遍存在的几类玩具不在玩具安全标准的涵盖范围内，这就导致这几类玩具的安全无法得到保障。因此，标准修订应及时，且应根据我国玩具市场的情况对标准内容进行补充完善。从另一方面看，市场上每类玩具所占的比重也在发生变化。近些年，电玩具成为玩具业的新宠，其种类和数量越来越多，玩具安全标准应加强对这类玩具的规范。国家法规的引导对儿童玩具业的安全走向起到至关重要的作用。政府通过出台新标准来规范中国的玩具制造业，对中国玩具的安全标准与世界接轨具有重要意义。过于严格的标准要求，可能会给开发新品带来一定的难度和障碍，但是，它能激励企业早日生产出更符合标准的儿童玩具来。对部分玩具产品实施强制性产品认证将会提高我国玩具产品的设计水平、制造水平，从源头上保证产品质量，从而对进一步提高我国玩具产品的安全性起到不可估量的作用。

（三）设计安全意识

国家标准把原来仅对玩具涂料的重金属元素检测，扩大到对制造玩具的几乎全部材料都要检测。对玩具的重金属含量的要求比原有的标准高了一倍，也就是说，玩具的重金属含量要比以前低一半才能进入流通领域。用在玩具上的油漆、涂料、油墨、木材、纸布和塑料等，将全部纳入该标准的检验范围。只要有一类材质不符合重金属含量的规定，就不能在流通市场上进行公开销售。这对玩具设计师使用玩具设计的材料有很大的警示作用。玩具安全标准引入了国际通用的可预见的滥用实验理念，对玩具零部件的可预见危险性有新的规定，这对玩具的内在部件的要求又有新的提升。不符合国家安全标准的儿童玩具不仅危害到儿童的安全，对设计玩具的企业的打击也是致命的。安全标准是玩具设计师必须考虑到的重要问题。

在市场竞争和设计师的安全意识方面，由于设计人员的疏忽，产品质量不过关，会对儿童造成意外伤害。如玩具锋利的边缘划伤儿童，小零件的脱落使婴幼儿误食造成窒息，玩具材料不符合标准引起儿童中毒等。有的设计师为了追求标新立异，设计恐怖玩具，这会严重影响儿童的心理健康。企业片面追求经济效益，只注重造型美观，在玩具的安全性问题上缺乏充分的考虑，必然会给儿童带来许多潜在的危险。在儿童玩具设计的安全性方面，生产商和设计师忽视其安全性或对安全性缺乏全面的考虑，其背后必然隐藏着巨大的安全隐患。因此，应该从法律、行业制度方面制定和进一步完善相应的标准、法规，以切实保证儿童的身心健康。

四、儿童玩具安全性设计策略

（一）减少危害因素

儿童生理特征和儿童心理特征是玩具设计中最重要的内容之一。对于儿童而言，安全不仅是实在的身体安全，还包含心理安全。儿童不仅以动作与玩具互动，还会产生复杂的心理活动，儿童通过玩玩具认识和了解世界，同时，玩具给儿童带来各种各样的心理效应，如高直的玩具给儿童崇高感，球体代表圆满，整齐的玩具具有秩序、纪律的威严等。不同年龄段的儿童身体和心理特征不同，所需玩具类型也存在很大差异。儿童好动但缺乏自我保护意识，因此，对适合该时期儿童玩耍玩具的安全技术要求比较严格，如任何玩具中不许出现小零件，以防止儿童吞入口中造成窒息。对小零件的标准是，在无任何外界力的作用下，将物体投入量筒，如果物体以自身重力完全容入量筒中，则判定为小零件；反之则不视为小零件。

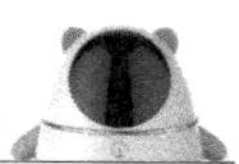

儿童玩具材料要尽量选用能保障产品安全性的无毒材料。在选材方面，玩具行业有相关的安全标准，如塑料玩具设计的安全标准主要可分为毒素危险、结构及易燃性。对塑料玩具来说，材料的卫生安全性必须符合有关标准，儿童玩具的可燃性要求符合国际危险物品条例的规定。有些毛绒玩具用质量不合格的黑心棉作填充物，其中含有甲醛等有害物质，儿童接触后容易感染疾病。而一些色彩斑斓的儿童产品虽然好看，但其表面喷漆中大多含有铅，会引起儿童铅中毒。还有一些产品为了显示其高档，在表面用重金属材料，这些金属材料中可能会含有砷、镉等活性金属，儿童长期使用会使体内这些元素含量超标，患上疾病。所以，儿童产品材料选用必须经过严格的检验，禁止采用含有毒元素超标的材料。玩具设计不能危及儿童的人身安全，材料的选择要充分考虑到对儿童的安全性和对环境的无污染性。要考虑节能的能源和资源，未来儿童玩具设计应以减少用料和使用可再生材料为基础。国际市场中，儿童绿色玩具的开发和设计是时代之需，有着广阔的市场前景。

（二）加强企业管理

企业树立以人为本的核心理念就是要最大限度地挖掘人的潜力，在企业的经营管理活动中，注重引导员工适应当前企业环境的变化，强调员工当家做主的精神。管理的整个过程中，始终以人为出发点与落脚点，贯彻尊重人、关心人、理解人、培养人的理念，加强人力资源管理，不断打造企业核心竞争力，可以说在管理中贯彻实行以人为本是一种全新的、富有实效的管理方法。随着社会的发展，信息经济时代到来，企业之间的竞争更多地表现为人才之间的竞争，人类的智力和创造能力成为发展与财富的源泉，哪一个企业拥有更优秀的智力资本就能够在激烈的竞争中赢得一席之地。人的因素成为企业竞争力的核心，企业管理者应更加重视人、发展人。一些国际型的公司也证实了人对社会的重视和依赖程度，企业要在竞争中站稳脚跟，就必须充分开发、科学管理人力资源。同时，企业在对外经营活动中，以人为本，尊重消费者的需求和选择，向消费者提供所需要的产品和服务，这样才能在激烈的市场竞争中求得生存与发展。

企业人员的整体素质将反映企业产品的整体质量状况。一方面，无论是企业高级管理层还是行政人员、生产人员都需要接受社会化大生产知识的学习，积极组织和参加员工培训以及关键岗位员工的技能培训，聘请专家到企业讲解儿童玩具安全标准等相关专业知识。另一方面，玩具企业需积极引进玩具专业设计人才，鼓励自主创新，大胆尝试内销路线，摆脱纯粹依靠外单赚取利润的现状，给企业注入新鲜血液。此外，企业需尝试培养新一代年轻玩具设计专业大学生作为企业后备发展力量，不断给企业带来生机和活力。

（三）完善法律政策

中国消费者对劣质玩具产生的危害往往认识不深。劣质玩具会影响使用玩具的婴幼儿的身体健康，现在市面上出售的很多玩具质量参差不齐，不但没有“3C”标志，有的连厂址、生产日期都没有。由于玩具商品的使用对象是婴幼儿，不安全的玩具会给缺乏自我控制的儿童带来伤害，而家长在给孩子选购玩具时，大多只是注重玩具的外形、色彩、价格，很少考虑玩具的安全问题。导致那些不正规玩具企业生产的“三无”玩具给婴幼儿带来健康上的威胁，甚至因为质量问题酿成悲剧的案例时有发生。这也引起了家长和社会对玩具安全问题越来越多的关注。

玩具设计与生产开始后，必须对玩具的功能及安全因素进行全面分析，所有的玩具必须符合行业、国家或国际标准。自 2007 年开始，我国对弹射玩具等六大类玩具实行强制性认证标志“CCC”。我国已颁布并实行了 29 项玩具标准，形成了比较完善的标准体系，成立了全国标准化技术委员会。2007 年玩具召回事件后，中国政府采取了一系列积极的措施应对此次召回事件，迅速修订各标准，努力提高我国玩具的质量。同时，不同的区域、地域、国家都有相应的安全标准，如国际标准是针对各个成员国制定玩具类产品标准。此外还有欧盟标准、美国技术法规和标准等，都对玩具做出了严格的技术标准与要求。政府还应加大对儿童玩具质量违法行为的处罚和对玩具产品责任的追究，玩具的质量执法、司法工作需以儿童的健康、安全为重点。

第二节　交互性理念

一、交互性概述

（一）交互性

交互性是一个比较广泛的概念，运用在不同的领域，其含义是不同的。目前，交互性主要运用于计算机及多媒体领域。操作系统的人机交互功能是决定计算机系统和谐的一个重要因素。人机交互功能主要靠可输入输出的外部设备和相应的软件来完成。可供人机交互使用的设备主要有键盘、显示器、鼠标、各种模式识别设备等。与这些设备相应的软件就是操作系统提供人机交互功能的部分。人机交互部分的主要作用是控制有关设备的运行和理解并执行通过人机交互设备传来的有关的各种命令和要求。早期的人机交互设施是键盘和显示器。操作员通过键盘打入命令，操作系统接到命令后立即执行并将结果通过显示器显示。打入的命令可以有不同方式，但每一条命令的解释是清楚的、唯一的。随着计算机技术的发展，操作命令越来越多，功能也越来越强。随着模式识别，如语音识别、汉字识别等输入设备的发展，操作员和计算机在类似于自然语言或受限制的自然语言这一级上进行交互成为可能。此外，通过图形进行人机交互也吸引着人们去进行研究。这些人机交互可称为智能化的人机交互，对这方面的研究工作正在积极开展。

（二）交互性设计

随着科技的进步，以计算机为核心的数字媒体技术产生并迅速发展，微电子技术不断地注入人们的日常生活用品当中，渗透范围不仅涉及走在科技前沿的手持移动设备、冰箱等家电产品中，而且越来越多地应用到儿童玩具产品中，使原来简单、单一的玩具产品越来越有趣、智能。各种人工智能技术，例如，新的情绪电子技术、智能语音芯片技术，以及大量的预设情绪反应技术等应用到儿童玩具中，令玩具能够与儿童产生互动。交互设计是以用户的需求为导向，从理解用户、尊重用户出发，理解商业、技术以及业内的

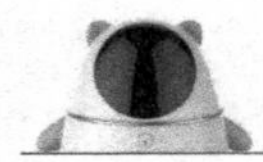

机会与制约，注重设计中产品的交互形式，通过对产品的易用性、可用性和体验性的设计表达，设计令用户满意同时具有商业利益的产品。移动智能设备的快速更新加速了交互设计理念在产品设计中的研究发展，交互式儿童玩具便是基于产品设计中的交互设计理念，将设计原理、设计要素、设计方法及使用场景等融入玩具设计中，通过对产品设计的交互设计方法和设计技巧的研究，来指导交互式儿童玩具设计。

交互设计作为一个新型的设计领域，是定义实际人造系统的行为。交互设计在定义人造物的行为方式上，以用户为中心，注重产品的用户体验的设计表现。目前，对交互设计还没有明确的设计定义，从应用范畴划分为广义的定义和狭义的定义。广义的设计定义是指通过哲学对其领域定义，而狭义的设计定义是指事物之间具体、可视相互作用的行为结果，例如，点击触发移动智能设备中的一个按钮而产生的互动结果，就是一种交互行为。交互设计是信息时代的产物，在很多领域交互设计也叫作信息设计，目的是实现人机间的无障碍交流。像这种通过高新技术的引用，改变用户使用产品的状态和方式的设计，就叫作交互式产品设计。随着科技的发展，人机交互技术的成熟，交互设计的理念逐渐深入产品设计中去，各种人机智能技术、电子芯片技术和碰触感应技术在产品设计中的应用，使人与产品的交流变得自然和富有体验。

（三）交互性理念

在诞生设计时，交互设计理念就已经存在，只是一直未被提及，直到互联网盛行，交互设计理念广泛应用到互联网产品中才被系统地提出，并随着交互设计的不断发展，广泛应用于不同领域，不仅仅局限于移动互联网行业。通过对界面交互的操作，实现人、机之间的互动交流。在科学技术的发展推动下，移动智能设备的广泛普及，人机交互技术的日益成熟，将交互设计理念引用到产品设计中去，利用人机智能互动技术、触摸技术、电子芯片技术等，以科学的设计方法使人与产品的互动交流从形式上变得更加简单丰富，体验方式上更丰富，体现过程更加有趣。在现代信息社会，交互式产品出现

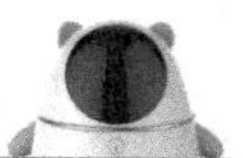

在我们的日常生活中，它从人的心理特征和行为特征的真实需求来解决用户的目标需求。

交互设计理念在进入玩具设计之初，就以新科技、新技术和良好的用户体验为设计目标，使儿童玩具通过新的科技满足用户的需求，更好地为用户服务。交互设计是经济战略计划的核心和灵魂。在产品设计范畴里，其理念的融入满足了人们对产品使用过程中体验性越来越高的要求，对用户内心良好感受的关注成为产品设计中的首要因素。在学前儿童玩具中融入交互设计的理念，注重交互过程中的物质体验和精神体验，通过玩具的造型、声音、表情和数字化技术等设计，赋予玩具生命和内涵，使其与学前儿童在玩耍的互动中交流沟通，不但可以促进学前儿童的身心发展和智力的启蒙，还可以消除学前儿童的孤独感，达到情感的双向交流，使玩具在学前儿童的生活中成为真正的“伙伴”。因此，将交互设计理念融入学前儿童玩具的设计中尤为重要。

二、交互设计的价值

（一）增强互动功能

儿童是互动设计中的主体，儿童益智玩具的设计首先应该从理解和认识儿童开始，了解儿童的生理、心理特征及行为习惯，以此作为设计决策的依据。儿童在不同的年龄阶段有不同的特点。在设计益智玩具的过程中，使益智玩具与儿童的年龄、性别、性格、喜好等相适应，更具适龄性、安全性、启发性、教育性、艺术性、娱乐性等特点，从而促进儿童的健康成长。比如，好的益智玩具应是儿童的年龄与玩具玩法、难度大致处于相对应的水平上，不能设计得过难或过易，以免儿童失去兴趣。

心理学博士皮亚杰认为儿童的思维模式和对环境认知的不平衡，促使他们进行心理和行为的调试，以解决面临的问题；皮亚杰还指出一个人内部的心理图示和外界环境的不匹配能促进认知活动和智力的发展。儿童的智慧不是单纯来自主体，也不是单纯来自外部客体，而是来自主体对客体的动作，是主体与客体相互作用的结果。交互设计改变了以往玩具设计的特点，增强儿童玩具的互动性、体验性。良好的人机交互功能可以促进儿童的感官、运动、体质等身体生长发育，还可以促进孩子的心理认知发展，有利于孩子的身心健康发展。交互设计增强了儿童玩具的互动性，改变儿童玩具的使用方式，培养儿童的社会性行为能力，在交互设计理念下的互动式玩具通过行为互动、语音互动、视觉感知互动，通过儿童与大人、儿童与玩具的互动交流沟通，促进儿童感官直觉、行为能力的发展，有利于儿童，正确价值观、公平竞争等意识的形成。

（二）提升视觉效果

感觉是人脑对直接作用于感觉器官的客观事物的个别属性的反映。感觉的形成是由于感觉器官受到内部环境与外部环境的刺激，并将这种刺激转化成神经冲动传入神经，一直传到大脑的皮质感觉中枢，从而形成感觉。眼睛、鼻子、耳朵、舌头以及皮肤组成了人的感觉器官，从而产生了五种感受形式：视觉、听觉、嗅觉、味觉与触觉。感觉器官是人类了解外部世界的通道，它们也是形成一切复杂心理活动的基础和前提。

人的五感是指视觉、听觉、触觉、嗅觉和味觉这五种基本感官。视觉要素是泛指人通过眼睛看到外部物体，从而形成人对于外部物体的视觉感知。它是人与外界进行交流的最重要、最基本的途径。一般而言，人对物体的视觉感知所涉及的基本要素，包括物体的形态、大小、色彩、材质、肌理等，通过这些基本要素形成物体的立体感与动画感。其中，形态是通过物体的大小、线条、明暗等呈现出来，从而形成立体的视觉形象，再配合色彩、材质等的使用，彼此之间能起到相互加强的作用。人运用这些通用的视觉符号语言，进行直观地传递信息、观念与交流思想，它能够超越语言与文化的限制，进入工作与生活中的各个领域，使人与人之间能够进行通畅的互动沟通与交流。因此，在玩具产品的设计中，运用好形态、色彩与材质等这些视觉要素，不仅能够使玩具传递的信息能很好地被人接受，更重要的是人们能够在把玩的过程中，增进相互之间的亲密互动与交流。

视觉空间智能强的人能有效地驾驭空间，如穿越洞穴，在留有足迹的森林中找到出路，在拥挤的交通中自由地驾车，或在河流上驾驭独木舟，能够感知和创造心理图像，并对图像进行思考和细节觉察，视觉教育包括美术绘画、制模、折纸、拼图、想象与阅读图画和建造类游戏活动等，这些同时能有效地促进儿童视觉空间智能的发展，能够促进儿童具体、形象思维能力的发展，对于发展儿童对美的认知，形成细致观察事物的习惯和能力，从视觉上对事物总体把握的能力都有极大的帮助。儿童视觉教育以视觉空间智能理论为基础，并且最终目的之一就是要促进视觉空间智能的发展，视觉教育训练方法是视觉空间智能训练的必经之路。交互设计有利于提高儿童玩具的直观性，交互设计的重点是易懂，便于学习，便于使用，避免认知功能障碍，降低学习成本，通过对儿童视觉、触觉、听觉、味觉和嗅觉等感官的刺激，促进儿童心理认知、肢体感知、心理健康等健康、快速地发展。

（三）促进智力开发

益智玩具一直在玩具市场中占据不可或缺的重要席位。这类玩具的由来已久，可以说益智游戏伴随着人类的发展与进步。其作用主要体现在开发儿童智力，促进大脑进行活跃思考，同时协调儿童在成长过程中出现的问题，矫正其偏差，因此，在玩具市场中，益智类玩具永远不会过时。它在实现儿童进行游戏活动获取欢乐的基础上，也实现了寓教于乐。孩子在玩的过程中实现了对玩具、问题的分析，对周围的环境以及自身的注意力的集中也大有益处，与同龄人进行游戏也促进了儿童的社会交往能力的提升。有科学家通过研究发现，常玩益智类游戏的孩子智商要普遍高出不常玩的孩子。

在现代玩具的设计理念中，将传统益智的创作精华和历史典故融入玩具，正是其趋势之一。交互设计有利于增强儿童玩具的娱乐性、互动化、新颖化，遵循儿童发展的基本规律，促进儿童思维能力、智力的开发，促进儿童的观察力、记忆力、注意力和想象力的发展。通过游戏互动体验，孩子体验快乐和过程的乐趣，以满足心理需求，在游戏中教会儿童对新事物的认知，对周

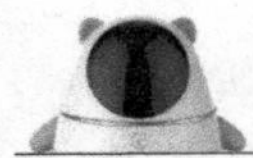

围环境的认知，不断培养儿童的学习兴趣，发掘儿童的爱好，锻炼儿童的想象力和创造力。

（四）产品设计超越

“成功”意味着产品可用，“顺利”表示产品易用，“愉悦”和“有趣”说明产品能满足用户体验。目前，多数产品主要定位于可用性目标，而易用性和用户体验目标却不尽如人意。如使用录像机定时录制电视节目或使用一个新手机输入中文信息，如果不仔细阅读说明书，交互过程一定不会顺利。认知摩擦的存在，使用户与产品系统的交互存在问题，其主要原因是设计师将自己想象为使用者，在设计过程中缺乏对目标用户、交互行为以及使用场景的了解，使用户无法通过产品系统的表象认知设计师的意图，于是产生了认知鸿沟。产品交互设计不同于传统意义上的产品设计。产品设计与功能、结构、人因、形态、色彩、环境等设计要素以及采用的技术、方法和功能的实现手段等相关，是间接影响产品最终用户的设计。交互设计强调的是用户与产品系统的交互行为、支持行为的功能和技术以及交互双方的信息表达方式和情感等，是直接影响产品最终用户的设计。采用交互设计的思想和方法，不仅可以解决由于认知摩擦产生的无奈，还可以为人们的生活、工作和娱乐提供舒适生存方式的交互式产品。

一个好的设计方法，当然是保证有效、有序地完成设计工作，达成设计目标。考虑到设计是综合性创造活动，工作流程中环节多，参与的人员多，各种因素的变化多，好的设计方法应有科学的工作流程来保障，既要有团队的协作，又要能激发个人的创造活力，还要保证整个过程高效率。交互设计理念对设计团队管理、设计工作流程规划、提高工作效率、促进创意等设计环节的优化提供了很好的思路。

三、交互设计流程

（一）目标用户确定

一个设计项目从立项启动开始，需要明确设计的具体目标和目标体系，在以满足目标需求为目的的交互设计过程中，通过多种手段来理解设计目标

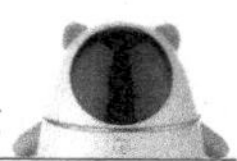

体系，理解实现它们的过程、方法、步骤。同时，还需要提炼目标的所有细节。在描述的过程中，由主任设计师主导，把整个设计目标系统及实现的过程逐步演绎为可供设计参考的情节。从社会环境大背景下来分析市场上现有的产品，在交互设计理念的影响下交互式儿童玩具设计的发展方向。当前社会处于一个经济飞速发展的阶段，从传统的实体经济发展为注重服务体验的大经济时代，在移动互联网发展的冲击下，交互设计在各行业快速发展。目前，人们生活水平日益提高，生活水平的质量也越来越高，在注重物质消费的同时更注重精神消费，儿童的玩具也不断地从传统类型向智能化、互动化方向发展。作为儿童生活中的玩伴，父母对儿童玩具的选择，随着社会发展的影响，生活水平的影响，智能化设备的影响，更多的选择倾向于智能化、注重益智交互、互动功能化，注重与玩具的互动交流体验。

产品的使用场景始终影响着使用产品时的交互行为，一般分为物质场景和非物质场景两类。物质场景主要是我们日常所见的使用产品时的交互空间、对应的设施环境等客观存在的环境场景。而非物质场景主要是描述构建使用场景的设计人员及社会环境，不受人为因素的影响。在交互式玩具体系中，玩具所具有的互动性、儿童的动作参与性和场景的真实性共同构造还原了真实的互动体验的使用情境。玩具与儿童之间的行为互动的使用场景，影响着儿童游戏互动中的行为特征。从儿童的发展特点来看，儿童使用玩具的场景是比较简单的，主要是家庭和社会化公共场所，家庭环境主要以室内、父母为主，共同组建一个家庭使用场景，更多的是家长、儿童与玩具之间的互动体验。

（二）目标用户分析

学龄前儿童是交互式玩具设计研究的主要目标用户。交互设计理念下，学龄前儿童玩具的设计区别于传统的玩具设计，在设计方式上，传统的玩具设计主要是以市场为导向，而交互设计理念下的学龄前儿童玩具设计主要是以目标为导向。明确目标用户，定位设计方向，通过场景设计构建用户模型的设计方法对儿童的年龄、性别、健康状况、爱好、家庭环境等设计元素进

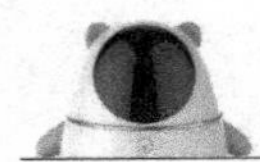

行细分研究分析，以学龄前儿童为设计出发点，从儿童成长过程中的生理、心理、认知行为等特点进行设计。从使用人群需求本身出发，结合儿童家庭环境考虑，从购买者心理方面来确定最终的设计目标。

设计师可从不同的学科角度对交互设计进行分析和评估，如从心理学角度分析人和产品相互作用方式：操作是否直观，是否向用户提供正确的操作引导，用户能否得到操作的反馈，是否有成就感和用户体验，等。从工程学的角度分析技术对人和产品相互作用方式的影响：选择语音识别、图像和文字识别、多媒体、信息可视化、虚拟现实、网络、移动通信、传感、光控和声控等技术，使人的生活更加方便，更具趣味性，解决新的技术在给人类带来益处的同时也会使生活复杂化，增添人的挫败感等问题，如何使用户在利用技术与产品交互时无需意识到技术的存在等。从工业设计的角度分析设计模型与用户模型之间存在的鸿沟，如何通过设计满足可用性、易用性和乐于使用的设计原则，如何实现人与产品之间的交互行为等。

（三）设计要点整合

在提出设计计划和制订工作流程之前，真正进入设计阶段还需要一个调查研究分析的过程，即设计调研。设计调研在设计流程中是很重要的一步，后续设计的所有出发点和工作侧重点都是根据所调查的资料和分析结果决定的，它决定了设计展开的实际条件。市场信息的大量收集和分析，有助于加深对设计问题的认识，并完整地定义问题。伴随着网络与信息系统的发展，调研资料的收集手段与方法也发生了很大变化，但需明确的是设计准备阶段的设计调查和分析最终是为设计服务的，所以调查更应该注重内容而不是方法。高效的调查在于明确的调查目的和内容、调查的方法和具体工作计划。设计调查是一个复杂、综合的系统，它包含技术、人文、审美等诸多方面的内容，并且有些因素又在不断地变化，要获得关于它们的准确又全面的信息，不能仅仅依靠经验和主观臆断，而要通过细致和深入的对比分析，才能保证所掌握的信息客观。设计调查服务于设计，是一个信息采集的过程，也是一个信息与设计策划之间的交互反馈过程。

在设计中，主题的选择是由设计者根据设计的目标来做出选择，在通过对市场的调研分析，结合当前市场的情况综合考虑，迎合市场需求的同时，从用户需求考虑，得出最终的适合当前目标用户需求的主题选择。在设计中，结合学龄前儿童的特点，选择学龄前儿童喜欢的主题作为设计的方向，一定程度上决定了最终的玩具产品受儿童喜爱的程度。从用户本身出发，设计吸引他们的玩具，激发他们的积极性，在交互过程中去启发儿童的智力发展，锻炼儿童各方面技能的发展，提高对玩具本身的想象力。

（四）设计方案执行

设计方案是指标定一个项目设计的大方向，使一个大型、烦琐、复杂的工作可以有条理、有顺序、有效率地实施。设计的游戏过程不只是单纯地完成特定的任务形式，要通过新颖的游戏形式及互动方式来吸引儿童，让儿童对应用产生兴趣，必须充分利用儿童的生活认知、思想意识、生理和心理特点，设计适合他们的产品。玩具设计的展开是在准确定位并有了创意的基础上进行的。在前三个程序完成之后，就可以寻找创新策略，对玩具展开设计了。儿童玩具设计的展开必须在对玩具进行准确分类和定位的基础上，对玩具市场的发展进一步调查，对玩具的设计要结合全方位综合考虑，从启智功能、市场效益和安全等多方面出发，设计出安全、启智和成本低的玩具。通过家长的参与来增进与儿童情感的交流互动，在互动过程中不断提高学龄前儿童各方面的发展，感受过程中的那份快乐，使儿童在快乐中不断成长。

第三节　趣味性理念

一、趣味性概述

（一）趣味性

按照西方美学的定义，趣味直接表征了人类的审美感受能力。伴随着历史的发展，这一词语又有了新的意思。从艺术角度来讲，趣味的主要意思是一种审美鉴赏力。哲学家休谟从理智的角度出发，对审美趣味的理解进行了

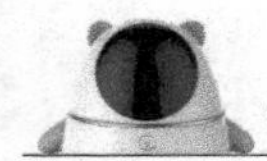

深入的剖析。他认为理智传达真和伪的知识，趣味产生美与丑的及善与恶的情感。前者按照事物在自然界中实在的情况去认识事物，不增不减。后者却有一种制造的功能，用从内在情感借来的色彩来渲染一切自然事物，在一种意义上形成一种新的创造。在我们实际生活当中，趣味具有多样性，人们对事物的感受不同，表露出的情感体验各不相同，其分类主要有崇高优雅的、低级庸俗的、健康快乐的和淳朴自然的等。由于个体的内部和外部存在不同，导致趣味具有一定的差异性。对于内部而言，主要因个人的心理、生理、思维发展都存在个体差异，对于外部而言，主要是个人所处的社会环境、生活的时代和其宗教信仰不同。

兴趣一直伴随着我们的一生，一个人在不同的领域不同的时间点所选择的兴趣影响了其一生的轨迹。有些人浑浑噩噩，有些人目标明确，有些人流氓暴力，有些人诗词歌赋。无论这种原始的执着与冲动是积极还是消极，它始终作为一个最常见也最容易被压制的因素影响着人的一生。兴趣是一种普遍的、每个人与生俱来的天赋，但趣味是经过高级的锤炼而来，被人感性与理性地驾驭、改变、创造所有。艺术领域中的趣味绝不是滑稽、低俗等人类的低级恶趣味，而是一个艺术家毕生探求、高度提炼的一种人类精神文明需求。趣味来源于兴趣，是兴趣的高级模式，也是兴趣的集中体现。兴趣可分为个人兴趣和社会兴趣，社会趣味会发展成为一种文化而影响人们认知改造世界，艺术家们通过一定的手段在这种文化中提炼概括出来的就是趣味。趣味一直是人类所需要的并且具有时代性、记录性、多样性等特点。社会属性下的集体审美涵盖了一个民族对于世界的认知，从而影响了这个民族的发展。在高中历史课堂我们学过几次大的西方变革都是以艺术为先驱，这是因为艺术具有集体审美，能唤醒人们在某一方面的感知，这种唤醒的力量首先来源于人的社会属性。每个独立的个体都是独一无二的，但在社会中是具有普遍联系属性的，这种力量的根基是趣味，是社会集体趣味的最佳诠释方式。

（二）趣味性设计

趣味性设计的意思是指通过设计者的构思和创新，给产品带来设计亮点，

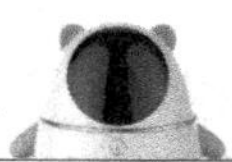

通过这些亮点给消费者带来愉悦的情感体验。包装外观的视觉中心也是其外观包装设计表达的趣味中心，可将人的视线集中在此。把握整体包装主次关系，把握好整体的设计效果是创作中最吸引消费者眼球的关键所在。儿童玩具的包装设计载体是设计师在玩具包装中趣味性设计的表达，应着手考虑儿童对趣味的心理体验，运用色彩图案、装饰工艺、款式造型等手法，设计出能吸引消费者目光的视觉中心，以此使购买者得到童真童趣的趣味性感受。同样，我们还可以结合玩具消费者的联想与想象、消费者的心理需求等，巧妙地将趣味性融入儿童玩具包装设计当中，以此吸引消费者的目光，给人以独特、有趣、难忘的视觉感受，增加购买欲望。

个性化设计是指人、动物、各种产品固有的特征或特质所具有的一种倾向。玩具存在的最重要的作用就是提供给孩子进行玩耍，它所针对的就是广大儿童。所以，在进行包装设计时要充分地考量儿童不同于成人的个性特征，在保证包装设计符合时代潮流，具有科学依据，保证安全和独创性的前提下，设计师要设计出符合儿童消费者需求、令他们感兴趣的个性化设计。设计师要将趣味性融合到玩具包装当中，使其有新颖性、有个性。比如芭比娃娃，分为收藏型与玩耍型两种形式。作为收藏型的芭比娃娃，采取限量发售的模式，消费者购买的目的主要是用于收藏，所以在此类型的包装设计上要注重用料的考究，外观的精细，处处彰显此产品的独一无二。

（三）趣味性理念

玩具的核心是“玩”，趣味性是它的最基本属性。无论是对传统玩具还是对现代玩具而言，趣味性都是重要的设计理念之一。当一款玩具失去了趣味性，就不再具备吸引力，即使有再多附加的功能，没有展现的余地，也是毫无价值的。作为设计者，首先要考虑玩具的最根本、最基础属性，考虑受众的核心诉求。不能把玩具完全设计成一本“教科书”，教条式的为了使玩者在玩具中学到什么知识而进行生硬插入设计。一定要清楚人们如果单纯想要学知识，那不一定非要买玩具，学知识的途径很多，而且似乎每一种都要比从玩具中获取更直接。因此，作为设计者必须要搞清楚玩具的核心字“玩”

这一概念。一定要认识到人们购买玩具的意图绝不仅仅是为了单纯学知识、长技能。

在信息技术高速发展的今天，人们的生活方式、生活习惯都有所改变，生活节奏越来越快，在高压的工作和生活环境下，需要一种轻松的方式来缓解自己，进行解压。玩具就是很好的放松方式，在玩的过程中学到知识，锻炼能力，一举多得。玩具要具有趣味性，不仅是玩具本身必须具备的基础属性，也是当今时代人们对玩具的需求，是放松自我的方式。玩具不只是儿童的专利，也越来越被广大成年人所接受，成人玩具市场亟待开发。人们需要在一种轻松愉快的氛围中学习知识，寓教于乐作为设计者我们必须看到玩具趣味的重要性，从而进行合理设计。

二、趣味性设计要求

（一）简易要求

易用性指的是使用者能较为简便地操作，操作越熟练，使用起来越方便、越快捷。易用性设计，顾名思义，即容易让儿童上手玩耍。设计者应该摒弃那些繁琐复杂的设计。易用性在玩具包装设计中占有重要的地位。易用性主要侧重于以儿童的心理及生理特征作为设计基础，其设计目的是让孩子更容易接受其外观的易操作性，使孩子在玩耍时体会到快乐，以此感受到趣味性。易见性设计指的是玩具的包装要醒目，要使其在众多的商品中脱颖而出，要让孩子相对容易地接受该产品。孩子对日常生活的认知很少，想要博得他们的眼球，包装的颜色必须鲜艳夺目，易学性设计要求设计师依据儿童的生理和心理因素来考虑设计细节。孩子在玩耍时，对复杂的操作不感兴趣，并且通常会因为其找不着头绪而产生厌烦心理，所以，应该舍弃烦琐的设计要素和造型，创造出简便易学的操作形式，使孩子易于接纳，在简单的操作中培养孩子的动手能力和对客观事物认知的能力。进行玩具包装设计时，易学性设计中要使人觉得有趣，富有趣味感，吸引儿童及消费者的注意力，从而开发儿童的判断力和思维延展力。在包装玩具产品的同时，使之富有娱乐的功

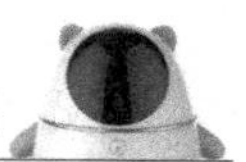

能以此锻炼孩子的双手，练习孩子的手部精细动作，促进大脑发育，同时更能体现出包装再设计的作用。

（二）智力开发

儿童对陌生的世界充满了好奇，需要学习的东西很多。根据专业人士的长期研究发现，95%的少年儿童能够做到寓教于乐，在玩的时候学到更多知识。玩具包装的再设计中，要使趣味性设计对于儿童具有启发和益智的作用，需要充分考虑到儿童及该包装自身的特性，使玩具包装具有娱乐性、益智性，培养孩子的动手能力、协调能力、感知能力，令孩子觉得该包装有趣，产生趣味感。小孩子生性活泼好动，不能长时间集中注意力，趣味性要融入玩具包装设计中，必须保证需要学习的知识能够巧妙地融合到设计中，让产品能够启发孩子的智力，吸引孩子们的注意力和兴趣，寓教于乐。设计师把“益智性”原则融入玩具包装设计当中，换言之就是使玩具包装富有娱乐性的功能，令孩子在动手拆装玩具的时候具有一定的动脑过程。人的智商高低与遗传有一部分关系，而更多的是与孩子的生活环境及早期受到的教育具有直接关系。包装具有益智性不但能够使孩子的大脑得到锻炼，还能在操作中让孩子感到有趣，发展孩子的智力、观察力和想象能力，潜移默化地增长知识，体会无穷的快乐。

玩具能够起到陪伴的作用，让孩子在玩玩具的时候得到心灵的慰藉。现如今，大多数家庭是独生子女，但是父母由于工作忙碌和种种其他事物，只有较少的时间去陪伴自己的孩子，和孩子们待在一起沟通交流的机会和时间也相对短暂，加上同龄的伙伴也相对较少，导致现代很多孩子出现自闭倾向。比较显著的例子就是农村的留守儿童，这种关爱的缺失导致他们孤僻，在这种情况下，他们更愿意接受日夜陪伴自己的玩具游戏，玩具在一定程度上填充了儿童内心的空虚孤寂，消除了他们的孤独感，让他们获得快乐的同时轻而易举地激起了他们的情感共鸣。

（三）环境保护

环保设计也称为生态设计、绿色设计、可持续设计，是 20 世纪中叶以

来的重要设计内容。对于环境与生态的恶化，设计在其中并不是光彩的角色，过度的商品包装造成不必要的材料和能源的浪费，形成大量垃圾，污染并恶化了人们的生存环境。因此，产品包装的环保性就显得愈来愈重要，并成为国际贸易中绿色贸易壁垒的重要因素。包装的环保设计已成为包装业未来的必然发展趋势，设计师从观念上应该引起足够的重视。人类文明进程陷入环境与生态的严重问题，这与设计是不无关系的。随着自发的或由政府发起的环保运动的深入发展，普通消费者越来越将矛盾集中到了作为产品生产源头的设计行为上，甚至有人认为设计就是浪费与破坏环保的源头，设计师就是制造垃圾的根源。社会上一直呼吁消费者应该提高环保意识，节省资源利用，其实设计师更应该具有环保意识与观念。对于设计师来说，要将环保的意识贯彻到包装设计中去，已不仅仅是意识与观念的问题了，最重要的是如何采取行动。

伴随经济的发展，生活水平的提高，人们在日常生活生产中造成了大量资源的浪费和环境的污染。倡导绿色环保，低碳生活，走可持续性道路，是当下社会发展的趋势。人类要时刻注意保护资源，杜绝污染和浪费，减少生活垃圾、工业垃圾的排放。绿色包装将会成为未来儿童玩具包装设计的新目标。未来玩具商品包装的一个重要的发展方向就是尽量减少材料的运用和能源消耗，增长包装使用寿命，以及赋予其尽量多的附属功能。这样消费者在使用产品的同时还可以保留产品的包装继续使用，不但减轻了丢弃垃圾对环境的压力，还增加了产品的实用性。考虑到环保性原则的同时还要考虑到包装美观性，它与玩具包装的趣味性是不冲突的。趣味性设计的前提是以环保为主，并将其赋予包装以外的其他功能。

三、趣味性设计影响因素

（一）图形因素

图形是指在一个二维空间中可以用轮廓划分出若干的空间形状，图形是空间的一部分，不具有空间的延展性，它是局限的可识别的形状。图形是设

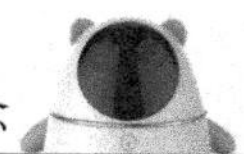

计作品中的表现形式，是设计作品中敏感和备受关注的视觉中心，是信息传达的有效载体，当然，还包括符号、文字、色彩和插图。图形以其独特的现象力在版面构成中展示着独特的视觉魅力，创造一种能够迅速传达信息的印象。在康德看来，只要是属于美术类的视觉艺术，最主要的一个环节就是图样的造型，因为造型能以给人带来愉快的形式去奠定趣味的基础。图形是所有能够用来产生视觉图像并转为信息的视觉符号。我们现在处在后现代，最大文化特点就是传媒、信息和娱乐。之所以产生信息图形这一提法，是因为这是大众传播蓬勃发展的产物。就包装外观设计而言，图形设计成为一个重要的传播媒介，给人以直观的视觉感受。

作为平面构成的三大要素之一，图形在包装中表达的情感是很丰富的。图形对于儿童来说易于接受和理解。在图形审美方面，儿童有自己的偏好。在儿童对几何图形的偏好调查中，低龄儿童对轮廓鲜明、熟悉、漂亮、色度对比强烈的几何图形较为喜欢，对黑白棋盘、靶心图这些图形可注视很长一段时间，并且眼神专注，表情喜悦。儿童在观察复杂图形与简单图形的试验中，对于复杂图形的偏好是大于简单图形的，儿童对圆形的注视时间较长。根据儿童注视不同图形时间对比图可知，对曲线的偏好大于直线，对有节奏变化的几何图形的偏好大于无节奏变化的图形。图形的表达方法有很多，例如夸张、拟人、拟物。用这些方法表达的信息，可以使包装的内容丰富，儿童容易理解，也会容易接受。适合的图形表达可以使儿童领会包装的趣味性。儿童的爱好非常宽泛，并且具有不定性，他们的兴趣和爱好经常会因为外界因素的改变而转变。举例来说，当儿童在选择玩具时经常会因为他们所钟爱的漫画的转变引起变化。

（二）色彩因素

儿童在出生四个月之后就会产生色彩偏好。好看、清晰的颜色能够让人产生舒适感，而杂乱、模糊的颜色会让人出现视觉上的疲劳，影响人的情绪，儿童如果在这种环境下长期生活，智力和健康都会受到影响。太过强烈的颜色会对儿童的视觉神经造成刺激，影响视力；太过鲜艳的颜色会让儿童变得烦躁不安，造成厌烦情绪；过于呆板的颜色也不利于儿童的审美培养。色彩的特性能够将孩子的个性体现出来，因此，什么个性的孩子就会喜欢什么样的色彩。一般来说，喜欢红色的儿童性格活泼、精力充沛，个性比较冲动；喜欢黄色的儿童大多反应比较敏捷，聪明好动；喜欢绿色的孩子个性比较随和，好奇心较强；喜欢橙色的孩子富有创造力，个性活泼；喜欢黑色和蓝色的儿童通常性格比较内向，个性沉稳。

作为包装设计中最活泼、最敏感的设计元素——色彩，它在焕发人类情感的同时，也能够改变人类对情感的理解。这一功能在儿童身上也同样适用。儿童对图形认知以前，最先认知的就是五彩缤纷的颜色，这样的色彩能够带给孩子快乐的感受。而且丰富多彩的颜色能够吸引孩子的兴趣，启发儿童的思想。大部分孩子绘画创作时，喜欢使用纯度较高、对比鲜明的颜色。设计师可以利用儿童感兴趣的颜色进行创作，设计出富有感染力的作品，以此博得孩子们的喜爱，在五彩缤纷的色彩中使孩子感受到设计的趣味性。以此看来，在儿童玩具包装中，注重色彩的丰富性能够对儿童情绪的引导及情感的培育起到非常重要的作用。色彩带来的信息是极为敏感的。色彩可以表达的内容很多，从喜、怒、哀、乐的情绪到酸、甜、苦、辣的味觉，色彩都可以准确无误地表现。色彩可以为儿童带来快乐的感受，也可以激发儿童的创造力，鲜艳的色彩容易吸引儿童的注意力。

（三）文字因素

文字在信息的传达中是最直接准确的，包装上的文字主要应用在两方面：一是作为品牌形象的文字，可以用于企业标志和商品名称等，代表的是产品形象。二是说明文字，包括厂家、玩具材料等，这些都是用于明确商品信息和使用说明的重要内容。包装上简单的印刷字体会给儿童带来距离感，不能吸引儿童的注意力。在儿童玩具包装设计中，文字通过字形变化也可带来内涵丰富的视觉语言。文字应用在儿童玩具的包装上要有所改变，因为儿童在智力开发阶段，并不能识别很多文字，过多的文字陈列，会让包装变得乏味。另外，从儿童多动、活泼的天性上来看，文字应当更符合儿童的审美。同时，

此时的文字不应该仅仅用来传达信息，而是变换丰富的图形，在包装中传达趣味性，起到丰富视觉感受的作用。所以，在包装上使用的字体是需要特别设计的。

儿童对事物的认知具有阶段性与连续性的特点，儿童身体不断成长的同时，其大脑和心理也在逐步向成熟阶段发展，儿童对文字的认知能力与阅读能力也在发展。从对文字认知能力的划分，儿童分为学前儿童与学龄儿童，他们分别对文字有着不同程度的认知。文字是人类文明的产物，是人类经过几千年的创造、锤炼而形成的。文字之所以作为人类的视觉识别符号，是因为其在字形、笔画等芳面都有较为严格的结构，只有在这种结构范围内的字体设计才会有良好的识别性。一个让消费者无法识别的文字，其形态无论多么的美观、具有艺术性，也不能实现商品的价值，只能说是形同虚设，毫无意义。由于儿童对文字的认知度还不够成熟，无论是学前儿童还是学龄儿童，均是刚开始进行文字的学习，对识别性不强的文字，儿童更是无法辨别。所以，在儿童产品包装的文字设计上，不能一味地追求文字的形式美，在充满童趣的同时，主题文字要醒目、大方，宣传性文字与说明性文字结构要严谨，字形要清晰可见。这样，才能使文字具有良好的识别性和可读性，商品的信息才得以向儿童传输。

（四）造型因素

商品是为了满足人类生活需要而出现的，有了商品，才有了包装，包装起到美化商品的作用，进而以促进销售为其目的。商品的包装，因其自身特性的不同而有不同的材料应用及包装方式，但是最终不能脱离商品的保护、材料的成本、外表的美观等要素。包装的造型设计是包装设计中长期研讨的问题。任何一种包装容器或其他产品，首先需要体现为一定的具体形态，通过造型呈现出来，进而再考虑局部的构造与因素。造型是为产品的功能服务，有利于强化包装的实用与方便功能，促进商品的销售，同时，造型是包装装潢的载体，可以说造型在整个包装体系中占有重要的位置，是设计的关键所在。造型的性能如何将直接影响到包装件的强度、刚度、稳定性和使用性。

造型设计时，要考虑到不同材料的特性和包装体各部位的组成要求，其内部设计主要考虑能合理包装被包装物，外部设计主要考虑保护和储运的功能，同时还要结合装潢的要求来考虑。

儿童的内心世界丰富多彩，对万物有着超乎常规的想象力与好奇心，他们对事物的接受与否主要是由其视觉直观决定的。所以在消费中，儿童通常不是因为自身的生理需求去购买商品，大多是被有趣、充满感性色彩的包装造型所吸引。儿童贪玩、好动，对无兴趣的物体往往会表现出注意力不集中的特点。在造型的认知上，对于过于理性、冷静的造型，儿童不愿理解与接受，只会产生乏味和厌倦的思想，无法引起他们对其的注意力。新颖奇妙的造型在一定程度上可以赋予包装个性与独特魅力，利用儿童好动、注意力不易集中的特点，让儿童能较为持久地感受到包装造型带来的吸引力，满足儿童对趣味性、新颖性的要求。

第四节　情感化理念

一、情感化概述

（一）情感

情感是态度这一整体中的一部分，它与态度中的内向感受、意向具有协调一致性，是态度在生理上一种较复杂而又稳定的生理评价和体验。情感包括道德感和价值感两个方面，具体表现为爱情、幸福、仇恨、厌恶、美感等。情绪是身体对行为成功的可能性乃至必然性，在生理反应上的评价和体验，包括喜、怒、忧、思、悲、恐、惊七种。行为在身体动作上表现得越强，就说明其情绪越强，如“喜”会是手舞足蹈，“怒”会是咬牙切齿，“忧”会是茶饭不思，“悲”会是痛心疾首等就是情绪在身体动作上的反应。生理反应是情绪存在的必要条件，为了证明这一点，心理学家给那些不会产生恐惧和回避行为的心理病态者注射了肾上腺素，结果这些心理病态者在和正常人一样产生了恐惧，学会了回避任务。

人都是有情感的，无论是成人还是幼儿，在面对事物时通常都会受情感影响。玩具设计的情感化理念，指的是在玩具设计中，充分让设计的结果向幼儿传达并能够激发其某一方面或独特情感的信息，从而令幼儿在玩的过程中得到相应的情感体验和心理感受。情感设计是以幼儿的体验为目标的。情感化设计从某种意义上来讲，是更具有人性化的设计，主要追求的是以情动人，能使幼儿对玩具的外观、色彩、肌理或在触觉过程中产生美的体验。它是真正从幼儿的实际感受出发，以充分尊重幼儿的心理发展规律，细腻观察和呵护幼儿的情感体验为基础的。

（二）情感体验

情感体验就是用感性带动心理的体验活动，是个体受其周围客观环境的影响所产生的一种神奇的主观感觉体验，它可以是积极的，也可以是消极的。当儿童到三岁，情感会随之增加，比如同情心、生气、苦恼、兴奋等，当到达学前年龄时，具备的情感已经相当丰富了，有了初步的成人情感体验，由此可见，不同年龄段的儿童获得的情感也不同，获得的体验也不一样。根据儿童对世界的认知能力说，儿童的初步情感体验应集中在物品和环境上。并且孩子从出生到慢慢成长，每天都在发生不同的变化，身心也在随时间推移迅速成长，每个孩子有着自己对事物的独特认知，更有着自己的思维、心理及行为特点。儿童玩具的设计者大多是成人，如只凭对儿童的简单了解设计出的玩具是很难被儿童接受的，只有符合儿童每个阶段的生理、心理特点的玩具设计才能抓住儿童的童心，才能在他们需要的阶段产生有益性的功能，因此，设计者必须要了解儿童的身心随年龄的变化而变化的规律。

（三）情感化设计

情感化设计讲究以情动人，从用户的角度出发，更加人性化的设计，它是在满足产品功能的前提下，设计师将自己对生活的感悟融入设计，并借产品向用户传达某种情感，让用户在产品使用的过程中感受到产品所表达的情感，并获得愉快的体验或难忘经历。情感化设计与传统的形式追随功能的设计区别在于，其在满足产品功能性的同时，深入探究了用户精神的满足和情感上的共鸣，并将两者通过设计语言的表达融合在一起，以追求功能技术与情感的平衡。情感化设计主要是通过产品形态的塑造、材质的选取、色彩的搭配以及灵动的产品功能来表达设计师的情感感悟并营造快乐的情感特征，设计出迎合消费者心理的，给消费者带来快乐的产品。由于用户所处的环境不同，不同用户对特定产品的情感化需求必然存在一定的差异性，所以设计师在进行产品情感化设计的同时，必须满足不同用户的情感多样性需求，使产品给多数用户带来情感上的愉悦与满足。

由于消费者情感的产生既涉及内因又涉及外因，产品相关属性及功能只是刺激其情绪或情感产生的外部因素，只有与其自身的经历、心情、状态等内因相结合，才会触发相应的情绪反应，这带来了研究的复杂性。由于涉及消费者情感的创新设计研究的复杂性和重要性，需要工程设计界、管理学界、艺术设计学界和神经科学、心理科学、社会科学、认知科学、医学等其他学科的密切配合研究才能取得成功。基于此，未来的情感化产品创新设计团队应该包括多个学科的知识结构，通过交叉融合，真正设计出符合消费者情感需求的创新产品。

二、情感化理念的理论依据

（一）三层次理论

在确保产品功能和质量的前提下，学者把情感化设计分为本能、行为和反思三个层次。本能层是产品在视觉上带给消费者的感官感受，是基于色彩、材质、造型的视觉冲击，是最直观的诱发消费者采购欲望的第一要素。行为层是消费者在产品使用过程中操作的乐趣和效率中获得的成就感，如，材质的完美触感使产品在使用过程中更加舒适，符合人机工程学的结构设计和优良的功能性，使用户能够更好地享受产品带来的便利和乐趣。反思层是集产品的外形、操作性能、设计师的生活感悟三点综合作用的结果，是设计师自我认同和自我实现通过产品表现出来的结果，设计师通过产品形态来表达自

己对产品的认知和新的认识，通过形态来传达情感，与用户达到情感上的共鸣。

产品情感化设计中的本能层是指产品的物理属性包括产品外形、材质、结构、色彩等对人的视觉、听觉、嗅觉、味觉、触觉五感带来的最初的生理感受。人在面对一件产品的时候，能够通过自身的感官体验迅速地对产品做出反应，同时产品也在人的心中留下了第一印象，这种第一印象往往很重要。行为层次设计，顾名思义，是根据用户的行为习惯来设计产品的操作方式、使用情境。产品情感化设计从行为层分析，重点在于能够让使用者方便快捷地掌握技能和使用技巧，并且在操作过程中能够获得一种愉快的体验甚至是一种成就感。情感化设计三层次理论中的最高层次属于反思层次，反思层次是由于前两个层次的作用，在消费者内心产生的更具深度的情感，它是产品与消费者个人的意识理解、个人经历、文化背景等多种因素交织在一起的复杂情感。在产品情感化设计中，反思层次可以体现为产品造型形态所具有的象征意义，可以是产品品牌效应，也可以是产品中蕴含的本土特色、文化意义。

（二）情感测量方法

情感的准确测量是产品情感创新设计的重要前提。但是因消费者一般用口头语言、肢体语言、面部表情、行为等方式来表达情感，加上情感表达本身自有的个性化、动态性和易变性，语言表达的双关性、多义性等特性，导致各种情感之间的差异很难被精确界定，这些都给消费情感需求的量化带来很大困难。从生理角度研究消费者情感产生的生理神经信号，借助传感器等测量仪器，通过测量消费者的脑电波、心跳、皮肤汗液、电位、呼吸、表情等生理指标的变化，可以了解人们情感状态，获取情感信息。因此，依靠心理学的生理反应为基础的测量技术，可以用不同的装置对情感引发的生理参数进行测量，比如测量血压、肤觉反应、瞳孔反应、脑电波和心电图的测量仪器。这种基于心理学的生理反应测量情感的技术在情感计算领域已经取得可喜的成果。

通过研究对象的语意，将用户的内隐性知识反映到标准的语意差异言词

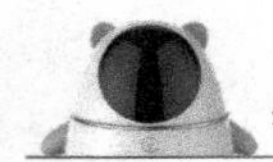

量表上，实现心理内隐性知识的外显。在产品设计领域中，引入语意差异法可以获取用户对于某产品的感觉信息，从而引导设计方向。语义法是通过面谈或进行问卷调查的方式，让受试者将对待测产品的感性认知用形容词表达出来，故也称形容词法。语义法可以在没有任何高科技测量仪器的情况下进行，是最简单和最直接的感性测量方法。口语分析法也称口语报告法，此法要求被试者在解决某问题做出判断与决策时，根据问题的特点和要求，报告自己分析和思考的过程。研究者对口语报告进行录音或录像，然后通过分析被试者的口语报告，获取被试者的认知活动信息，是一种较为直观地研究人认知活动的方法。

（三）情感参数转换

情感测量的结果还需要转换为产品的相应结构参数或者创新功能，才能最后完成情感化设计的要求。由于消费者的情感是主观感受，其语义表达因人而异、因文化而异，受时间、地点和环境的影响很大，所以很多情感化设计的论文应用了因子分析、聚类分析、多维尺度分析、人工神经网络技术、数据挖掘、灰色关联度分析、模糊数学和粗糙集等理论对消费者情感加以提炼，最后得到可以实际应用的情感化设计参数。对于情感参数的转换，并没有标准化的方法和技术，还需要结合特定的情感需求和产品功能加以选择。

三、情感化设计策略

（一）融入生活

设计反映生活并来源于生活，若要设计出满足用户需求的玩具，设计师必须真正地贴近生活、融入生活，在享受生活的过程中理解生活、感悟生活，从中挖掘出用户潜在的需求，从中提炼出行之有效的设计灵感，才能更好地升华生活，设计出真正带有人文关怀的感性玩具。生活方式是为了满足人们自身需求，在不同时代和社会生活中所形成的价值观的引导下，并基于一定的社会条件而形成的一种行为活动。它可以体现在人们的物质生活上，也可以通过人们的精神层面呈现出来。生活方式的主体受生活方式的条件影响和

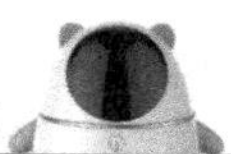

制约，其条件主要包括自然环境和社会环境，也是某个地域生活方式形成的最基本因素。自然环境方面指生态环境的变化对于人的生活活动的影响，包括地理位置、气候环境、资源物产等。社会环境包括社会经济制度、思想道德规范，民风民俗等因素，体现在人类生活的各个方面，在影响着生活方式的同时又受人类的活动影响而改变。

如果说生活方式作为社会学的概念在不断地被丰富，而在设计的领域，将社会学的研究方法引用到设计开发中，则会帮助我们更好地发现、理解设计的主体，深入探究人们的行为与意识，从而创造出更适合人们生活方式的产品。自古以来，社会的建构就与设计活动息息相关，并随着人们生活方式的演变而发展。在经历过以艺术和技术为中心的设计思想后，对产品的设计逐渐回归到以人为中心的设计，其主要来自对生活中各种元素的重新组合与制定。从本质上来说设计是对生活方式的产品化以及改善，设计师对充满趣味性和发现性的生活进行感知，才能从实际的体验中发现生活的不足与需求，进而借由产品来解决。

（二）传承文化

民间玩具是历史文化的产物，带有鲜明的历史性和地域性，是带有地方特色的人民的玩具。北京的兔爷、河南淮阳的泥泥狗、山东高密的泥叫虎等都是历史文化的载体，是中华文化遗产的传承。玩具设计师要领会中华灿烂的历史文化精髓，理解和消化传统艺术和地方文化特色，并将其融入今后的玩具设计中，为今后的玩具设计服务。不同的文化有着不同的表达方式和选择标准，产品设计只有结合特定地区和国家的文化传统，才能很好地与消费者产生共鸣。同样的产品造型、实用功能在不同的地区往往市场效果大相径庭，很多时候就是因为文化因素在起作用。例如，仅仅快乐这种情绪，就可能因不同的社会价值观而具有不同的产生机制，如不同的道德判断等。

文化是一个非常广泛的概念，给它下一个严格和精确的定义是一件非常困难的事情。不少哲学家、社会学家、人类学家、历史学家和语言学家一直努力，试图从各自学科的角度来界定文化的概念。然而，迄今为止仍没有获得一个公认的、令人满意的定义。笼统地说，文化是一种社会现象，是人们长期创造形成的产物，同时又是一种历史现象，是社会历史的积淀物。确切地说，文化是凝结在物质之中又游离于物质之外的，能够传承国家或民族的历史、地理、风土人情、传统习俗、生活方式、文学艺术、行为规范、思维方式、价值观念等，是人类之间进行交流的普遍认可的一种能够传承的意识形态。在不同的文化背景下，产品的实用功能和娱乐功能的比例不同，消费者的购买动机大小也随之不同。对娱乐和使用功能的设计折中可以促进市场的成功，否则将导致消费者产生负面情感，如难过或负罪感等。随着经济和市场的全球化，文化对消费者情感的影响也会越来越重要，如何在产品设计中融入文化因素是未来的一个研究重点。

（三）用户体验

用户体验是用户在使用产品过程中建立起来的一种纯主观感受，对于一个界定明确的用户群体来讲，其用户体验的共性是能够经由良好设计实验来认识到。用户体验这一概念越来越成为各大品牌关注的热点。体验的主体是产品的用户，用户的体验感受决定了品牌的认可度，不管对产品营销来说，还是对产品升级来说，这都是一个非常重要的环节。从用户体验的内容上来看，主要有感官体验，包括视觉体验、听觉体验、触觉体验、味觉体验等；其次是感情体验，包括喜怒哀乐等不同的心理变化；还有功能体验，包括教抒功能、娱乐功能等；最深层次的体验莫过于品牌体验，包括品牌价值观的认同、品牌文化理念的感知、品牌服务的享受等。从这些体验中，用户会对产品产生初步的或者深入的了解与认知，从而建立起品牌印象，甚至影响他们的选择。

一个产品是否好用，衡量它的要素除了功能以外，还包括结构是否合理。合理的结构可以大大提高产品的使用效率，提升人们对它的好感。对于儿童玩具也是一样的道理。变形金刚玩具具有非常强的趣味性，从一个形态变成另一个完全不同的形态，这完全要归功于优秀的结构设计。像这种具有立体想象空间的玩具，可以锻炼儿童空间智能的发展。儿童的空间审美并不是与

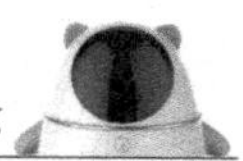

生俱来的，而是通过对现实世界的逐步感知获得的。心理学家认为，婴幼儿意识的发展促进了空间审美的发展。儿童最初美感的产生，是由于从周围的人那里听到关于美的词，通过观察，加上自己的认识，才形成了自己心中的美感定义。因此，空间结构作为一种形象式的语言载体，扮演了不可或缺的媒介，在儿童空间审美能力的形成过程中，主要表现在复杂多样的空间形式能够引起儿童的注意力，让儿童关注其中的对称、平衡、节奏、统一等形式美，从而促进儿童视觉智能、空间智能的发展。

第五节 本土化理念

一、本土化概述

（一）本土化理念

本土作为空间地理概念，首先包含了同一地域的空间特征，在此基础上也包括地域人群因共同文化背景和政治基础而形成的相同的生活方式和价值取向。从语义上说，本土化就是使某事物发生转变，适应本国、本地、本民族的情况，在本国、本地生长，具有本国、本地、本民族的特色或特征的过程。地理空间是本土化的客观要素，其与经济、政治、文化一样也是形成社会关系的核心因素之一。社会的空间性对该区域的社会特征和群体性质会产生重要影响。地理空间因素与构成社会形态的其他因素有着紧密的联系，若地理特征发生改变，那么同样的文化形式在发展过程中也会呈现不同状况。

本土化作为一个过程概念，强调变化、转化，因此具有动态特性。历经数百年的变迁，每个时代的文化都因为不同时代人们的改良和创造而不断改变。可以说，完全没有受到外界影响的纯粹的本土文化已经不存在。面对外来文化的涌入，人们必然要对其做出选择，通过对各种外来文化的筛选、保存和创造性的再诠释，最终演变成为新的本土文化。在这样不断反复的过程中，体现了本土化的动态性特征。随着世界一体化浪潮的推进，全球化趋势已成定局，它的产生是科技进步与经济发展的必然结果。本土化是相对于全球化提出的，它与全球化相互联系。在形式上全球化与本土化是截然相反的过程，全球化在某种程度上对民族个性进行消解和排斥，而本土化以加强民族身份特性对抗全球化对民族性的消解。

本土化是与全球化相对应的概念。本土化理念是基于民族、文化、地域等特色，结合现代设计理念，运用现代生产工艺与科学技术进行的一种再创造、再设计活动。本土化理念注重的是产品功能上的实用、地域特征的显现、文化内涵方面的体现等。在一定意义上，玩具既是工业产品，又是与社会、政治、经济、民族、地域等关联紧密的文化产品。在我国，玩具的发展历史相当悠久，战国时期就有了九连环，孔明锁、华容道出现在三国时期，七巧板、泥人、风筝等早在宋代就有了，等等。但因时代和社会的发展变迁，我国传统的带有浓郁中国元素特征的幼儿玩具，有的因为形态粗糙，有的因为材料简陋，有的因为包装陈旧，有的因为生产技术落后，而逐渐淡出人们的视野。

（二）本土化设计

文化是经过历史的洗礼沉淀而成，其中蕴含着人类生活中外显和内隐的生活样式，而人们为了生存创造的各种物品在承袭了文化内在意义的同时也反映了当时的社会状况、技术水平、生产方式、思想观念等。文化始终存在着差异性，设计基于民族文化，同时又生成民族文化。因此，设计始终是民族的、本土化的。而本土化设计既是文化物化的过程，又是通过人改造物的行为介入而变更生存方式、生产和构建新文化的过程。地域差异往往是构成文化差异的最直接因素，文化的差异决定了不同的社会现象，具体体现在价值标准、生活习惯和消费习惯等方面的差异。这种差异成为全球化背景下产品进行本土化设计策略的最主要原因。

本土化设计的基本目的在于把形态作为一个工具或者器物来看待，强调产品与特定使用人群的关系，满足一个区域人们共性的生活方式。不同的民族与国家在生活形态、生活方式、生活习惯与生活水平上都有一定的差异，如果将这些差异不加以区分，很难体现产品的理想功能，也难以表达目标产品设计文化的显著特征。剖析本民族整个历史与文化特征，研究表达这一文

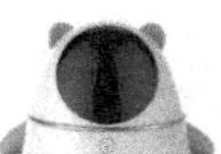

化特征的设计元素，并合理地渗透于设计中。设计中，传统文化不一定代表对古老的复制，重要的是将传统文化的精神元素或符号应用在现代设计中。

（三）本土品牌

随着经济全球化的高速推进，消费者的购买环境发生了巨大变化，其中最突出的变化是一国消费者经常面临来自不同国家产品和服务的选择。随着市场逐渐发展、成熟，产品的同质化现象会越来越严重，培育品牌、通过品牌创造差异从而获取高额附加值是企业的制胜之道。而服务作为品牌竞争的一种重要手段，其重要性日益凸显出来。品牌是承诺，但品牌绝不仅仅是许下承诺，只有不断兑现自己许下的承诺，才能赢得目标人群的持续信任和热爱。当企业无法完成或降低消费者需求满足时，其品牌的价值无形中就被削弱了。

品牌是市场经济的产物，越是竞争激烈的市场越需要品牌战略。而今，中国虽然出现了海尔、联想等著名品牌，但是更多的品牌如太阳神、三株、爱多等各领风骚仅数年，便很快如流星般陨落。一个品牌的形成需要时间的积累和信誉的积累。国内不少企业就是因为没有科学地把握品牌战略，缺乏长远战略规划，到最后只有产品没有品牌。在全球化竞争年代，中国企业不缺乏生产优势，但却明显缺乏品牌优势，缺少全球性品牌，缺少强势品牌。目前，我国多数本土品牌产品的知名度较低，市场影响范围小，尽管少数知名品牌在国内知名度及市场占有率都很大，甚至部分企业已将其业务活动拓展到国外，但与世界品牌产品相比，其品牌为世界范围的社会公众所认识和了解的程度依然很低，产品销售仍以国内为主，世界市场覆盖率和占有率小，在国际竞争中处于弱势。

二、本土化设计特征

（一）教育化

本土化设计的任务之一就是使儿童玩具适合相应地域儿童欣赏的习惯和使用习惯。随着社会物质文明和精神文明的发展，我国玩具已经从单纯的娱

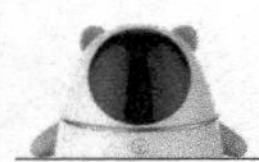

乐性向多功能性转化，尤其是在当今人们普遍注重儿童教育的背景下，对玩具教育功能的要求已经提升到了前所未有的高度，因此，如何在本土化设计中体现教育化功能是玩具设计首要考虑的内容。孩子的成长既是长身体，更是长知识的过程，应该让孩子在成长过程中不断地获得轻松学习的机会，并拥有一个天真活泼、富有乐趣的童年。玩具在知识启蒙教育中发挥的作用不可替代。

游戏玩具在儿童玩耍的过程中能够主动提高或开发儿童智力，儿童能够在对玩具进行组装或搭配过程中受到启发或锻炼模仿能力，从而使其思维与动手能力达到一致。拼图类玩具能提高儿童的形象认知能力、辨别能力，对儿童的识别、辨认能力有所帮助。数字算盘类玩具，其主要作用在于寓教于乐，一方面能够增强学习的趣味性，同时能够使儿童动手能力与客观认知能力共同发展，培养儿童对形状、数量的准确理解，了解基本的社会技能。工具类玩具，主要锻炼儿童的形象认知能力，通过结构与色彩的变换，使儿童在玩耍过程中对于色彩和图形的基本式样在脑海中形成固定的形式。

（二）民族化

蕴含人类历史、民族精神、社会风俗的设计文化通过创造不同的物质产品，提高着人类的生活质量，改变着人类的文化环境，丰富着人类文明，也给我们的生活增添了无限的韵味和情趣。设计是国家或民族文化的组成部分，民族性成为艺术设计的原则和趋势，民族文化特色愈明显，设计愈有影响力，愈能提升民族的国际地位和国际竞争力。每个民族、地区或国家由于其所处的文化环境不同，必然存在着文化上的心理差异。当代设计作品应该从历史和传统中提炼出对社会和人类有价值的东西，尊重社会风俗、宗教信仰、民族精神、民族历史，创造出集传统特色与现代高科技于一体的民族化设计。艺术设计中的民族特色、民族风情、民族风格依靠色彩、绘画、形象、音乐、节日、诗文、宗教等文化内容体现出来。

中国先民们以令人叹服的聪明才智把主体的情感、希望寄托到日常生活的事与物之中。那些自然界常见的，与他们生活密切相关的动植物，被加以

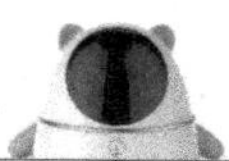

抽象变形处理，在似像非像中不知不觉地演绎着图形共用、图底反转、适合图形、矛盾空间这些现代设计方法，完善着言简意赅、对比调和、对称均衡、立体与空间、整体与局部的现代设计形式美法则，成就了众多富有寓意、充满情趣的图纹样式。玩具不仅仅是一种工业产品，更是一种与社会、经济、政治紧密联系在一起的文化产品。因此，要想推动玩具产品设计的创新，必须营造有本土特色的玩具文化。我国历史悠久，有古老的文明和灿烂的文化。古代劳动人民在长期的劳动实践中发明创造了很多有趣的玩具。流传至今的七巧板、华容道、孔明锁、九连环等玩具充分显示了我国劳动人民的聪明才智，至今仍然受到国内外人士的赞赏。这些传统玩具因时代的变迁，或因材料简单、或因形态粗糙、或因包装陈旧、或因生产技术落后，而渐渐被人遗忘，但只要在材料、形态、色彩等方面注入时代理念，重新组合、设计、包装，就能重放光彩。

（三）个性化

玩具设计个性化，就是要以不同年龄段使用者的心理发展特点与需求为基础，既要体现玩具的创新性和科学性，也要体现时代性与民族性。我们在进行玩具设计时，一定要通过提升设计理念、应用高新技术、结合传统文化与现代文明等方法，对玩具进行个性化设计，突出玩具的学习功能与教育功能，对使用者起到促进智力开发、放松休闲以及促进经济发展等作用。玩具的个性化设计要将机械、电子以及计算机技术等巧妙地应用到玩具设计中，提高玩具中的高科技含量。玩具个性化设计必然要将新的设计理念、丰富的想象力和创造力应用其中，从玩具材料、加工工艺、玩具功能等方面实现创新，不断扩展和延伸玩具功能。玩具个性化设计应该注重地区文化和民族传统的体现，通过有民族特色和地域文化的玩具，实现更多的文化交流，使玩具更有生命力和市场号召力。

设计人员在设计玩具时，要充分了解玩具设计的安全检验标准、各投放地的风俗习惯等，保障玩具的正常生产和销售。由此可见，玩具的个性化设计一定要遵纪守法，严格按照玩具的安全标准，并经过严格的安全检测。在

玩具上也应该明确标明使用对象的年龄标志，确实保证玩具提高儿童智力水平，促进儿童身心健康的发展。我国玩具的个性化完全可以从本民族特色中找到拓展的价值与亮点，在世人心目中形成一个具有鲜明个性、富有吸引力的中国品牌。中国有五千多年的文明历史，这是西方国家所不能比拟的。中国文化中的勤劳、智慧、坚韧、神秘都是几千年来被世人认可的优势与特色，这些丰富的民族文化为我国本土化玩具设计提供了丰富的营养，也为中国特色的玩具产品奠定了坚实基础，而这些都需要我国广大玩具设计师潜心发掘。

三、本土化设计策略

（一）依托传统元素

中国传统文化源远流长，博大精深，彰显中国五千年文化的传统元素也是不计其数，它们源于生活，源于自然，早已深入人心，其中不少的传统元素都成为现代社会的精神文化精华和经典代表。中国传统文化元素包括有形的物质符号和无形的精神内容，即物质文化元素和精神文化元素。在我国悠久的历史文化长河中，不乏脍炙人口的民间故事、神话传说和历史故事等，世代相传，绵延不息地记载着古老的历史和文化，这些都是玩具设计中的经典题材，蕴藏着取之不尽、用之不竭的创意主题。如果能突破传统思路，发现它们、挖掘它们乃至丰富其内涵与玩具结合，注重从中国传统文化中寻找新的创作思路，才能使传统文化创造性转化并发扬光大。

本土化玩具设计是在借鉴中国传统元素的基础上，结合现代设计的表现手法和形式进行改良或创造，这样设计出的作品不仅能够保留传统的艺术神韵，还能带有鲜明的时代特征。在中国传统元素创新的过程中，既要尊重传统元素深层次的内涵，又要注重设计语言的现代性，使意义得到更好、更有效地传达。作为设计师，可以从我国传统的动漫与影视文化中找寻玩具设计的灵感，比如葫芦娃、齐天大圣孙悟空等。创造优秀的动漫作品能更好地推动衍生玩具产品的开发，很难想象一个不受观众喜爱的动漫形象，仅仅通过

衍生玩具造型设计就能使其畅销。动漫玩具的成功正在于它的设计迎合了人们的消费心理，完成了自身感情寄托的功能，唤起人们内心美好感受和对某种生活情景的体验，而正是这种体验和亲和力给产品带来了动漫玩具的销售神话，以它们的商业形象和衍生的玩具产品创造出了巨大价值。。这无疑说明，玩具的发展不一定非要伴随着悠久的历史，但是一定要有一种文化作为纽带。

（二）加强市场调研

市场调研是一种把消费者及公共部门和市场联系起来的特定活动，利用这些信息识别和界定市场营销机会和问题，产生、改进和评价营销活动，监控营销绩效，增进对营销过程的理解。作为市场营销活动的重要环节，市场调研给消费者提供一个表达自己意见的机会，使他们能够把自己对产品或服务的意见、想法及时反馈给企业或供应商。通过市场调研，能够让生产产品或提供服务的企业了解消费者对产品或服务质量的评价、期望和想法。消费者对品牌的评判标准包括两个层面的内容，即满足其生理需求的物质因素和满足其心理需求的精神因素。国外品牌之所以能够在不同的国家和地区立足并发展，就是因为这些国际化品牌所蕴含和塑造的品牌精神能够得到不同文化背景消费者的普遍认同。中国本土品牌培育应该抓住品牌本质的核心要素，那就是消费者，深入分析目标消费者的消费心理和消费行为，力求提炼、塑造出能够与消费者沟通并赢得他们认同的精神理念。

市场由供给和需求组成，它们之间彼此为对方提供市场。在商品日益丰富的情况下，作为供应一方的生产者面临既有产品竞争和资金、人才的竞争，也有技术水平和技术设备的竞争；作为需求一方的消费者，在一个日益庞大、种类繁多的商品群面前必然会有所选择。在这种市场条件下，谁能赢得消费者的垂青，谁就是成功者，反之，则面临着被挤出市场的命运。因此，生存危机是企业必须时时注意的问题，然而机遇也同时存在，这就要看企业如何把握和抓住时机。市场调研有助于管理者了解市场状况，发现和利用市场机会。深入分析市场需求离不开科学的市场调研。国外企业非常乐意在市场调

研中投入大量的时间和精力，耗时少则半年，多则数年，甚至聘请专业、权威的调研公司来为他们做这方面的工作。

在现代市场营销中，企业管理者如果对影响目标市场和营销组合的因素有充分的了解，那么管理将是主动的而不是被动的。主动的管理意味着通过调整营销组合来适应新的经济、社会和竞争环境，而被动的管理是等到对企业有重大影响的变化出现时，才决定采取行动。市场调研在主动式管理中发挥重要的作用，具有主动性的管理者不仅要在不断变化的市场中寻求新的机会，而且会通过战略计划的制订尽力为企业提供长期的营销战略，基于现有的和将来的内部能力以及预计的外部环境的变化，战略计划可以用来指导企业资源的长期使用。

（三）完善服务流程

售后服务，就是在商品出售以后所提供的各种服务活动。从推销工作来看，售后服务本身同时也是一种促销手段。在追踪跟进阶段，推销人员要采取各种形式的配合步骤，通过售后服务来提高企业的信誉，扩大产品的市场占有率，提高推销工作的效率及效益。售后服务是售后最重要的环节。已经成为企业保持或扩大市场份额的要件。售后服务的优劣能影响消费者的满意程度。在购买时，商品的保修、售后服务等有关规定可使顾客摆脱疑虑、摇摆的形态，下定决心购买商品。优质的售后服务可以算是品牌经济的产物，在市场激烈竞争的今天，随着消费者维权意识的提高和消费观念的变化，消费者们不再只关注产品本身，在同类产品的质量与性能都相似的情况下，更愿意选择那些拥有优质售后服务的产品。市场竞争下，许多企业重视售前、售中的服务，因为这直接关系到企业的产品与服务能否打开市场。与售前、售中的服务相比，售后服务的重视度还有待提高。

产品的功能、包装、外形等都可以模仿，而唯有服务是独一无二的，它帮助消费者在繁多的商品中迅速做出自己的判断。良好的全程服务会令消费者感到满意，消费者满意就是无形资产，它可以随时随地向有形资产转化。

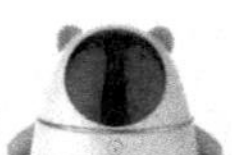

因此，企业在提供产品的同时，向消费者提供完善的服务，已成为现代企业市场竞争的新焦点。

（四）注重社会责任

在企业能力理论看来，企业竞争力的深层次来源是隐藏在企业资源和企业环境之后的企业能力。企业独具的、超越竞争对手的、稀缺的竞争优势能够为企业带来超额的价值，还可以使企业的战略实施区别于其他企业，这些竞争优势是竞争对手难以模仿和替代的。承担社会责任的企业能够吸引并保留培养能力强、素质高的新型人才，从而形成可持续创新的人力资源基础。企业与公司对员工的培养，实际上是企业对员工社会责任的投资，企业对员工责任的履行有助于学习型和创新型的企业内部组织的创立和员工素质的提高，能够使企业的关键性技术在企业内部实现创造、流通与分享，从而使员工的创新能力和学习能力得到提高，最终形成企业可持续创新发展的良好局面。

企业承担社会责任的话，它会更加注重企业所处商业生态环境的变化，以及利益相关者的期望与需求的变化。通过对这些变化的预测性调查与研究，可以很好地帮助企业发现新的未被发掘的市场机会与价值。通过整合内外资源、环境与能力，企业将学习与创新所收获的新能力、新方法、新技术用于市场运作，化为市场机会，并且可以的话，构建进入壁垒、形成差异优势，最终增强企业竞争力，实现价值。国际著名企业运用积极向上的企业责任识别，塑造出具有高度社会责任感的品牌形象，已成为提升企业品牌价值的强有力手段。

品牌的社会责任识别已经成为世界一流企业高标准、严要求的公认指标。国际社会越来越看重企业社会责任，并加以量化。中国企业在企业的品牌培育方面虽取得了令世人瞩目的成绩，诞生了“联想”“海尔”等国际知名品牌，然而，有关品牌的责任识别，对于绝大多数中国企业来讲，还应得到足够的重视。品牌作为企业的重要资产，其市场竞争力和品牌的价值来之不易。品牌的责任识别不仅仅是指企业对待员工、对待客户，更多的是指企业想方设法去尽更多的社会责任，让社会大众从内心深处感受到来自企业的关怀和温暖，从而在得到全社会广泛认可的良好基础上，得以提升企业品牌的知名度、美誉度等综合品牌价值。

第八章　基于学前儿童心理学的玩具设计策略

玩具，从字面上理解是指专供人玩耍的器具，更明确些就是专供儿童玩的东西。在传统的观念里，玩具只是孩子们的玩物而已，如今，玩具已经成为一种文化载体，以一种时尚悄悄渗入人们的生活。玩具不再只是供儿童玩耍，家长们已经把玩具作为开发孩子的智力、对孩子进行早期教育的行之有效的工具。儿童玩具大大丰富了儿童游戏的内容，创造了一个富有魅力的想象世界，促进了儿童感觉器官及智力的发展，好的玩具是儿童的良师益友。幼儿玩具市场是一个亟待开发的市场。我国虽然是个玩具制造大国，却不是一个玩具设计强国，国内企业长期停留在为国外品牌加工生产或热衷于翻版模仿阶段，面对经济全球化，我们必须创造自己的品牌。

大而不强是中国玩具产业目前发展的现状，中国玩具产业强大的生产能力与相对薄弱的设计能力形成了鲜明的对比。中国是世界玩具的主要供应地，玩具出口已成为中国出口的支柱商品之一。但出口玩具中，大部分是来料加工或来样加工，玩具本身的科技含量较低。在设计水平上，中国目前模仿抄袭现象严重，自主研发的玩具产品很少。玩具设计人员缺乏、开发能力弱、玩具设计没有系统的理论指导等因素严重制约着玩具业发展。幼儿玩具设计极具潜力与魅力。只要能把握幼儿不同时期的心理与行为特征，紧紧围绕幼儿玩具的设计要素，在设计中注入时代的文化内涵和中国特色的艺术内涵，我国幼儿玩具的开发设计必将成为现代工业设计中的一朵奇葩。

第一节 传统创新设计

一、传统玩具概述

（一）传统文化

传统，世代相传、从历史沿传下来的思想、文化、道德、风俗、艺术、制度以及行为方式等，对人们的社会行为有无形的影响和控制作用。传统是历史发展继承性的表现，在有阶级的社会里，传统具有阶级性和民族性，积极的传统对社会发展起促进作用，保守和落后的传统对社会的进步和变革起阻碍作用。在经济全球化的当代社会，中华优秀传统文化传承面临一些困境。在外来文化冲击下，一些人乐于接受外来文化，对传统文化关注不多，甚至否定传统文化。当代社会科技发展日新月异，现代科技改变着人们的生活方式、审美情趣和价值观念，一定程度上影响着人们对于传统文化的接受，并且影响着文化传承的传统方式作用的发挥。由于文化生态变化，一些传统文化事象的生命力和影响力下降，有的传统文化事象功能萎缩、作用被代替。由于缺乏对传统文化内容、受众等深入研究，许多传统文化传承方式和传承策略不当，传承内容没有考虑不同受众的接受能力和认知方式，文化传承效果不理想。

传统文化就是文明演化而汇集成的一种反映民族特质和风貌的民族文化，是民族历史上各种思想文化、观念形态的总体表征。世界各地、各民族都有自己的传统文化。传承中华民族的传统美德和民族精神，为建设社会主义核心价值体系服务。社会主义核心价值体系的灵魂是马克思主义指导思想，其主题是中国特色社会主义共同理想，其精髓是以爱国主义为核心的民族精神和以改革创新为核心的时代精神，其基础是社会主义荣辱观。民族精神与社会主义荣辱观等都与中华优秀传统文化的继承创新有密切关系。中华传统文化中的爱国主义、团结奋斗、诚实守信、帮扶济困、自强不息等积极思想，是社会主义核心价值体系的重要内容。继承这些积极思想，对于建设社会主

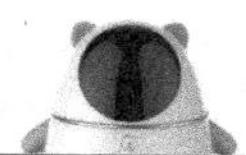

义核心价值体系有着十分重要的意义。任何一种文化都有历史传承性，任何一个民族文化的持续发展都是在既有的文化传统基础上进行的。否定传统，隔断历史，民族的精神家园就没有依托。中华优秀传统文化是中华民族几千年共同创造的文化遗产，是中华民族生存之本、发展之根，凝聚着中华儿女的深厚感情。建设中华民族共有的精神家园，必须继承和弘扬中华优秀传统文化。

（二）传统玩具

传统玩具作为娱乐工具的重要组成部分是古老、陌生的，它们诞生的年代过于久远，部分都在流传的过程中发生了形制、功能、装饰上的变化，有些甚至失传了。但它们又是新奇和熟悉的。由于中国传统文化的线性发展，就算时间过去再久，承载在传统玩具上的文化含义依然存在，在街角巷隅和它们的偶然相遇，不禁会因为其久远、古老的形态而倍感新奇，这是熟悉了现代文化快餐下的文化朴素回归，欣喜之余，细细品味，它们身上古老相似的文化血脉却又让人倍感熟悉。独特的中国传统文化创造了传统玩具灿烂的昨天，而这些小小的供一代又一代祖先玩乐的器物又承载了中国传统文化太多的秘密。

中华优秀传统文化传承体系是多元素、多环节组成的复杂系统，传承体系各要素、各环节之间是一种相互影响、相互制约的多重关系。中华优秀传统文化传承体系的有效运行是体系中各种元素、各个环节的有效整合，各种元素、各个环节功能的充分发挥是整个体系功能发挥即体系良性运行的前提。无论是上层文化，还是民间文化，无论是汉族文化，还是少数民族文化，其得以传承的关键均在于文化传承体系的统筹建设，而具体文化内容的传承则依赖传承体系中特定方式与特定保障手段的科学应用。中国传统玩具起源于劳动人民的生产劳动，在日常生活劳动中出现了游戏活动，而在出现时间先后这个问题上，生产劳动必然是先于游戏娱乐的，在生产劳动与玩具之间，游戏就犹如一座桥梁，联系着彼此。

由此可见，劳动创造成为玩具的另一起源。传统玩具是相对于现代玩具而言的，两者之间并非存在着严格的界限。现代玩具是指随着现代自然科学技术及其应用技术的飞速发展而出现的新式玩具，传统玩具则是指从传统社会与文化发展过程中传递下来的形式和功能变化较小的玩具。在现在儿童的生活中，现代玩具逐渐成为儿童玩具中的主流玩具。

（三）传统创新设计

艺术设计就是以艺术的形式、美感，结合社会、文化、经济、科技等多方面因素，应用于与我们生活密切相关的设计当中，让其不仅具备审美功能，而且具有实用功能。换言之，艺术设计首先是为人服务的。艺术设计就是人类社会一定的物质功能和精神功能的完美结合，是现代社会发展进程的必然产物。艺术源于生活，生活反作用于艺术。这就注定了传统文化是艺术设计的源泉，而创新则是艺术设计的核心。创新是一个民族的灵魂，更是艺术设计的核心。要想脱离本民族的优秀传统文化来进行创新设计，这是行不通的。如果希望设计出引人瞩目的艺术作品，那么必须在发扬本民族优秀传统文化的前提下，结合时代设计特色，将深藏在本民族悠久历史中的优秀文化以及民族特色挖掘、表现出来，这样才是最富文化内涵、最具创新精神、最富中国特色、最独一无二的设计。

传统创新设计是设计师充分发挥创造才能和能动性，进行传统创新的设计活动，旨在为人们提供富有新意的产品。我国人口基数大，是幼儿玩具的消费大国。设计出既能体现中国国情和悠久历史，又能深受家长、幼儿喜爱的玩具，是我国玩具设计师们面临的十分重要的课题。而作为世界上玩具生产大国，我国在玩具设计方面，还处于启蒙阶段，玩具的设计和研发薄弱是直接导致我国玩具设计落后的根本原因。

二、传统玩具的现状

（一）创新技术匮乏

传统玩具越走越窄。加入 WTO 后，我国商贸法规逐步完善，欧美等国又频频设置技术壁垒，玩具企业面临的坎正一道道接踵而来。进入市场的门

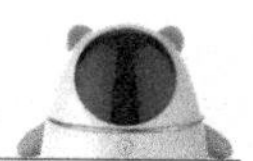

槛越来越高，走上市场的道路越来越窄。门槛增多只是一个方面，传统玩具市场的萎缩更让中国玩具业担忧。传统玩具虽有着丰富的中华传统文化元素，但它们的技术革新缓慢甚至停止，导致它的竞争力丧失。中国古代玩具的辉煌并未延续至今，布老虎、大阿福、七巧板、九连环等从玩具市场淡出，只能在旅游纪念品市场中屈居一角。改革开放以来，我国的玩具工业得到迅速发展，玩具已经成为我国出口的五大支柱商品之一。世界上3/4以上的玩具都是产自中国。但是，目前我国的玩具业还是以来料加工为主，缺乏自主设计和自主研发，仅靠廉价劳动优势赚取微薄的加工利润。

科学技术高度发达，渗透和影响着人们生活的方方面面。电子产品、智能游戏、激光玩具等现代玩具在生产中应用高科技、新技术，将占有越来越重要的消费比重，附加值越来越高。高科技不但给玩具市场增添了活力，同时也使现代玩具具有了更强的娱乐性，这种全方位娱乐质量的提高极大地满足了现代儿童寻求好奇与刺激的心理。而高科技含量同时也给玩具制造业带来了更高的附加价值和利润空间。新材料的应用也使现代玩具展现出了与传统玩具截然不同的新面貌。高科技在玩具中的运用最为广泛的当为日本玩具，由电子宠物发展到电子机器人，至今还出现了电子真人，其皮肤和头发都可以接近真人的效果，这些电子产品的出现，极大地丰富了人们的精神生活。传统的玩具往往是集体的项目。从四合院迁入单门独户的高楼，使游戏人群不得不零散化，很多独生子女不得不在家玩娃娃，在电脑上玩游戏相对而言成了比较实际的选择。这也是导致当代玩具个性化发展的主要原因。

（二）外来文化冲击

传统玩具作为传统文化中的一部分，它始终体现着中华民族的历史文化和民族情感。然而，互联网的问世，多元文化的冲击，传统玩具如同传统文化一样面临着如何生存的挑战。教育的压力，独生子女的增多，生活环境的变化及对传统玩具认识的偏差造成了传统玩具日益消逝，最终导致传统玩具传递民族文化功能的丧失。在超市、商店的专柜上摆满了形状各异、种类繁多的玩具。可你仔细看一看，几乎全部是蓝眼睛、黄头发的洋娃娃，形态各异的米老鼠，几乎看不到传统玩具的身影。在鳞次栉比的高楼中，很少有父母能够耐心地与孩子制作玩具，他们都是随便到超市挑几件商品玩具给孩子。消费取代了与孩子制作玩具时那种扣人心弦而又温馨的过程，剥夺了孩子动手操作自主创作的机会。传统玩具不仅在家庭遭到了排挤与功能的异化，而且在幼儿园的地位也是如此。

中国传统玩具困境源自工业文明对农耕文化的巨大冲击，在社会文化的变迁中，它逐渐失去了生存的土壤。传统民间玩具的发展历程伴随着几千年农耕文化的兴衰，其题材内容、材料与制作工艺以及审美情趣都具有鲜明的农耕文化特色。在幼儿园的玩具架中，陈列的多数是经过幼儿教师筛选的商品玩具，这些玩具轻便小巧，外形美观。在幼儿教师的眼中，经其筛选的玩具是安全的，而对于那些没有技术含量的传统玩具没有给予应有的充分认识。家庭教育与幼儿教育盲目追求玩具高档、功利化功能时也会导致玩具传递文化功能的降低与丧失。总之，传统玩具在市场、家庭及幼儿园中日益消逝，其传递民族文化的功能也在丧失。

（三）审美视角差异

玩具的创作者大都从生活需要出发来进行创作，既不受官方权威的约束，也不受商品性或消费者的需求所制约，无拘无束地表达自己对生活的热爱与赞美，对亲人的爱心与情感，对自然的祈求与憧憬，既不炫耀技巧也不矫揉造作。民间玩具的题材很广泛，多取材于生活，也有部分取材于想象和传说，主要可以分为民俗人物和取材于戏剧故事、历史剧的戏剧人物以及神话人物、动物花鸟、吉祥图案、想象和传说等。传统民间玩具造型简洁、朴实无华，注重传神而省略细节，用色鲜亮而不艳俗，具有浓郁的乡土风情。手工制作的生产特点使传统玩具在师承性的传授中自然地将传统的审美意识、趣味和标准传承下来。但是，过去的、乡土的审美情趣相对于追求时尚的现代文化来说，或许过于接地气，难以唤起美感上的认同。

现代人追求个性、彰显个性，现代玩具中蕴含着现代人的世界观，而传统民间玩具则缺少这种表现自我个性的元素；现代社会发展的节奏很快，现

代玩具为了立于不败之地，它具有强烈的竞争意识和勇于创新的精神，而中国传统民间玩具则缺少这一点；现代玩具的取材大都是社会生活中的热点，与人们的生活环境贴近，而传统民间玩具的故事构建大多远离我们的现实生活，在娱乐中得到的游戏体验也与我们现实生活中的体验相差很远，这就使得传统民间玩具缺少时代的说服力。

三、传统玩具的创新设计

（一）结合时代发展

传统玩具在蕴含古代文化与理念的同时，也会显示出许多不足：从取材上而言，怕腐蚀而不宜保存；从制作上而言，有些需要儿童无法掌握的成熟技巧；从外形上而言，简单粗糙而缺乏吸引儿童的视觉效果。传统玩具作为历史的产物，要适应新的时代就必须做出适应这个时代的改进。将现代元素融入传统玩具的设计与制作中，进行不断创新与设计，同时还要体现民族文化传统与特点，使中国传统玩具几千年来积淀的丰富经验、精湛的技艺、丰富的内容和形式得到保留，用传统玩具的人情味和人文气息来弥补现代玩具的去自然化和去生命化的缺点。根据现代的价值观念，对传统的题材内容进行再创作，让传统玩具更符合儿童的需要与兴趣，走进儿童的生活。这样，玩具的取材仍然是传统的，在材料与工艺不改变的情况下，通过动画、漫画或者是场景设计的手段，赋予玩具一个现代的灵魂，并传达给消费者。

创新设计是充分发挥人的创造才能，利用技术原理进行创新构思的设计实践活动，其目的是为人类提供富有新颖性和先进性的产品。从概念上来讲，现代性设计的民间玩具要从单纯的娱乐功能扩展到早期教育、智力开发、普及科学等多种功能，并且它的功能还有开发的空间。在工程技术上，现代性设计的民间玩具要从以静态玩具为主逐步发展为手动、机械、电动等形式的玩具；材料从天然的泥土、木材，发展到铁制、塑料、合金、塑胶合成、纳米材料等，所用的材料越来越广；从传统的手工完成到现在的使用各种加工机、注塑工艺、超声波焊接等先进工艺都开始应用。

（二）融入现代技术

传统玩具的突破点在于与高科技的结合，生产力的变革首先受到科学水平的影响和推动，玩具设计属于工业设计的一个分支，它们都是生产力范畴的造物活动，设计对象、设计手段、设计思维乃至设计本身，都由于科技的强力介入而发生巨大的变化。同时，科学技术对设计有着制约和影响。随着科学技术的发展，玩具的设计生产也发生了翻天覆地的变化。技术在玩具上的运用，给玩具市场增添了一股新的活力，同时也使现代玩具有了更强的娱乐性和教育性，进而给玩具行业带来了丰厚的利润。在当今的玩具市场，高科技玩具备受青睐。对民间玩具的再设计也可以从这个角度出发，以其原有造型为基础，加入声光电等技术，从而增加产品的附加值。

民间玩具的再创造与高新技术相结合是民间玩具推陈出新的重要手段。随着新时代的到来，人们审美等各种意识的不断提高，由于可伸缩、可转换、可回收等新型材料的使用，加之安全因素的充分考虑，使得新时代产物对儿童更具亲近感与诱惑力。儿童产品将被打造成人类的朋友，娱乐性与教育性完美结合。它不会给儿童带来乏味和厌倦，相反会带来其乐无穷的乐趣与刺激。无论是外观造型还是内部功能、音乐、光感、图文的设计上，均充分考虑宜人性与互动原则。交流与互动结合的儿童产品设计将广泛应用于儿童教育或娱乐系统。以科技与互动为特征的儿童产品的社会意义在于使儿童能够在成长过程中顺利地过渡到这个高科技时代。

幼儿玩具的创新，并不仅仅是单纯的产品的标新立异，应该体现在我国社会文化特征、幼儿个体差异的基础上，进行市场细分。表现在：一是玩具功能的创新。玩具是专供幼儿把玩的，因此，功能是玩具设计中居主导地位的因素。玩具的功能主要包括两个方面：物质功能与精神功能。物质功能主要指的是玩具的使用功能，精神功能主要指的是玩具的美学功能、社会性功能等。设计师要在玩具功能上创新，必须认真考虑这两方面。二是玩具材料的创新。玩具主要靠材料来体现，科学合理地使用材料，可以最大限度地发挥材料的性能特征。玩具制作可采用的材料非常广泛，设计师要不断寻觅、

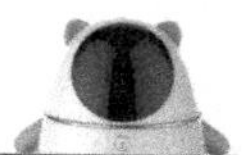

探索、更新玩具的材料。三是玩具生产技术与加工工艺的创新。生产技术与加工工艺是使玩具由图纸变为实物的技术条件。在科学技术飞速发展的今天，生产技术与加工工艺每天都发生着变化，因此，玩具设计师必须关注新技术、新工艺的发展动态，只有这样，才能使设计出来的玩具符合当前的生产条件。

（三）丰富营销手段

传统玩具的销售主要是依靠作坊零售或批发给货郎走街串巷叫卖来维持生存的，后来营销手段逐渐变成开设专卖店或者寻求批发商，但这种传统的营销方式已经不能适应现代消费方式的快速变化，销售状况一蹶不振。只有走向市场，才能真正打开传统民间玩具的销路，赢得市场份额，但并不是所有的民间玩具经过现代性设计后都可以起死回生，我们要根据其性质使其各尽所能。有些民间玩具具有一定的文化内涵。且比较少见，我们可以辅以精美的设计和做工，将其定位为有档次的装饰品、艺术品，使其具有很好的收藏价值。有些则可以被定位为礼品、工艺品，比如政府及事业单位各种庆典、会议活动的礼品中有很大一部分是精美的工艺品，具有很强的针对性和纪念价值；企业部分办公用品和商业促销礼品是企业营销的重要组成部分，配套系列礼品中很大一部分来自工艺品，若给玩具赋予时代意义，相信也会受到当代消费者的青睐。根据不同的市场需求，可以将玩具多方面地定位，为中国传统民间玩具创造良好的发展空间和广阔的前景。

企业要在社会公众中树立良好的形象才能吸引消费者来购买商品，玩具市场形象营销活动可从市场形象、产品形象、社会形象、员工形象展开和塑造。商场开展形象营销应运用公共关系与政府机构或其他企业联合举办与营销活动有关的公关活动。如建立青少年、儿童小俱乐部或发放小贵宾卡的方式与消费者建立沟通渠道，听取和收集他们对商品和服务的意见。在产品形象营销方式上，可根据不同季节、不同的市场热点，举办儿童玩具系列展销展示活动。在社会形象塑造中，企业可与社会团体和有关组织举办社会公益性活动及服务性活动，以赢得社会公众对企业及产品的好感和信任。而员工形象则要求每个员工行为规范，做到文明经商、礼貌待客，使顾客在购物时有宾至如归的感觉。

第二节　生态环保设计策略

一、生态环保概述

（一）生态文明

同我们正在遭遇的全球金融危机相比，以气候变化为主要表现形式的生态危机更具隐蔽性和迟缓性，其后果可能更具灾难性和长期性，保护自然资源和生态系统显得尤为迫切。促进经济社会可持续发展，构建人与自然和谐相处的生态文明，已日益成为全人类的共识。生态文明是人类文明发展的一个新阶段，即工业文明之后的文明形态；生态文明是人类遵循人、自然、社会和谐发展这一客观规律而取得的物质与精神成果的总和；生态文明是以人与自然、人与人、人与社会和谐共生、良性循环、全面发展、持续繁荣为基本宗旨的社会形态。从人与自然和谐的角度定义是：生态文明是人类为保护和建设美好生态环境而取得的物质成果、精神成果和制度成果的总和，是贯穿经济建设、政治建设、文化建设、社会建设全过程和各方面的系统工程，反映了一个社会的文明进步状态。

生态文明建设主要涵盖先进的生态伦理观念、发达的生态经济、完善的生态制度、可靠的生态安全、良好的生态环境。它以把握自然规律、尊重和维护自然为前提，以人与自然、人与人、人与社会和谐共生为宗旨，以资源环境承载力为基础，以建立可持续的产业结构、生产方式、消费模式以及增强可持续发展能力为着眼点，强调人的自觉与自律，人与自然的相互依存、相互促进、共处共融。生态文明既是理想的境界，又是现实的目标；既是生动的实践，又是长期的过程。生态文明的本质特征就是人与自然和谐相处。人与自然是不可分割的有机整体，与自然和谐相处、协调发展是人类文明的应有之义。人类的生存和发展依赖自然，同时文明的进步也影响着自然的结

构、功能和演化。传统工业文明导致人与自然关系的对立，而生态文明建设则首先要重构人与自然的和谐。这种和谐不是回归农业文明的和谐，而是在继承和发展人类现有成果的基础上，达到自觉的、长期的、高水平的和谐。

（二）环境保护

环境保护一般是指人类为解决现实或潜在的环境问题，协调人类与环境的关系，保护人类的生存环境、保障经济社会的可持续发展而采取的各种行动的总称。其方法和手段有工程技术的、行政管理的，也有经济的、宣传教育的等。为了防止自然环境的恶化，应注意对青山、绿水、蓝天、大海等的保护。这里就涉及不能私采滥伐、不能乱排乱放、不能过度放牧、不能过度开荒、不能过度开发自然资源、不能破坏自然界的生态平衡等。这个层面属于宏观的，主要依靠各级政府行使自己的职能进行调控，才能够解决。环境保护包括物种的保全，植物植被的养护，动物的回归，维护生物多样性，转基因的合理、慎用，濒临灭绝生物的特殊保护，灭绝物种的恢复，栖息地的扩大，人类与生物的和谐共处，不欺负其他物种等，目的是使环境更适合人类工作和劳动的需要。这就涉及人们的衣、食、住、行、玩的方方面面，都要符合科学、卫生、健康、绿色的要求。这个层面属于微观的，既要靠公民的自觉行动，又要依靠政府的政策法规作保证，依靠社区的组织教育来引导，要工农兵学商各行各业齐抓共管，才能解决。

环境保护规划是指为使经济、社会发展与环境保护相协调，对人类自身活动和环境所做的空间和时间上的合理安排。其目的是指导人们进行各项环境保护活动，按既定的目标和措施合理分配排污削减量，约束排污者的行为，改善生态环境，防止资源破坏，保障环境保护活动纳入国民经济和社会发展计划，以最小的投资获取最佳的环境效益，促进环境、经济和社会的可持续发展。它担负着从整体上、战略上和统筹规划上来研究和解决环境问题的任务，对于可持续发展战略的顺利实施起着十分重要的作用，但由于自身的某些不足制约了其充分发挥作用。我国在未来一定时期内要实现工业化、城市化和现代化，资源能源的需求必将加大，生态环境质量总体形势日趋严峻，给环境保护工作带来了更大的挑战。国家提出的树立和落实全面发展、协调发展和可持续发展的科学发展观，将环境保护工作摆在了重要的战略地位。环境保护规划是实现社会经济环境协调发展的重要工具和途径。

（三）绿色设计

绿色设计是在深刻认识人与自然关系的基础上，对规定绿色目标函数进行的预先策划和具有可操作创意的综合性智慧活动，包含对传统设计实施观念创新、理论创新、方法创新、工具创新的全过程。绿色设计也是为实现绿色发展目标函数而合理规制的时间表、路线图、规划书、工具箱、对策库的整体集合。绿色设计是可持续发展思想在经济活动和社会消费中的集中投射，是实现自然资源持续利用、绿色财富持续增长、生态环境持续改善、生活质量持续提高的现代设计潮流。绿色设计的灵魂是可持续发展思想、资源节约与环境友好，同时天然地融于智慧生产、绿色发展、保护地球、健康生活和生态文明之中。绿色设计充分显示在生产、消费、流通各个领域的源头环节，并充分体现在后续过程链的每一个环节，直至回收再利用。因此，绿色设计被认为是国家创新工程的重要组成部分，也是新一轮财富增值的重要一环。

在全球生态危机和资源枯竭的严峻形势下，世界上多数国家都意识到面向未来人类必须理性地以人、自然、社会的和谐共生思路制定生产行为准则，唯有这样，人类生存的条件才能可持续，人类社会才能有序地、持久地、和平地发展，这就是被世界各国所认可和推行的可持续发展。绿色设计反映了人们对于现代科技文化所引起的环境及生态破坏的反思，同时也体现了设计师道德和社会责任心的回归。通常，我们把绿色设计也称为生态设计、环境设计等。虽然叫法不同，内涵却是一致的，其基本思想是：在设计阶段就将环境因素和预防污染的措施纳入产品设计之中，将环境性能作为产品的设计目标和出发点，力求使产品对环境的影响为最小。对工业设计而言，绿色设计的核心是，不仅要减少物质和能源的消耗，减少有害物质的排放，而且要使产品及零部件能够方便地分类回收并再生循环或重新利用。

二、我国生态环境现状

（一）工业污染严重

随着中国工业化进程逐渐步入中后期阶段，人们对良好生态环境的要求越来越强烈，绿水青山就是金山银山的观念深入人心。但是，近年来中国环境质量不断下降，尤其是以持续雾霾天为代表的环境污染事件不断地刺痛人们的神经。随着科技进步和社会生产力的极大提高，人类创造了前所未有的物质财富，加速推进了文明发展的进程。与此同时，工业生产超标排放的废气、废水、废渣等，造成大气污染、水体和土壤污染，产生噪声、振动等，危害周围环境。中国属于煤炭型污染，主要污染物有烟尘、二氧化硫，此外，还有氮氧化物和一氧化碳。大气污染能引起呼吸系统疾病，如气管炎、哮喘、肺气肿、支气管瘤等。如果大气中污染物浓度很高，又遇上无风多雾的天气，污染物不易散开，则会引起很多人发病，这就是急性中毒。大气中污染物一般浓度很低，这些低浓度的污染物长期持续地进入人体，就会使人很长时间以后表现出疾病症状，这就是慢性中毒。

酸雨造成的危害日益严重，现在已经成为我国环境污染的重要问题之一。酸雨主要是人为地向大气中排放大量酸性物质造成的，雨水被大气中存在的酸性气体污染。我国的酸雨主要是因大量燃烧含硫量高的煤而形成的，多为硫酸雨，少为硝酸雨，此外，各种机动车排放的尾气也是形成酸雨的重要原因。近年来，我国一些地区已经成为酸雨多发区，酸雨污染的范围和程度已经引起人们的密切关注。工业废水，指工艺生产过程中排出的废水和废液，其中含有随水流失的工业生产用料、中间产物、副产品以及生产过程中产生的污染物，是造成环境污染，特别是水污染的重要原因。工业废水中的重金属离子对河流的污染，也已造成不可忽视的后果。水体富营养化是指在人类活动的影响下，生物所需的氮、磷等营养物质大量进入湖泊、河湖、海湾等缓流水体，引起藻类及其他浮游生物迅速繁殖，水体溶解氧量下降，水质恶化，鱼类及其他生物大量死亡的现象。

（二）资源开采过度

自然资源是国民经济与社会发展的重要物质基础。按照其生产的属性，可分为可再生资源和不可再生资源两大类。可再生资源是可以重复利用的资源。但不合理和不科学地利用或过度干扰其再生的环境，将会使其再生能力降低。不可再生资源是相对于人类活动不能再生的资源，如矿产资源。随着人口的增加和现代文明的发展，继续过分依靠开发利用自然资源来满足社会需求的增长，已不能维系自然生态和人类社会的发展了。在自然资源的开发利用过程中，不合理、非节约型和非持续型的开发利用，必然引起自然资源急剧衰竭、环境恶化，使自然资源与经济发展、环境发展之间的矛盾加剧。新中国成立以来，以追求经济发展为中心，使自然资源开发利用的广度与强度不断增强，较少顾及资源的保护与可持续利用问题。因此，在经过长时间大规模开发之后，暴露出诸多问题。如：水资源的严重短缺、浪费严重的问题；土地的过度开垦造成沙漠化、盐渍化的问题；森林资源的人为破坏或过度采伐，使水土流失有增无减，生态环境遭破坏，部分动植物物种濒临灭绝的问题；矿产资源的不合理开发利用，造成资源的巨大浪费、储备减少和周围环境污染的问题，等等。

（三）生物多样性锐减

生物多样性是人类社会赖以生存和发展的环境基础，也是当今国际社会环境和发展研究的热点问题之一。我国是全球生物多样性最丰富的国家之一，拥有的生物物种数量约占全球的 1/10，是全球生物多样性保护的重要地区。但由于受自然、人为及制度方面因素的影响，我国的生物多样性正遭受着严重的损失和破坏，保护生物多样性已成为摆在人们面前的重中之重的事情。生物多样性与人类的生存和发展有着密切的关系，每个层次的生物多样性都有着重要的实用价值和意义。物种的多样性为人类提供了大量野生和养殖的植物及动物产品；遗传多样性则对培育新品种、改良老品种有着重要的作用，如人们可利用一些农作物的原始种群、野生亲远种和地方品种培育高产、优质和抗病的作物。在生态系统中的最重要的作用就是改善生态系统的调节能

力，维持生态平衡。

生物多样性的丧失，既有自然发生的，也有非自然发生的，但就目前而言，人类活动无疑是生物多样性丧失的最主要的原因。物种对环境的适应能力或变异性、适应性比较差，在环境发生较大变化时难以适应，因而面临灭绝的危险，如大熊猫，其濒危的原因除气候变化和人类活动以外，与其本身食性狭窄、生殖能力低等身体特征有关。虽然我国在保护生物多样性方面取得了一定的成绩，但由于制度特别是法律制度的不健全，使生物多样性遭受了不必要的损失。生物多样性保护需要国际和国内的合作，需要多个部门共同的努力。由于人类对生物多样性的重要性认识不够，主要表现在过多地重视经济发展，而对生物多样性保护意识淡薄，从而导致生态环境破坏时有发生。对生物资源开发过度，有些甚至是掠夺式的开发；环境污染严重；对外来物种入侵问题重视不够以及制度的不健全，这些都是导致生物多样性减少的主要原因。

三、生态环保设计策略

（一）绿色设计体系

随着全球资源的过度开发，有限的地球资源已经越来越成为一个严峻的话题。环境与保护也引起了世界各国的重视，可持续发展的战略由此被提出，绿色设计因此也被更多的设计师与消费者所青睐，成为现代各种技术研究所与工作室的热点研讨话题。现在社会上越来越多的产品被冠以绿色设计的衣冠，戴上环保节能的帽子，但它们当中一部分产品并未实现真正的绿色环保。

绿色产品设计体系主要包括绿色产品概念描述、绿色产品指标体系、绿色属性的综合评价体系和绿色产品生产相关的管理技术等方面。儿童玩具的绿色设计是关注细节的设计，它要求儿童玩具结构合理、连接牢固，制动装置、电池动力等部件要绝对安全，不能危及儿童的人身安全；玩具的环境影响主要取决于在各种玩具产品的生产过程中所采用的材料与加工工序以及玩具废弃后的后续处理，绿色玩具要实现产品、零部件、包装能够方便地分类回收并再生循环或重新利用。玩具要用新的或复处理过的材料制成，材料须严格符合国家安全标准。儿童产品材料的选择必须遵循这样的原则：采用安全的、舒适的、经济的并可满足儿童物质与精神需求的材料进行产品设计。

（二）绿色设计步骤

绿色设计要求设计师们不仅要减少物质和能源的消耗，减少有害物质的排放，而且要使产品及零部件能够方便地分类回收并再生循环或重新利用。对于儿童玩具而言，由于目标消费群的特殊性，儿童玩具的绿色设计有别于其他产品的设计，其具体表现在以下几个方面：材料的选择、模块化设计、可回收性设计、绿色评价等。目前，市场上的儿童玩具价格较为昂贵，而保修期限却相对较短，坏了的玩具只能作为垃圾被处理，这不仅造成了经济损失，同时也造成了环境破坏和资源浪费。儿童玩具由正规企业进行有效的回收、再利用，对于保护儿童健康、实现资源的最大化利用尤为必要。

绿色材料是绿色设计的基础，因此，材料选择作为产品设计过程的第一步，对于儿童玩具后续的设计、制造过程以及产品的使用过程产生深远的影响对于儿童玩具而言，材料必须是安全、无毒的材料，其次所选的材料要满足产品或零件的功能要求，材料要便于加工成型。同时，一个产品上所使用的材料尽量少，以便于产品废弃后材料的分类回收和直接利用。在材料的选择上，应优先选用可再生、可回收材料，充分考虑环境兼容性好与易降解的材料，避免选用有毒、有害和有辐射特性的材料。近年来，随着人们研究的不断深入，许多真正低碳环保的材料逐渐成为儿童玩具的首选材料，从而有效解决了儿童玩具选材安全的问题，如“魔卡童”系列纸玩具、“达奇魔法”玉米玩具等，这些材料无毒环保、题材新颖、色彩鲜亮、易于储藏和更新，赋予玩具设计更大的灵活性以及玩具生产的快速性，成为玩具设计界的新宠。

（三）绿色设计管理

如果将设计与管理这两个概念组合在一起，变成“设计管理”的时候，从不同的角度去理解，则会产生多种不同的字面意思：可以是对设计进行管理，也可以是对管理进行设计；可以是对产品的具体设计工作进行管理，也

可以是对从企业经营角度的设计进行管理。然而不管怎样，设计管理已经发展为一个新的概念，一门新的学科，有着特定的内容与规律，并且作为企业提高效率、开发新品的一件利器，越来越多地受到企业界、设计界和经济学界的研究和重视。

设计作为一种企业的资源，既可以为企业带来巨大的经济效益，也可以作为一种管理的手段。在企业中，好的设计需要好的管理，但好的产品设计、视觉传达设计和环境设计并不是好的设计管理的唯一成果，对于好的设计的追求，具有比设计本身更深远的意义。此外，相关部门应建立玩具设计的绿色设计标准、管理规范，从产品设计、选材、制作工艺及成品验收、市场投放、回收等方面建立与国际接轨的国家、行业标准和规范，通过实施玩具绿色设计标准，规范生产企业的玩具设计流程，提高玩具质量。通过监管部门监督检查、行业协会引导、企业自律等多元绿色质量保障体系，使玩具产品设计走上可持续发展的绿色发展道路。国家可以通过建立产品回收的优惠政策，既加强监管，又鼓励绿色回收的企业行为，从税收等多角度规范、引导企业朝着绿色设计生产的方向发展。

第三节　情感联想设计策略

一、情感联想概述

（一）物境体验

儿童玩具通过具体的形态、色彩、声音等外在的物质表现刺激人的感官器官。形式既为空洞的视觉、听觉、嗅觉、触觉的抽象之物，又有自己具体的内容，艺术形式具有一种非常特殊的内容，即它的意义。在逻辑上，它是表达性的或具有意味的形式，它是明确表达情感的符号，并传达难以琢磨却又为人熟悉的感觉。玩具的形态通常分为自然形态和抽象形态。抽象形态是在自然形态的基础上，发挥了设计师的主动性与独创性，在仿真人物、动物或者其他事物的基础上，加进自己的设计理念与设计方法。玩具设计也要遵

循最基本的出发点，特别是儿童的需要与爱好。否则，抽象到无法欣赏和明白的地步，这样的玩具是没有市场的。随着科学、数码技术、娱乐、游戏、动画、漫画等迅速发展，儿童的需求与偏好也在日新月异，抽象的玩具设计正在逐渐成为主流。

色彩在儿童玩具设计中具有先声夺人的艺术魅力。儿童玩具设计应以儿童情感需求为基准，进行科学、合理的搭配。对儿童来说，由于儿童的感色能力还没有发育成熟，只能感受一些单纯的色彩刺激，所以，儿童需要的色彩为少色性，总的倾向为单纯、明快、鲜艳、柔和。儿童玩具的材料不同，从而表现不同的质感。材质从视觉和触觉两个方面影响儿童的情感体验。触感尖锐的玩具会使孩子的神经趋于紧张，从而产生不愉快的感觉，反之，柔软的玩具会使孩子的精神松弛，进而产生舒适、安详的感觉。儿童很容易被声音吸引，在玩具设计中通过声音的嵌入，引起儿童的兴趣、好奇以及愉悦感。儿童玩具中声音分为三类：情境性的背景音乐，基于操作的反馈音，警告音和提示音。根据不同玩具的不同玩法，有必要选择性地嵌入各种声音。

（二）情境体验

情境体验，通常指一种教学方法。在这种教学过程中，教师有目的地引入或创设具有一定情绪色彩的、以形象为主体的生动具体的场景，以引起学生一定的态度体验，从而帮助学生理解教材，并使学生的心理机能得到发展。情境体验式教学的核心在于激发学生的情感。生活情境性可以说是玩具最古老的、原发性的特性之一。许多玩具的产生都是源于儿童模仿成人生活的本能性冲动。芭比的设计打开了小女孩们的视野，她们可以通过芭比感知到幼儿园以外的世界，让她们与芭比一起体验生活的各个层面。从海滩女郎到政治家，芭比变化万千的形象激发了孩子们的想象力，她们希望自己在长大后也能像芭比一样。通过这种娃娃，小女孩可以意识到她们能够实现的任何梦想。这样生活情景性的玩具设计使芭比以一个活生生的形象走进孩子们的生活中，满足了孩子内心的愿望和丰富的想象，深得儿童的青睐。

互动体验法的核心在于提供一个人与人、人与环境对话的平台。这个平

台可能是实体的，也可能是虚幻的。在儿童玩具的设计中我们也可以延续这样的思路，让孩子身处其中，充分地和机器互动，主动去改变它、控制它，让孩子了解自己的某些行为会形成何种结果，这种产品不但有助于孩子智力的发育，对健康、积极乐观人格的养成也会有很多益处。

（三）联想体验

情感联想就是消费者基于对生活、事物等的记忆、经验而产生的与产品相关的联想，是消费者对产品造型情感性认知的结果。对于幼儿玩具来说，其视觉化的符号，包含玩具的形态、材质、色彩等，总能激起幼儿某种积极或者消极的联想，积极的联想会增加幼儿对玩具的理解、喜好的程度，而消极的联想则会让幼儿对玩具产生厌恶的情绪。这种情感性的认知，一般是非功利性的，与幼儿的个性、感性、家庭背景、朋辈群体等有很大的关系。幼儿玩具的情感联想设计，就是要给幼儿提供足够的想象力发展空间。玩具设计者可以根据幼儿常见的事物进行情感联想设计，幼儿想象力的开发提供更科学、更合理的玩具设计。

二、情感联想设计的意义

（一）刺激视觉和听觉

视觉是一个生理学词汇。光作用于视觉器官，使其感受细胞兴奋，其信息经视觉神经系统加工后便产生视觉。视觉是人和动物最重要的感觉。通过视觉，人和动物感知外界物体的大小、明暗、颜色、动静，获得对机体生存具有重要意义的各种信息，至少有大部分的外界信息经视觉获得。光线通过眼内折光系统的成像原理，基本上与照相机及凸透镜成像原理相似。按光学原理，眼前六米至无限远的物体发出的光线或反射的光线接近于平行光线，经过正常眼的折光系统都可在视网膜上形成清晰的物像。当然人眼并不能看清任何远处的物体，这是由于过远的物体光线过弱或在视网膜上成像太小，因而不能被感觉。听觉指的是声波作用于听觉器官，使其感受细胞兴奋并引起听神经的冲动发放传入信息，经各级听觉中枢分析后引起的感觉。除了视分析器以外，听分析器是人的第二个最重要的远距离分析器。从生物进化上看，随着专司听觉器官的产生，声音不仅成为动物攫取食物或逃避灾难的一种信号，也成为它们彼此相互联络的一种工具。

联觉是指各种器官之间形成相互作用的心理现象。人类个体是通过感官来理解世界、认知物质的，眼睛、鼻子、耳朵、嘴巴和肌肤充当着信息接收器的角色，通过它们，人类得以与世界产生沟通，才能使人感知到颜色、形状、声音、气味、味道、湿度等信息。幼儿的感觉器官发育较早，一个人的聪明才智很大程度上依赖于视觉和听觉的健康发展，如智能交互玩具中配有屏幕和声响的早教机、学习机都可以锻炼儿童的视觉和听觉。

（二）促进儿童成长

玩是儿童的天性，儿童在玩游戏过程中得到成长。情感化交互玩具可以激起儿童玩游戏的兴趣，使儿童身体的各部分得到充分运动，有助于身体成长和发育。为适应儿童成长中的需要，设计师可以结合该阶段儿童的心理特点，设计模仿类的玩具，满足儿童的模仿心理，不断地完善自己，帮助儿童健康地成长。学龄前初期是儿童思维开始成长的时期，儿童的思维很直接具体，通过表面的观察理解事物，没有独立的判断分析能力。所以，针对这一使用人群设计玩具产品时，可以通过对物体或材质的认识，让儿童与之产生互动，体验真实事物来引导儿童的认知，帮助儿童各方面快速地成长。

学龄前中期的儿童不断地表现出爱玩的天性，更喜欢玩游戏，处于角色游戏的高峰期，通过与同龄的小伙伴们一块自行计划游戏的内容和情节，设计简单的游戏规则，让每个小朋友都融入游戏角色中。思想上的不成熟及情绪化的特点往往会在游戏中使小伙伴之间发生矛盾冲突，在整个游戏过程中主要依靠具体的形象和实体来思考。所以，针对这一使用人群做玩具设计时，需要尽量避免抽象的语言，可以通过形象的物体作为设计元素，以适合、满足这一阶段儿童的需求。在整个学前阶段，儿童的好奇心理特点贯穿始终，好学、好问，对周围事物充满好奇心理，具有强烈的求知欲望，动手能力不断地提高，喜欢拆卸类的游戏。如为了满足好奇的心理欲望，把玩具汽车拆开，

只为了看看里面的结构特点，找寻好奇的答案：汽车是通过什么样的原理、什么样的结构来做到运动的。并且，这一时期的儿童表现出对周围事物极度敏感的特点，抽象概括性能力开始萌芽，能很敏锐地察觉到一些事物的异样，能明白一些事物的因果关系。

（三）开发儿童智力

著名心理学家皮亚杰根据儿童成长的不同年龄段表现出的不同心理特征，将儿童智力的发展分为感知运动阶段和前运算思维阶段。感知运动阶段的儿童的基本认知能力感刚刚形成，想象力丰富，求知欲极强，但尚不具备运算能力。他们往往以自我为中心，只坚持自己看到的那一方面。学前期儿童往往仅从正面去思考问题，而很少想到从反面去思考。知觉的集中性是指学前儿童往往容易将注意力集中到某一事物上，难以转移。大多数儿童集中精力的时长在十到十五分钟，为使儿童的集中时长在一定程度上延长，必须坚持具有吸引儿童的特点。

人脑有左脑和右脑两部分，左脑是理性脑，人们可以利用左脑进行判断、推理、归纳、分析总结，从而认识事物；右脑是人的感性脑，人们常常利用右脑的想象能力和创新能力来判断事物。现实生活中，家长对儿童智力的开发往往存在误区，认为只要开发左脑就可以提高孩子的智力水平，而忽视了右脑的开发，殊不知右脑开发与左脑开发同样重要。所以，玩具的设计也要将情感设计理念贯彻到玩具设计中去，促进学前儿童智力的全面开发。生活在建筑丛林里的都市儿童，远离了自然和游戏伙伴，而父母由于生活和工作的压力，疲于奔波，疏忽了对孩子的关爱，大部分儿童只能选择独自在家面对玩具、电视和网络，消磨时间。这对儿童的身心发展是极为不利的，甚至有可能在某些不良媒介的影响下，让孩子误入歧途。不同儿童在生长发育阶段都有自身的智力发育问题，设计者应广泛接触儿童，了解其真实需求，在原有玩具的基础上，拓展功能，开发设计集新颖、艺术、娱乐、教育、健康为一身的，适应不同年龄段儿童的新型玩具。

三、情感联想设计策略

（一）系统要素

情感化交互式儿童玩具的交互设计系统包括儿童、儿童的行为、儿童玩具的使用场景以及儿童玩具。情感化交互式儿童玩具的设计实质上就是对交互系统这几个基本组成要素的协调设计。儿童是玩具交互系统中的主体，是交互系统中行为的接受者和发出者，是游戏的主体。儿童处在人体发育特殊时期，对事物的认识有着自己独特的思维方式。因此，首先要了解儿童的思维特征和行为特征，考虑到玩具的颜色、造型更加符合儿童的爱好，交互方式要能够吸引儿童，更好地跟儿童互动。儿童与玩具的交互场景：由于父母工作时间的繁忙和独生子女的不断增多，儿童除了上学时间外，大部分活动地点是在家中，缺少与父母的交流，情感的诉求不能得到满足，交互式的玩具能够为儿童提供内容丰富的游戏环境和与父母随时交流的可能，有利于儿童身心健康、茁壮成长。最终的情感化交互式玩具不应是让儿童被动地接受知识与信息，应是儿童为满足自身需求主动与玩具互动交流，从而给儿童带来感官体验、行为体验和情感体验。

（二）交互方式

交互性以情境为核心，注重情感体验和互动。对于交互类的儿童产品来说，对交互本身的强调也是一种创新性设计方法。兴趣对于儿童来说是很重要的一个因素。一个好的交互玩具首先要引起儿童的兴趣，愿意去体验，充满好奇心。交互就是搭建了这样一个玩具与儿童沟通的平台，他们在与他们所喜爱的玩具进行对话的同时，能够提高能力、学到知识，达到寓教于乐的效果。儿童玩具中融入交互性、情感化，边玩边学，增进人—产品—环境的互动，让儿童感知自己的价值，学会自我挑战和成长。交互产品的目的是给用户设计一种有用、易用、想用的产品。早期的交互式玩具主要依据物理规律，通过外界给予的作用力产生。在情感化交互式儿童玩具设计中，应该根据儿童的身心发展特点，并在技术的支持下运用多种交互方式与儿童交流互动。

儿童玩具的交互方式要求儿童自然地参与到游戏中，使玩具成为真正的朋友，通过对儿童与同伴在游戏过程中行为的观察，得知儿童主要是通过语言进行交流，并以其他的行为方式进行辅助。语音交互是一种有来有往的双向交流方式，被认为是最方便和快捷的方式。同时儿童很容易被声音吸引，因此，在玩具中嵌入语音识别技术可以向用户传达某种信息，通过声音使玩具与儿童能够进行交流互动，引起儿童的兴趣，并使儿童的语言能力得以提高和发展。

（三）设计原则

在交互式产品设计中，可用性是指产品在满足易学、易用、好用的前提下保证安全可靠、操作简单，在操作使用过程中满足用户对产品物质层面的需求，减少用户在使用操作上的认知负担。玩具作为儿童的玩伴，陪伴着儿童整个的成长过程，在儿童的成长过程中不同阶段、不同场景下起着不同的作用，承载着儿童成长阶段的美好生活。教育功能玩具与普通传统玩具的区别在于其可用性功能，当一件玩具不具有任何功能而孤立存在时，便失去了玩具的可用性，满足不了任何的需求，失去了本身的竞争力。

第四节　互动体验设计策略

一、互动体验概述

（一）互动设计

互动设计是一个新的领域，是审美文化、技术以及人类科学的融合。其所关心的设计是这些技术能否给予服务，以及互动经验的质量。人类的生活就是一个互动的生活。从出生开始，我们就和人们以及我们所处的环境，使用我们的感官、想象、情感以及知识直接进行互动。到了今天，计算机以及电传沟通允许人们间接地互动。互动技术已经变成一个媒介，正如工业设计让机械符合我们的互动。

互动设计存在于人和人或人和人造物之间的相互交流中，可以有效缓解

技术对象、技术系统与人之间的关系，在互动基础上实现产品功能的新定位，将这样的理念用于儿童玩具开发上，同样有效。互动模式的儿童玩具在研发时要基于特定的原则，让儿童可以充分体会到玩具的独特个性，达到真正启发儿童智力的效果。其中，易用性原则是儿童玩具设计最基本的原则，确保玩具操作简单易懂，可供所有儿童自行使用。其次是可用性原则，必须保证儿童玩具满足儿童成长习性，使儿童在玩玩具过程中可以真正在玩具营造的环境中体验角色互动，进而启发智力。最后，要确保玩具的可参与性原则，保证儿童在玩玩具过程中可以真正从精神上感知玩具的乐趣。

（二）体验设计

从心理学层面理解，体验是主体对于外在刺激的内在反映。产品体验的外在刺激因素是多元的，包括产品的形状、颜色、材料肌理、声响、气味以及产品所承载的情感、品牌价值等。这些外在刺激作用于人的认知觉系统，如视觉、听觉、触觉和嗅觉，通过由产品作为道具所营造的环境、氛围的帮助，形成对产品使用时的印象和主观感受，进而转化为产品体验的价值。这种具体感受可以根据外界刺激的差异，分为不同的体验类型，如娱乐体验、审美体验、新奇体验和怀旧体验等，需要注意的是，一种好的产品体验应尽可能包含上述不同的体验类型。

产品体验设计作为设计领域的一次变革，与传统设计有着诸多不同。这些差异在设计目标、内涵、特点、设计要求及方法上都有所反映。一段可记忆的、能反复的体验，是体验设计通过特定的设计对象所预期要达到的目标。在体验设计这一整体的设计系统中，产品体验设计作为其中的一项设计内容，同传统的产品设计在内涵、表征上必然有所不同，也必然有其新的理念与特点。产品体验的传递需要通过产品系统来传达给消费者，这便是产品体验设计不同于传统设计之处，设计对象不是单一产品，而是一个完整的产品系统。设计师必须通观全局，用核心理念贯穿整个产品系统，为消费者提供完整的生活体验。

二、互动理论在玩具设计中的应用

（一）创设互动场景

不论是和个人互动还是和群体互动，双方在互动的过程中必定会有障碍而产生磨合，每一次的互动都是在不断增加彼此的认识，同样也会有互动的感悟与收获，使个人更好地认识自我。镜中自我的概念表明，个人的自我意识需要在社会互动过程中逐渐形成，人们都以他人为镜子来认识自我。处于社会中的每一个单独个体都有着各自的利益需求，这种利益需求目标有的个人无法自我满足，而社会互动增加了个人与他人的联系，通过互动过程，在个人以及他人的支持下得到个人目的的满足，实现个人目的。社会结构的建立需要一定的社会关系作为基础，它是在社会互动中产生的。社会互动是整个社会结构形成的单元结构，通过个体与个体之间的互动过程，产生了互动效应，带动了社会全体成员的互动连锁反应，最终形成了一个完整的社会结构。

互动性质的使用体验已经不再陌生，从进入 21 世纪起，人们对互动体验的探索就从未停止。互动体验适合使用在大型博物馆中为人们了解历史文化做虚拟现实的模拟，也广泛地运用在儿童玩具产品上，为儿童扩展视野、开阔认知起到促进作用。儿童玩具设计研发时，一定要充分结合儿童成长情况和玩具主题，尽可能多地营造不同的互动场景，给儿童带来更多不同的互动体验。互动模式下的儿童玩具，在设计研发过程中，有新意的游戏体验情景是玩具的核心，这样可以培养儿童在感受不同情感体验的基础上，不断提升儿童的创新能力。

（二）改善用户体验

从消费者的角度来看，产品的参与性提供了一个使其参与设计的平台。它能让产品的使用者对设计师的设计进行再设计或者达到设计师与消费者共同设计产品的效果。由于消费者是按照自己的意识去进行再创造产品，其间

必然会移入个人情感，充分调动起个人的生活经验，始终以个人的审美习惯为导向，还会凭借个人的审美趣味和标准以及自己的价值观去判断，因而创造出来的产品，体现的是强烈的个人色彩。另一方面产品提供给消费者一个用身体参与的机会，也会带来行动的体验。行为体验是产品与人互动的外在表现，而行为是由内涵驱动的，如产品的主题、产品的功能等。儿童在与玩具达成互动的同时加入了身体参与元素，身体性的参与并不仅仅只用动手，更重要的是活动身体技能，参与同伴的讨论与交流，共同完成玩具中设置的身体参与性活动。在体验性玩具设计中，儿童的主观能动性可以得到很好的发挥。

传统的玩具设计，往往只考虑到儿童和玩具的单一体验，忽略了儿童和外界环境的互动，一定程度上限制了儿童的全面成长。而互动模式下的玩具，其设计完善了儿童和玩具的单一体验，促使儿童可以在玩具营造的环境中不断变换体验角色，给儿童提供了更多互动交流机会，使儿童在游戏体验层面更完善、更全面。

三、互动体验设计策略

（一）设计要素

互动是儿童互动玩具最基本的要素，互动玩具绝对是未来儿童玩具发展的一个非常重要的方向。尤其是现代儿童玩具在高科技的帮助下，出现的人工智能互动玩具更是高科技玩具领域的佼佼者。在这其中，技术含量越低，互动要素就体现的越少，如棋类玩具是通过玩具将玩家们纳入一个间接互动交流的体系之中，其互动要素很少，但是互动层次很高，因为这种间接互动已经十分接近人际互动的水平。技术含量较高的智能互动玩具，互动要素主要体现在其完美的人机互动的机制上，而且其互动活动已不仅仅存在于人机之间了。互动玩具的典型代表是电子互动玩具，比如现在市场上出现的智能语言遥控互动玩具、智能互动语音对话玩具等。这些玩具就是儿童与玩具之

间互动的典型代表。从寓教于乐的角度来看，这些玩具基本上满足了这个要求。

玩具最重要的作用是为儿童创造欢乐，对于儿童来说，玩具可以用来学习和玩乐，尽管玩具是以启发儿童智力为目的，但在设计中必须保持它的娱乐性。互动的过程和结果都应该是积极的，如果玩具让儿童感到无趣，单纯变为辅助学习的工具，儿童很快就会舍弃它。互动设计下的玩具应创造更多的乐趣，从儿童的兴趣出发，满足儿童的好奇心和求知欲，主题上贴近流行趋势，玩法上包括想象、探索、学习、交际，为儿童创造更多变、新颖、独特的方式，让儿童百玩不厌，让儿童沉浸在快乐之中，潜移默化中锻炼各方面能力。

（二）设计体验

玩具的互动体验设计是指在玩具设计时融入人际互动的理念，增加玩具互动的强度，使幼儿在互动中感受乐趣、增长知识。这也是幼儿社会性发展的必然要求。玩玩具是幼儿的一种独特的学习途径和方式，也是他们认识世界、发展自我的载体，玩玩具的过程就是他们学习的过程。衡量一个孩子智力发展的标准，不仅是看他语言、逻辑思维的能力，而且还要看他的空间感知力以及与人交往的能力等。而幼儿只有在玩玩具中，才能促进这些能力的发展。况且，随着计划生育政策的普及，现在的孩子都是独生子女，在家中缺乏玩伴，容易产生孤独、寂寞感。

第五节　满足特殊需求的设计策略

一、特殊需求概述

（一）特殊儿童

特殊儿童是指与正常儿童在各方面有显著差异的各类儿童。这些差异可

表现在智力、感官、情绪、肢体、行为或言语等方面，既包括发展上低于正常的儿童，也包括高于正常发展的儿童以及有轻微违法犯罪的儿童。它分为天才、智力落后、身体和感官有缺陷、肢体残疾及其他健康损害、言语障碍、行为异常、学习障碍等类型。儿童是国家的未来，也是每个家庭的重心。儿童的吃穿住行等方面都与成人有着很大的差别。儿童的物品与成人的物品从外形、功能、材质设计都有着本质的区别，更重要的是儿童用品的情感注入能够在很大程度上启迪儿童，开发智慧并增加他们的认知。尤其是与残障儿童相关的产品的特殊性，更迫使我们深入分析残障儿童的身心特点，将特征与缺陷进行整合，从而生产出最适合的玩具。

（二）特殊教育

特殊教育是使用一般的或经过特别设计的课程、教材、教法和教学组织形式及教学设备，对有特殊需要的儿童进行旨在达到一般和特殊培养目标的教育。它的目的和任务是最大限度地满足社会的要求和特殊儿童的教育需要，发展他们的潜能，使他们增长知识、获得技能、完善人格，增强社会适应能力，成为对社会有用的人才。特殊教育作为人类文明进步的标志，国家教育水平和社会公平的天然指标，与祖国共命运，与人民同呼吸。社会对特殊教育的态度从人文关怀走向行动支持，是人类文明进步和社会发展的必然趋势，也是特殊教育发展从注重规模数量到注重质量提高的必然走向。社会对残疾人的态度转变及特殊教育的历史发展路径就是这一走向的明证。

虽然特殊教育取得了长足发展，但仍然是义务教育中的薄弱环节，要推动义务教育阶段特殊教育的可持续发展，最有效的途径就是立法。我国现行的与特殊教育相关的法律法规，虽然极大地推动了特殊教育的发展，但特殊教育法制建设仍存在诸多问题，比如特殊教育立法层次低、立法体系不完善、不具备可操作性、法律规范过于笼统等，导致特殊儿童的权利没有得到充分保障。社会是支持特殊教育发展的主体。政府要制定促进特殊教育发展的核心法律，完善现有法律法规，监督相关政策法规的落实，为保障特殊儿童公

平公正享有教育权利、促进特殊教育发展提供法律保障，还要通过多种渠道弘扬人道主义，营造人文关怀，为特殊教育、特殊儿童及其家庭提供精神支持。

二、特殊需求设计原则

（一）通用原则

通用设计是指对于产品的设计和环境的考虑尽最大可能面向所有的使用者的一种创造设计活动。通用设计又指针对全民设计或是大众化设计，是指不需要经过改良或特别设计就能让所有人使用的产品。它向人们表达着：如果产品能够让残障者使用，那被所有人使用就不存在问题了。通用设计的核心是：视每个人都为一定程度上的残障者，根据人们具有的不同能力，设计不同的产品。通用设计是专门为普通人与残障人士共同设计的，它本身具有共同性设计观念，它的关键点就是对残障人士的关爱。通用设计的原则中常注重体现使用者的心理感受，针对不同人的身心特点进行分析研究，着重考虑他们的使用方法、心理体验舒适度等，意在让设计达到一种互通有无的特点。通用设计原则与残障儿童玩具设计相结合，就是满足残障儿童的同时也不影响普通儿童的使用。

国内外玩具市场上没有针对残障儿童的玩具设计，通用设计原则的使用能在不影响正常儿童使用的前提下同样考虑残障儿童的便利，这样不但能够满足更多儿童的需求，也给玩具市场打开一个大口，同时也给企业带来相应的利益，这在残障儿童玩具设计中是具有可行性的。同时，通用性残障儿童玩具的设计也将给普通家庭带来福音，减少了相当大一部分玩具的开支。一个玩具多用的方式也会被众多家庭所接受。

针对视障儿童的视力缺陷，设计中应该注意他们的安全，前提是让视障儿童无忧无虑的地去使用玩具，并且要将关心和尊重融入其中，使他们感受到设计的用心。听力障碍和视障儿童，对触觉的感知都很敏感，在设计上如何选用不同的材质、不同的纹理，带给儿童触觉上新的体验，对正常儿童来说也非常实用。

（二）人本原则

从设计发展的历史来看，无论是在自然经济下的手工艺设计，还是在工业化时期的工艺美术设计、工业设计，抑或是在信息时代的现代设计，它们都是以满足人的需要为目的，设计的最终目的是人，而不是物。在社会日新月异的发展中，设计正在不断地改变着人类生活，以人为本的设计思想已逐渐成为现代设计的关键，以民为本的普适设计是一种符合时代要求的设计。作为设计师应当更多地为大众设计，为民设计，并进一步实现全民设计的普及化，以此构建更为和谐的社会。

设计的最终目的就是为人服务，这个设计原则要求设计师在设计中把人的生理需求和心理需求都放在首要的位置，并且将不同的政治信仰，风俗习惯都考虑进去，最终实现人与产品，人与自然，人与人的统筹设计，最终实现社会的和谐发展。残障儿童玩具是针对残障儿童进行设计的，根据不同类型的残障儿童，有不同的设计对策。设计师通过区分残障儿童的年龄特征、生理发育特点、心理发展趋势等，在设计中有意识地将人性化设计原理加入其中，充分考虑了现阶段残障儿童的身体素质及智力发展程度，同时，要将玩具操作的难易程度考虑进去。比如，等比例缩放的家庭物品玩具，设计师充分考虑到了视障儿童的视觉受到损伤，所以在玩具的设计中将生活中常见的物品作为素材，方便儿童熟悉生活环境，同时，儿童通过触摸能够弥补视觉的缺失等。因此，在玩具设计中做到以儿童为本，从内心出发，对儿童健康成长有着重要的意义。

（三）设计策略

设计策略是指把设计对象定格在满足幼儿特殊需要的基础上，其中包括特定的心理、特定的生理需求等。为特殊幼儿提供适合他们的特殊玩具，这个创意的提出源于美国。另外，美国有一套专门为各种特殊玩具评分的体系，根据评价人数的多少，来判断该特殊玩具受欢迎的程度。而在我国，这样的厂家或者零售商目前几乎还是空白。对于特殊玩具的研究也相当少，目前在

知网上，能搜索到的仅有少量的有关自闭症儿童玩具的设计研究，研究范围相当狭窄。市场上出版的指导玩具选用的图书，也几乎没有针对有特殊需要的儿童的。目前，我国的残障幼儿在数量上已不容忽视，设计创作出他们需要的玩具，不仅可以增添他们的生活乐趣，而且可以开发他们的智力，让他们在压力较小的环境中娱乐和学习，更重要的是给他们带来了生命的希望。

第九章　基于学前儿童心理学的玩具设计流程

以计算机为核心的数字媒体技术的快速发展，促进了数字化时代的到来。科技的进步，移动智能化设备的发展，丰富了人们的日常生活方式，产品的用户体验方式日趋完善，体现出数字时代的特点与多样化的发展。新型电子设备，如移动大屏手机、平板电脑、智能穿戴设备等不断创新操作方式，智能电子设备不断冲击和取代传统的电子产品。交互设计理念不断改变产品设计的发展方式。在对于儿童的教育也不再是单纯的课本知识，各种兴趣爱好班、教育机构成为儿童日常的一部分。在儿童成长环境大背景的变化中，玩具的形式也发生了变化，儿童传统玩具在市场份额的占有率逐渐减少，高科技智能化等新型玩具成为未来玩具市场发展的趋势，如智能早教机、智能机器人等互动类玩具。新环境赋予了儿童玩具发展新趋势和特点，因此，充分了解当代儿童的真实需求，设计适合时代发展的玩具产品是未来的发展方向。

设计中最重要的一点是明确设计目的，企业理念高于创意和先于创意，设计师必须先明确企业的理念，再制定设计创意，才能做出绝妙的设计。总之，最终设计作品要具备企业的气质形态，并且可以给不同视觉受众群以不同的美好联想，包括目标市场和传播目标的确定，包括关于定位、表现手法、设计理念、产品、品牌、行业调查等，正所谓不打无准备的仗。在目标确定后，进行内容构思，分为主体和具体的内容两大块。设计师要通过对品牌的彻底分析，对整个布局、框架有一个整体把握，在标题、内容、背景、色调、主体图形等方面进行有机的结合，使这种有机的结合能够吸引观大众的眼球，有的作品还能给人带来感动、快乐、联想、冷暖等。设计师就是要这种效果，跟着他的思路走。

第一节　儿童玩具市场调研及现有产品市场定位

一、市场调研与产品定位概述

（一）市场调研

随着企业竞争的加剧以及消费者需求的多样化，市场调研工作的重要性更加突出，市场调研可以为营销企业制定营销决策提供可靠依据。市场调研是指系统地、客观地收集、整理和分析市场营销活动的各种资料或数据，用以帮助营销管理人员制定有效的市场营销决策。市场调研是企业了解产品市场和把握顾客需求的重要手段，是帮助企业决策的重要工具。对于现代管理者来说，掌握和运用市场调研的理论、方法和技能是非常必要的。市场调研作为一门独立的应用科学，有着庞大而复杂的内容体系。没有调查研究，就没有发言权。市场营销调研是市场营销工作的起点，为企业营销管理者制定出正确的营销决策提供依据。现代企业掌握和运用市场调研的理论、方法和技能是非常必要的。

市场情况瞬息万变，生产企业面临着产品和资金竞争、人才的竞争，也有技术水平和技术设备的竞争，激烈的市场竞争给企业带来发展困难，同时也为企业创造出许多机遇。在这种市场条件下，谁能赢得消费者的垂青，谁就是成功者，反之则面临着被挤出市场的命运。因此，生存危机是企业必须时时注意的问题，然而机遇也同时存在，这就要看企业如何把握和抓住时机。通过市场调研可以确定产品的潜在市场需求和销量的大小，了解客户的意见、态度、消费需求，了解市场形势和动态，为企业发现和利用市场机会创造条件。在现代市场营销中，市场情况复杂多变、难以推理，产品价格瞬息万变。通过市场调研，企业可以及时掌握市场上产品价格动态，灵活调整企业策略，企业新进市场确定有效的促销策略提供依据，为企业销售渠道畅通制定有效策略提供依据，形成企业营销组合策略。市场调研使企业管理者掌握市场管理主动权，主动地管理意味着通过调整营销组合来适应新的经济、社会和竞争环境。市场调研在主动式管理中发挥重要的作用，使管理者在不断变化的

市场中寻求新的机会，制定出更有效的营销战略。

（二）产品定位

在当前市场中，有很多人对产品定位与市场定位不加区别，认为两者是同一个概念，其实两者还是有一定区别的。具体说来，目标市场定位是指企业对目标消费者或目标消费者市场的选择，而产品定位是指企业要生产什么样的产品来满足目标消费者或目标消费市场的需求。从理论上讲，应该先进行市场定位，然后才进行产品定位。产品定位是对目标市场的选择与企业产品结合的过程，也是将市场定位企业化、产品化的工作。在谈产品定位之前有必要了解一下品牌定位。所谓品牌定位，就是指企业的产品及其品牌，基于顾客的生理和心理需求，寻找其独特的个性和良好的形象，从而凝固于消费者心目中，占据一个有价值的位置。品牌定位是针对产品品牌的，其核心是要打造品牌价值。

品牌定位的载体是产品，其核心利益最终要通过产品实现，因此，必然包含产品定位于其中，体现产品的核心价值诉求。产品定位是品牌定位的依据，成功的产品定位可以支撑品牌定位，提升品牌形象，而品牌定位赋予了产品象征性的意义，更好地诠释了产品定位，两者可以相互作用，形成正向反馈，实现产品定位与品牌定位的良性互动。产品定位强调的是产品的核心功效，向消费者传递的是一种购买理由。产品给消费者提供了功能性的消费，带来功效上的满足，但是产品的核心功效易被模仿，一旦产品的独特价值诉求沦为品类的共性特征，只会走向价格战的下场，因此，销售产品带给企业的只是短期收益。要构建产品的独特性，培养顾客忠诚，塑造企业持续竞争力，就要赋予产品象征性的意义，打造品牌定位。成功的产品定位是品牌定位的前提，可以提升品牌形象，同时，成功的品牌定位通过更好地诠释产品核心价值，能加强产品在消费者心中的定位。

二、儿童玩具市场产品调研内容

（一）市场需求调研

市场需求，是指一定的顾客在一定的地区、一定的时间、一定的市场营销环境和一定的市场营销计划下对某种商品或服务愿意而且能够购买的数量。在市场上，即使收入相同的消费者，由于每个人的性格和爱好不同，人们对商品与服务的需求也不同。消费者的偏好支配着他在使用价值相同或相近的商品之间的消费选择。但是，人们的消费偏好不是固定不变的，而是在一系列因素的作用下慢慢变化的。消费者收入，一般是指一个社会的人均收入，收入的增减是影响需求的重要因素。一般来说，消费者收入增加，将引起需求增加，反之亦然。但是，对某些产品来说，需求是随着收入的增加而下降的。随着经济的迅速增长，消费者的收入水平将不断提高，在供给不变或供给增长率低于收入增长率的情况下，一方面使市场价格逐渐上升，另一方面也将引起商品需求量的增加。

价格是影响需求的最重要因素。一般来说，价格和需求的变动呈反方向变化。替代品是指使用价值相近、可以相互替代来满足人民统一需要的商品，如煤气和电力，石油和煤炭，公共交通和私人小汽车等。一般来说，在相互替代商品之间某一种商品价格提高，消费者就会把需求转向可以替代的商品上，从而对替代品的需求增加，对被替代品的需求减少，反之亦然。市场的需求是企业营销的中心和出发点，企业要想在激烈的竞争中获得优势，就必须详细了解并满足目标客户的需求。因此，对市场需求的调研是市场调研的主要内容之一。市场需求调研包括：市场需求量的调研、市场需求产品品种的调研、市场需求季节性变化情况调研、现有客户需求情况调研。

（二）产品调研

产品是指能够供给市场，被人们使用和消费，并能满足人们某种需求的任何东西，包括有形的物品、无形的服务、组织、观念或它们的组合。产品一般可以分为五个层次，即核心产品、基本产品、期望产品、附件产品、潜在产品。核心产品是指整体产品提供给购买者的直接利益和效用；基本产品是核心产品的宏观化；期望产品是指顾客在购买产品时，一般会期望得到的一组特性或条件；附件产品是指超过顾客期望的产品；潜在产品指产品或开发物在未来可能产生的改进和变革。

产品是企业经营活动的载体，是企业营销的物质基础，企业要生存和发展，就要生产出客户需要的产品。做好产品调研工作十分重要，产品调研的内容有产品的功能、用途、安全、包装等方面的调研，以及产品的生命周期调研、产品改进开发调研等。好的产品调研为企业产品满足客户要求提供发展方向，适时推出新的产品，扩大企业盈利空间。随着环保要求的提高，不同的市场对产品的需求也不一样，产品在地区之间的需求也出现差异化。因此，产品调研也成为市场调研中不可忽略的问题。

在中华人民共和国境内从事产品生产、销售活动，必须遵守中华人民共和国产品质量法。生产者、销售者依照该法规定承担产品质量责任。该法所称产品是指经过加工、制作，用于销售的产品。国务院产品质量监督部门主管全国产品质量监督工作。国务院有关部门在各自的职责范围内负责产品质量监督工作。县级以上地方产品质量监督部门主管本行政区域内的产品质量监督工作。县级以上地方人民政府有关部门在各自的职责范围内负责产品质量监督工作。

（三）价格调研

价格是商品同货币交换时单位商品量货币的多少，或者说，价格是价值的表现。价格是商品的交换价值在流通过程中所取得的转化形式。在经济学及营商的过程中，价格是一项以货币为表现形式，为商品、服务及资产所订立的价值数字。在微观经济学中，资源在需求和供应者之间重新分配的过程中，价格是重要的变数之一。在现代市场经济学中，价格是由供给与需求之间的互相影响、平衡产生的；在古典经济学以及马克思主义经济学中，价格是对商品的内在价值的外在体现。事实上，这两种说法辩证地存在，共同在生产活动中起作用。价格会直接影响到产品的销售额和企业的收益情况，价格调研对于营销企业制定合理的价格策略有着至关重要的作用。价格调研的内容包括：产品市场需求、变化趋势的调研，国际产品市场走势调研，市场价格承受心理调研，主要竞争对手价格调研，国家税费政策对价格影响的调研。

做好新形势下的价格调研工作，必须进一步深化思想认识。价格调研工作的重要任务，从大处讲就是为改革发展、稳定大局服务，具体地讲就是服务经济建设，维护人民群众的合法权益，为企业发展服务。做好价格调研工作，要紧紧围绕经济建设这个中心，从服务经济建设的具体实践中寻找和选择调查研究的切入点。价格部门应积极开展调研，大胆开拓创新，努力从实践中摸索新的工作思路，提炼和总结新的工作方法，研究并解决遇到的新问题，为社会主义市场经济有序运行创造良好的环境和条件，促进经济健康发展。为人民群众解决实际问题是价格工作的出发点和落实点。通过加强调查研究，可以促进事关群众切身利益的热点问题的解决，可以及时掌握和反映社会动态，能够超前化解大量社会矛盾，及时发现和排除不稳定因素。

（四）营销环境调研

营销环境是指与企业营销活动有潜在关系的内部和外部因素的集合。营销环境分为内部环境和外部环境。市场营销环境是存在于企业营销系统外部的不可控制的因素和力量，这些因素和力量是影响企业营销活动及目标实现的外部条件。企业营销环境是指在企业营销活动之外，能够影响营销部门建立并保持与目标顾客良好关系的能力的各种因素和力量。营销环境既能提供机遇，也能造成威胁，因此，持续地监视和适应变化的市场营销环境，是制定企业营销战略的基础。营销环境的内容比较广泛，可以根据不同的标志加以分类。科特勒将营销环境划分为微观环境和宏观环境。微观环境是指与企业紧密相连、直接影响企业营销能力的各种参与者。从企业营销系统的角度看，包括供应商、企业内各部门、营销中介、顾客、竞争者以及社会公众。宏观环境指影响微观环境的一系列巨大的社会力量，主要是人口、经济、政治法律、科学技术、社会文化及自然生态等因素。微观环境和宏观环境之间并不是并列关系，而是主从关系，微观营销环境受制于宏观营销环境。宏观环境因素和微观环境因素共同构成多因素、多层次、多变的企业市场营销环境的综合体。

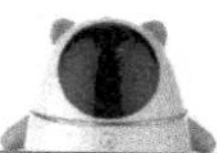

三、儿童玩具产品市场定位

（一）基于亲情的市场定位

人们对儿童的早期教育越来越重视，不仅在理论上进行关注，也从实践上采用科学育儿的理念和方法，这一点从市面上琳琅满目的早教书籍、早期教育机构、早教园就能得到证明。在这样的时代背景下，亲子教育、亲子关系、亲子互动，亲子游戏等理念和实践不断出现。亲情从人们的出生就开始伴随左右，是人类最本能、最原始的情感，是人们的精神支撑和力量的源泉。每个人的精神生活都是由早期的情感开始，从婴儿时代就开始出现亲情反应，比如通过啼哭来寻求父母的关注和照顾，这不只是人类的一种本能，也存在于动物之间，这是由血缘性所产生的一种情感，是一种生存的需求。亲情对每个人身心的健康发展都有着不可替代的作用，这一点在幼儿早期尤为明显。一个人的情感从婴幼儿时期对父母的依恋，以及父母的温柔抚爱开始，并在之后的成长中慢慢发展。就是因为这种血缘性和亲情性的存在，亲子教育才得以发展，对儿童来说，由于对父母的依赖和信任才会受其影响，对父母来说，也是由于对子女的爱，才会不厌其烦、不计成本地对其进行各种教育。

亲子玩具作为亲子互动的道具，在一定程度上，对亲子教育的互动性、活动性都具有很强的实践意义。而在亲情的建立与表达上，亲子教育与亲子玩具有着共同的本质目标。由此看来，亲子玩具对亲子教育有积极的促进意义。而亲子教育的过程和内涵，又为亲子玩具的设计理念和设计方法提供了重要的参考价值。亲子玩具除了具备玩具对其成长的作用之外，还具有其特定的意义。它也是儿童与其父母进行沟通的桥梁和媒介。父母的参与，对儿童的成长有着很重要的作用。从研究分析来看，亲子玩具对亲子关系、早期教育都有很积极的促进作用。对孩子的身心健康和智力、思维、想象力各方面能力的发展，还有语言、社会行为、道德规范、人际关系、交往经验和性情品质的各方面都有很积极的作用。

（二）基于教育的市场定位

在教育领域，现代学习方式的体验性、主动性、独立性、独特性和问题性，已不断地在实践中确立和发展。无论是家庭教育还是幼儿教育中，对科学玩具有着很大的需求。当代的教育活动理念随着时代的变迁，尤其凸显了质量的重要性。单纯地要求量的变化，只能是在形式上有所改变，而质量上的变化才是最根本的。当今社会都提倡个性化学习，这就要求必须建立开放式的教育体系。我们在立足于现实需求的基础上，必须要向学习化社会需求转变。现在，教育不是单一的，正在向多方面、多层次和多维度发展，这是系统地向现代化的模式转变。当今人们的生存和发展都离不开教育。从哲学的角度来看教育活动，首先它是实践活动的一部分，同社会的生产劳动一样，是人们通过知识认识和改造世界的方式之一。

儿童对外物的感知主要通过对物体的观察、触摸、摆弄，来启发智力、认识世界。玩具具有丰富的颜色、动听的声音、别致的造型、灵巧的动作和各种各样的功能能引发儿童的好奇和关注，激发儿童对其把玩的兴趣，迎合儿童对物体进行摆弄操作的喜好和欲望，从而带动其动手动脑，促进其认识世界。儿童的许多认知和技能是在游戏的轻松环境下获得的，玩具不仅充当了儿童的亲密玩伴，也是儿童的教科书。因为玩具的种类和玩法的多样化特征极大地吸引着儿童的注意，占据了儿童成长的很大部分时间，儿童的许多脑力活动和肢体活动都是围绕玩具进行。因此，寓教于玩，发挥玩具的教育功能是满足儿童的兴趣需要和家长对儿童教育需要的最佳选择。儿童从出生到六岁之间是生长发育的关键时期，他们的身体和大脑都在这段时间迅速发育，这些发育以受到充分的刺激为基础，而自由开放的游戏和丰富多彩的玩具都为学前儿童提供了足够的刺激，使学前儿童的大脑和身体的各个器官在这些刺激中迅速发展。

（三）基于益智的市场定位

我国的智能益智玩具市场处于蓬勃发展的成长期。随着物联网技术的推广和深入，融入了声光电模块甚至是智能语音识别的智能益智儿童玩具，对

儿童具有强烈的吸引力，逐渐成为儿童的玩具首选，是否智能自然也成为家长在选择玩具时会优先考虑的因素之一。然而益智玩具的设计还不是非常成熟，现今市面上的益智儿童玩具依旧以声光电反馈和智能语音控制为主，对儿童的持续吸引力不足，很容易过一段时间后就被儿童放弃。另一方面，我国的家长似乎更在意智能益智玩具在教育，甚至是学习上能发挥效果，而不是玩具给孩子带来的开心。儿童在感知运动阶段结束后，求知欲和想象力不断变强，单一枯燥的玩具形态很容易被儿童放弃，儿童玩具的模块化将成为一种发展趋势。所谓的儿童玩具模块化，其实就是将不同的模块独立出来，儿童可以根据需求增加或者减少模块，得到自己想要的结果。

玩具，特别是儿童益智玩具带给孩子的娱乐不仅是一种最古老的体验，而且在当今是一种更高级的、最普遍的体验。儿童益智玩具对儿童的成长发育有着重要的辅助作用。在众多种类的玩具中，益智玩具因其具有协调身心发展、启发儿童智力，从而提高儿童综合能力等功效，已成为当今社会关注的热点。因此，如何设计儿童益智玩具，成为体验经济时代的一个新课题。在满足儿童成长需求的情况下，对智能玩具的形态、功能及互动模式进行不断完善，充分展现玩具的益智性和互动性。外观造型上，益智玩具要尽可能避免尖锐棱角，防止安全隐患的发生；功能上，益智玩具主要营造良好、愉悦的游戏环境，使儿童在欢乐的氛围中和游戏营造的角色进行互动交流体验，进而提升儿童的智力。

第二节　儿童群体的消费心理特征

一、儿童群体消费心理特征

（一）品牌化特征

随着现代化进程的加快和消费主义的盛行，这些社会现象对儿童也产生潜移默化的影响，儿童消费趋向于品牌化。探究儿童品牌化心理的形成过程不难发现，儿童的品牌信息加工心理过程虽有其特殊性，但与成年人一样，品牌信息所产生的效果依据其发生的逻辑顺序或表现阶段也经历认知、态度以及行为三个过程。无论任何年龄阶段的儿童，其关于品牌的认知都是从有意注意或无意注意开始的。从品牌信息对儿童产生的认知层面上的效果来看，其主要表现在品牌信息作用于儿童的知觉和记忆系统，引起儿童知识量的增加和知识构成的变化。也正是在这一过程之中，儿童的品牌注意形成了其最初的认知。

儿童对品牌最初的认知仅仅是注意，但随着年龄的增长和知识量的增加，儿童会逐渐形成其品牌态度。品牌信息对儿童心理和态度层面上的效果，表现在儿童的观念或价值体系而引起的情绪或感情上的变化，也正是在儿童对品牌理解过程中，儿童形成了对品牌的态度。在认知、态度形成之后，儿童逐渐有了自己的行为，在行为过程之中也加深了对品牌的理解。随着儿童对广告销售意图的理解，他们对广告的信任程度也会有所降低，但是随着消费行为的产生，儿童对品牌的信任度则会提升，逐渐形成其品牌依赖。儿童品牌信息加工的最后过程表现在行为层面上的效果，即认知和心理；态度所发生的变化通过儿童的言行表现出来，这一行为也表明儿童对品牌是否信任。

（二）模仿性特征

儿童由于年龄比较小，接触的事物比较少，生活知识和生活经验相对缺乏，对购物活动不是十分了解，购买决定受外来因素的影响比较大，往往看到同学和小朋友们所购买的服装、学习用品、体育用品、食品和玩具等，就会产生同样的购买欲望，而很少关注自己是否真正需要。所以儿童在消费时具有较强的模仿性和从众性。儿童在消费方面的群体意识比较强，他们喜欢和自己年龄相仿的人标准一致，主要表现在购买饮料、食品、玩具及衣服的时候。很多电视广告就是利用了儿童的这一普遍的消费心理。儿童的个性天真、活泼、好奇心强，尤其善于模仿。儿童学习和接受一种事物的速度要比成人快很多，最容易被同龄人和那些活灵活现的推销宣传所左右。尤其是学龄前的儿童具有明显的炫耀和攀比的心理，模仿会让他们感觉到平等。但是随着年龄的增长，这一模仿性的消费逐渐开始转向个性化的消费，购买行为

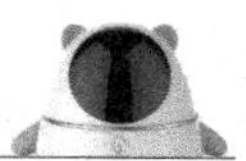

也开始有了一定的意向、动机和目标。儿童正处于心理和生理成长的最佳时期，他们接受和学习新事物的能力非常强。同时，他们还不具备自主思考的能力，思维的判断力也尚未成熟，对一些大众传播的商品广告、促销包装，尤其是对自己喜欢的卡通形象或是崇拜的明星代言的产品会深信不疑，毫不犹豫地成为该商品的忠实消费者。

（三）直观性特征

儿童由于年龄比较小，商品知识、社会经历和消费经验等缺乏，购物时往往凭直觉做出购买意向，所以在购物时主要依靠商品的颜色、外观形状、包装图案等做出购买决定，根本不注意商品的生产厂家，不关心商品的品牌，也不会考虑商品的好坏，更不会介意商品价格的高低。可见儿童消费是一种典型的感性消费，缺乏理性。

（四）依赖性特征

儿童由于没有经济收入，购买力严重缺乏，消费时要依靠爸爸、妈妈、爷爷、奶奶等长辈的支出，所以他们的购买意愿会受到家长的制约。尤其是低年龄的消费者，他们的消费行为往往完全由爸爸、妈妈、爷爷、奶奶等长辈决定。儿童由于自身知识、经历的缺乏，选择商品的能力比较差，所以在购买商品时往往受家长、老师、同学和商家等的影响比较大，这样在消费时比较缺乏主见，难以做出理性的购买决定，所以儿童在消费时具有较强的依赖性。随着经济水平的日益提升，学前儿童的消费金额在家庭消费金额中所占的比例也在迅速增加。近年来，我国的学前事业得到人们越来越多的关注，因此，针对学前儿童的家庭消费情况的研究也成为学者们关注的焦点。

由于人们的收入水平不断提高，以及独生子女是少年儿童的构成主体，家庭在关心他们学习生活的同时，也十分关心他们的物质生活。一般的少年儿童均拥有数量不等的可自由支配的货币，这就为半主动型和主动型消费方式提供了存在的基础。而商家提供的大量的、指向性明确的少儿商品，又为半主动型和主动型消费方式的发展创造了物质条件。随着社会的发展，经济水平的提高，儿童在家庭中的消费地位越来越高，在吃穿用方面更渴望自己做主。此外，儿童对父母消费的影响也越来越大，这种影响已经超出了儿童用品的范畴。

二、基于儿童消费心理的营销策略

（一）迎合不同年龄特征

乳婴期儿童的需要是由父母或监护者来满足的，他们不具备独立的消费能力，一般由父母或监护人为其购买商品。企业对商品的设计要求、广告诉求和价格制定可以完全从父母的消费心理出发。商品质量要考虑父母对儿童给予保护、追求安全的心理，生活用品和服装要适应不同父母的审美情趣的要求，商品的价格要适当。幼儿期的儿童有相当部分已经学会利用手中的零钱购买自己喜欢的零食和小玩具等，但大多数消费行为仍需成年亲人的帮助。因此，对这部分儿童的营销策略，企业既要考虑父母的要求，也要考虑儿童的兴趣。童年期及少年期，已经形成自己的消费心理特征，并且大多数可以独立完成简单的消费活动，如在家或学校附近的商店购买食品或学习用品，对较复杂的购买行为，他们也起到了较强的影响作用，甚至成为购买行为的决策者或参与者。所以，企业针对这一年龄段的产品，其营销策略主要考虑孩子的想法，产品的设计、营销策略都要符合儿童的消费心理特点，只从价格上适当考虑成人的需求。

（二）提升商品的性价比

由于儿童消费行为的直观性、模仿性和新奇性等特点，决定了儿童购物时很少考虑价格，更不关心商品质量，往往只凭个人感觉、爱好、商品的外观形状等做出购买决定。同时，由于儿童消费行为的依赖性，决定了儿童最终消费行为的达成，往往是由家长决定的。所以，厂商在提供产品时只考虑外观形状的奇特是不够的。因为商品价格的高低和商品质量的好坏往往是家长考虑的主要方面，而在价格和质量两个方面，家长往往更注重商品的质量，所以，厂商若想提高儿童消费品市场的占有率，在竞争中立于不败之地，必须在考虑商品价格的同时，更应注重商品的质量。应不断改进产品，努力提

高产品质量，千万不能以牺牲质量为代价，换取企业短期的经济效益，应致力于长远利益，积极向市场提供价廉物美的商品，以更好地满足儿童和家长的需要。

（三）强化商品外观设计

少年儿童虽然已能进行简单的逻辑思维，但直觉的、具体的形象思维仍能起主导作用，对商品优劣的判断仍较多地依赖商品的外观形象。因此，企业在儿童用品的造型、色彩等外观设计上，要考虑儿童的心理特点，力求造型奇特、活泼有趣、色彩斑斓、形状各异、包装精美等。例如，儿童服装、玩具等如果结合儿童熟悉、喜爱的卡通人物、动物形象，往往更能吸引儿童的注意，增强他们的喜爱程度和识记程度，如印有史努比、蓝猫、米奇、阿童木、芭比娃娃等形象的儿童用品深受孩子的喜爱。因此，厂家在儿童消费品的设计上应更注重外观造型的奇特，以更好地满足儿童的好奇心，使儿童最终做出购买决定。儿童在选择商品时，除选择外观造型奇特的商品，同样也会选择包装设计新奇、颜色鲜艳、画面生动的商品。如在商品的包装上，标示儿童喜爱的、易记忆的、易理解的图案、符号和文字等，也能引起儿童的注意，激发儿童的购买动机。

（四）重视广告宣传效果

家庭交流影响着人们作为消费者的社会化程度，即人们对许多产品的态度和购买习惯。这种影响一般强烈而持久。儿童产品的目标人群是儿童，儿童的购买欲望是父母商品选择的驱动力，但广告的诉求对象却是父母，这是由于产品购买决策权在父母。父母的认知、情感、态度和行为对产品的销售和品牌形象起到重要或决定性的作用，特别是在婴幼儿产品的选择与购买上。在婴幼儿产品的广告设计中，企业既要生产出质高价低的产品，同时，也要通过广告让父母相信选择广告宣传的产品是其正确的选择，让父母在儿童成长过程中一直使用广告产品，从而塑造出儿童良好的品牌态度。儿童电视广告在广告传播方面有独特的优势，主要在于儿童对电视的依赖性高于其他的媒体，从而使电视成为儿童广告选择的主要媒介。

第三节　儿童玩具的设计分析与基本程序

一、儿童玩具的设计分析

（一）玩具功能分析

产品功能是工业产品与使用者之间最基本的关系，是产品得以存在的价值基础。每一件产品都有不同的功能，人们在使用产品时获得的需求满足，就是产品的功能实现。儿童玩具是为儿童开发的产品，其基本出发点就是以满足儿童身心发展需要为目标，合理利用各种资源开发出能够满足儿童需要的功能性玩具产品。玩具是儿童游戏娱乐的载体和平台，必须辅助或者诱导儿童完成游戏过程设定的目标。好奇、探索是儿童的天性，面对一些新奇的玩具，儿童总是表现出极大的热情。玩具的造型设计、玩具的游戏过程设计应该符合儿童的认知特性，起到锻炼体能、提升身体协调感的工具性作用。从婴幼儿的抓握玩具到儿童的各种球类玩具，都意在锻炼儿童的手指灵活性和身体的运动能力，以达到儿童健康成长的目的。最后，玩具作为一种益智类教具，区别于真正教育产品的最大特点就是让儿童能够在游戏中掌握知识、增加阅历、培养多方面兴趣。

（二）玩具技术分析

技术条件就是完成某一功能的产品所必须具备的材料、工艺、结构、技术等一系列条件，是产品实体形成的物质基础。任何产品的开发与制造，都离不开物质技术条件的支撑。一般来说，皮肤娇嫩、记忆深刻是儿童认知的最大特性，因为儿童期是人早期认知世界的快速期，用手或者身体去感觉玩具，进而获得对玩具的体验是一种最直接的方式。所以，玩具设计应该注重玩具表面的亲肤性，表面触感舒适，无有害物质残留。同时，针对不同材质的玩具，应尽可能保留材质本身的触感，以便让儿童正确认知各种材料的感觉特性，有益于儿童学习分辨不同材料。

在这个个性化的年代，人们喜爱用个性化的产品来装点自己的生活，然

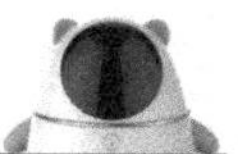

而高科技、数字化、高效率的生活，却会让人们感到情感流失、身心疲惫。情感特征浓厚的玩具在某种程度上可以弥补因外在压力和忙碌的生活而被人们忘却的情感，起到陪伴、安慰的作用。在智能手机大显神通的今天，融合类个人电子终端得到了很全面的发展。在玩具领域，数字技术的植入让玩具也成为新型融合类电子终端。这种更具互动性的数字智能玩具，已在市场上占有一席之地并且具有广阔前景。在情感消费渐成时尚的今天，为玩具注入智能化和互动性的元素，让数字技术披上情感体验的外衣，是现代玩具设计新的起跑点。

（三）玩具形态分析

产品设计是艺术与科学技术的结合，也就是说产品的设计是各种相关属性的综合实现。产品的美是包括技术美、形式美、社会道德美在内的综合美。产品设计中的技术美包括功能美、结构美、材质美和肌理美、工艺美等。比如，面对汽车、飞机、宇宙飞船等能够实现人类飞翔梦想的产品都会让人感受到产品功能所带来的极限美。各种材料的不同质感、手感和外观，也都会让人得到美的享受，如金属，硬朗贵气、大气稳重；木材，质朴自然；塑料，柔软轻盈、色缤纷彩。

利用产品特有形态表达产品价值取向，让使用者从内心情感上与产品产生共鸣。情感化的产品会让使用者从内心深处产生购买欲望，只有引起注意，消费者才有买的欲望，所以设计师在设计产品时要从使用者内心的情感需求考虑，真正深入内心，满足人的情感需求。

二、儿童玩具设计的基本程序

（一）市场调研，确定需求

通过市场调研和分析，对玩具进行定位，这是学前儿童玩具设计定位的首要条件。对于一个企业，尤其是玩具企业来说，玩具的定位非常重要，只有定位准确了，玩具设计的下一步工作才会顺利，如玩具设计的创新、玩具设计的要领等才能更好地、顺利地开展。因此，玩具设计师在设计玩具前，

必须做好充分的市场调研，并对所要设计的产品进行准确定位，即要弄清楚产品所面向的消费人群、产品所属的领域、产品的使用者、产品的价值和产品的展现方式等。只有先将产品准确定位，才能使其设计的玩具在进入销售环节时，被学前儿童及其家长欢迎和购买。成功的玩具产品都是在准确定位基础上进行的，如泰迪和迪斯尼主做毛绒玩具和塑料玩具，乐高则定位在拼装玩具上。所以，对于玩具设计师而言，开展充分的市场调研，并对所设计的玩具进行准确的定位，是使玩具产品或品牌牢固于人们心中的首件大事。

（二）激发思路，寻找创意

创意是一种通过创新思维意识，进一步挖掘和激活资源组合方式进而提升资源价值的方法。创意产业，又叫创造性产业，指那些从个人的创造力、技能和天分中获取发展动力的企业，以及那些通过对知识产权的开发可创造潜在财富和就业机会的活动。目前，我国的玩具市场比较混乱，对玩具的分类也不科学，很多不具备益智作用的玩具在商家的炒作下也被当作益智玩具出售，误导了许多儿童与家长。我们通常提到的玩具设计师往往是玩具公司的打板师或工程技师，他们并不具备玩具设计所需的美工基础与专业素养，没有科学的设计理论和方法做指导，他们的玩具设计更多是抄袭模仿别人的创意和灵感，这样一来，我国的玩具市场虽然巨大，但缺乏知识产权和自己的品牌，难以真正走向市场，所以设计师的设计灵感和自我创新对一个成功的益智玩具设计至关重要。

（三）应用策略，生成方案

作为现代的设计师需要了解，消费者不仅希望通过使用某种产品来完成某项工作，他们还希望产品能够增进生活体验，丰富自己的生活。在幼儿启智玩具创新设计中，另外一个需要遵循的设计方针是体验互动原则。体验互动是基于在儿童心理成长中逐渐形成的人际互动所发展起来的理念，其核心是在幼儿启智玩具创新设计中加入互动交流的因素，使儿童在使用玩具的同时，锻炼其与外界环境、人物进行交流的能力，最终达到让儿童在游戏中体味乐趣，提升人际能力的目的。现代教育理论认为，兴趣是促使孩子主动学

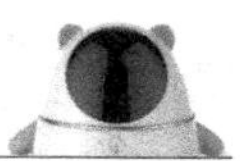

习新鲜事物最大的因素。对于学前儿童而言，游戏是其主动学习、认知世界的最主要动力。游戏能促进学前儿童自我的培养，促进其身心发展。学前儿童主要是通过游戏来学习的，游戏可以锻炼他们的身体，训练他们的语言能力、判断和解决问题的能力、想象力和创造力等，从而促进其个性和社会性的发展。然而，衡量儿童综合能力发展的指标，不能仅仅看其想象力、创造力、语言能力等方面，更要看其知觉能力、动觉能力以及人际交往能力。所以，这里所遵循的体验互动方针就是要充分体现出游戏是许多儿童参与和共同合作完成群体性活动的理念。通过游戏，可以使学前儿童学习协调矛盾，同时通过扮演不同角色，学习社会中人际关系准则，这不仅可以锻炼儿童期的人际社会交际能力，而且在幼儿未来的成长道路上能够奠定坚实的社会基础。

第四节 儿童玩具的包装与市场推广

一、儿童玩具包装设计

（一）包装装潢设计

如今，在庞大的现代玩具市场上，玩具的分类越来越细，品种繁多的玩具云集在商场的货架上，使人眼花缭乱。而包装装潢好的玩具首先会映入人们的眼帘，引起消费者的兴趣及产生购买欲望，相反，包装装潢较差的玩具，可能无人问津。因此，作为在国际玩具贸易市场上竞争手段之一的玩具包装装潢，越来越显示出它的重要作用。玩具的包装及装潢，是保护、宣传玩具的重要手段，而装潢是依附于包装立体上进行平面设计，是包装外表的视觉形象，包括表现手法、文字、色彩、图案等构成要素。包装盒的盒面本身就是反映商品信息的一个整体，因此，包装装潢的画面设计在某些方面和广告设计很相似，同时还要注意到其他的方方面面，使整个包装形成一个整体，最基本的要求是，能迅速地吸引消费者的注意力，以提高他们的购买欲望。儿童玩具包装的装潢设计要考虑色彩、图形、文字等各设计要素之间的对比统一、节奏韵律、大小比例的关系，综合考虑各个要素之间的协调关系。

（二）包装造型设计

儿童玩具包装的造型设计就是经过构思将具有包装的功能及外观美的容器造型，以视觉形式加以表现的一种活动。儿童玩具包装造型设计要根据被包装玩具产品的特征、环境因素和儿童的要求等选择一定的材料，采用一定的技术方法，科学地设计出内外结构合理的容器。儿童玩具所针对的主要销售对象是儿童，造型要素的运用要符合儿童的心理和生理特征。这是对设计师的素质要求，也是实现玩具与儿童之间情感交流的途径。所以，在包装设计构思的阶段应考虑儿童对包装造型认知的把握，把儿童内在的对立体造型认识的东西向外准确地表达。玩具包装的造型设计最终是为玩具产品服务的，合理的设计有利于强化包装的实用与方便功能，促进玩具的销售，同时，造型是包装装潢的载体，造型在整个包装体系中占有重要的位置，是设计的关键所在。在进行造型设计时，要考虑到不同材料的特性和玩具各部位的组成。其内部设计主要考虑能合理包装玩具，外部设计考虑保护和储运玩具的功能，同时还要考虑和装潢相结合。

（三）包装材料运用

根据使用材料的不同特点，玩具的包装可分软质和硬质包装容器。软质包装容器以纸、塑膜、织物等软质材料为主，既可作为玩具的内包装也可作为外包装。软质材料较硬质材料质地柔软，对于儿童来讲相对具有安全性，是儿童玩具市场上普遍应用的包装形式之一。儿童玩具包装造型还与生产工艺、价格成本、销售方式、运输方式等因素有关，所以进行包装造型设计时不能简单地追求单一的形式美。玩具包装造型是在考虑到形态与功能、形态与工艺、形态与儿童文化、形态与儿童消费者的基础上形成的一种思维创造的结晶。包装造型的目的是通过其对儿童的感觉和知觉刺激，激发儿童的认知购买欲望。

包装材料的选择上要尽量不用稀缺性的材料或者难以获得的原材料，应选择与这类材料有相似功能的且方便获得的材料，包装材料尽可能大众化。不仅如此，包装企业还要对材料有很好的控制，才能降低材料对环境的破坏，

减少对生态系统平衡的影响。包装产品在使用后，包装材料通常被丢弃，因此，在材料的选择上要考虑材料是否可降解。

二、儿童玩具的市场推广

（一）广告传播

广告与传播有着特别密切的关系。广告学在其发展的过程中是以整个传播学体系作为自己的依据，从本质上说，广告就是一种信息传播的过程，必须依靠各种传播手段，广告信息才能传递给一定的受众。广告现代化的过程也是和传播技术现代化的过程并驾齐驱的，而作为广告效果的评定，在相当大程度上也取决于其与信息传播学规律的吻合程度。所以，作为广告学的分支学科之一的广告传播学也处于十分重要的位置。玩具厂商可以利用在传统媒体上做广告的方式为玩具产品的品牌推广服务。传统媒介包括电视、报纸杂志、广播等，尽管现在新媒介风起云涌，传统媒介仍然具有很强的影响力。电视媒体是消费者最容易接触到的媒体，其受众之广，产品信息表现形式较为生动使其很受商家的青睐。正确的媒体选择对于企业营销战略的成功实施具有极其重要的意义，但在中国错综复杂的媒体环境下，从众多的媒体中找寻到适合自己的媒体平台，还是需要颇费一番周折的。

（二）渠道传播

经销商有义务向生产商反馈消费者信息，且建立一整套消费数据库，以此来帮助生产商规划未来的生产。玩具制造商只管用心做产品，销售过程中的所有环节如国内外消费市场信息收集分析、物流管理成本等，都完全可以通过中间服务商和商务系统来解决。而制造商根据信息量以及经销商处的产品销量给经销商更有吸引力的利润让渡，并通过这样的伙伴关系，在互信互利的原则下，使玩具经销商有更高的忠诚性、积极性。网络传播是以计算机通信网络为基础，进行信息传递、交流和利用，从而达到其社会文化传播目的的传播形式。网络传播融合了大众传播和人际传播的信息传播特征，在总体上形成一种散布型网状传播结构，在这种传播结构中，任何一个网络都能够生产、发布信息，所有网络生产、发布的信息都能够以非线性方式流入网络之中。网络新闻顺应信息时代读者获取信息的心理，改变了传统媒体多年不变的新闻传播方式，把新闻展示方式变得更加立体化和层次化。这的确是新闻传播媒体的一个伟大进步。

（三）公关传播

公关传播，即公共关系传播，主要指社会组织通过报纸、广播、电视等大众传播媒介，辅之以人际传播的手段，向其内部及外部公众传递有关组织各方面信息的过程。公关传播是信息交流过程，公关关系的主体是社会组织，客体是公众，传播就是二者之间相互联系的纽带和桥梁。离开了传播，公众和组织就失去了信息传递和互动的媒介。组织与公众的互动与沟通，在很大程度上依赖信息传播；组织与公众之间的误解，也往往是由于信息不畅造成的。因此，一个社会组织不但要有明确并符合公众利益的沟通愿望，还要充分地运用传播手段，以赢得公众的好感和舆论的支持，并获得良好的经济效益和社会效益。互联网形成传统媒体无法比拟的最大的聚散公众群。所谓聚散公众，是指因某一事由而聚集在一起又因事由的消失而散去的人群。公关研究表明，信息在聚散型公众中传播的效果最好、效率最高。互联网为因各种原因在网上聚集的网民提供了聚集的便利，构成了数量最大的聚散型公众群体。

第五节　学前儿童心理学在玩具设计中的应用实践——“Athena”儿童智能陪伴机器人设计分析

一、设计定位

鲁迅先生说过：“游戏是儿童最正当的行为，玩具是儿童的天使。”随着社会的快速发展与收入水平的不断提高，学前教育备受关注。玩具作为儿童成长的玩伴，承担了不可估量的价值，是孩子探索世界获得知识的源泉，越来越多的家长在寓教于乐理念的引领下，对玩具的认识和需求逐步增加。

玩具的功能也从早期单纯的育儿辅助工具转向为孩子构建一个健康、快乐、向上的童年生活的物质载体。现实生活中，很多家长把玩具当作父母爱心的体现，甚至是父母陪伴的替代品。但是传统的功能性玩具，例如积木、小汽车等，基本上缺乏交互功能，更谈不上智能化地去“感知”儿童的状态。因此，这些玩具交到孩子手里后，他们怎么玩、爱不爱玩、在玩的过程中会有什么样的心理变化等，都发生在家长的视野之外，往往与家长们的期望背道而驰，也容易使孩子产生孤独感。实际上，孩子需要的是一个可以互动、交流的玩伴，而非“冰冷”的玩具。在这一背景下，具有智能交互功能的儿童成长陪伴机器人应运而生。

二、方案生成

随着早教理念日益系统化、科学化，大多数家长已经意识到幼儿教育的重点不仅仅是让孩子多认识一些汉字、多背诵一些诗词，而应对孩子进行多元智能的开发与引导。心理学家研究表明，幼儿的主要活动是游戏，游戏活动是促进幼儿生长发育和进行培养教育的最好手段。它可以让孩子感受到远古的恐龙时代；也能使孩子“看到”未来；还能使孩子置身于某种情境中，扮演不同的角色；等。玩具是幼儿重要的玩伴，是孩子认识世界、体验人际关系、认知自我与性别、彩排人生角色的重要工具，是教育和培育孩子过程中不可或缺的媒介。幼儿玩具是否符合儿童的生理、心理发展需要，已成为社会、家庭关注的最重要的问题之一。本设计主要从儿童的真正需求出发，围绕实际生活赋予玩具的内涵，即可玩性强、教育目标明确、年龄划分科学、色彩造型新颖等展开设计。

形态是承载玩具信息的重要载体，是最具视觉传达力的要素。幼儿可以通过玩具的形态，凭“第一感觉”来决定是否对玩具的喜爱。玩具的外观造型是玩具与幼儿进行情感沟通的载体，幼儿玩具的形态一定要符合其心理和审美情趣。因此，塑造玩具的外观形态是玩具设计最重要的因素之一。本设计采用儿童喜欢的卡通造型，并采用令人有安全感的柔美、圆润的曲线设计，

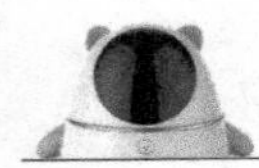

给孩子以亲和力；简约的配色和镀铬条的搭配，在可爱感觉里又融入了科技的味道。其整体在吸引儿童的同时，不失产品的科技感，在可爱与科技感之间找到了较好的平衡点。

功能操作方面，采用屏幕触控、语音交互以及手机 App 远程控制等方法。根据孩子好动的特点，将机器人设计为不易倾倒的不倒翁形式，且经常接触部位采用柔软材质以保证儿童的安全。机器人的高度设计与儿童坐高匹配，在 400~500 毫米，适合与孩子互动。摄像监视功能与显示触控功能融合在一块黑色圆形有机玻璃，不仅功能得到了实现，而且没有影响整体的简约风格，同样的手法运用在障碍感应器隐藏于底部黑色磨砂有机玻璃内，底部黑色有机玻璃与黑色显示屏有了呼应，并且磨砂质感与整体光滑质感形成对比，不仅可以体现出底部的稳重感，而且可以巧妙地植入功能。对于产品的充电和数据传输采用了无线充电和 WiFi 同步功能，省去了实体插口，该设计能很好地避免好动的儿童在与智能陪伴机器人互动时易发生的潜在危险。机器人通过智能导航在缺电时自行寻找电源充电，免去父母不在时孩子不会使用的问题，让孩子时刻有陪伴，父母时刻都放心。此外，机器人的语言、动作、图像交互具象且简单易懂，符合儿童心理发展规律且满足儿童的群体特征。

三、草图展示

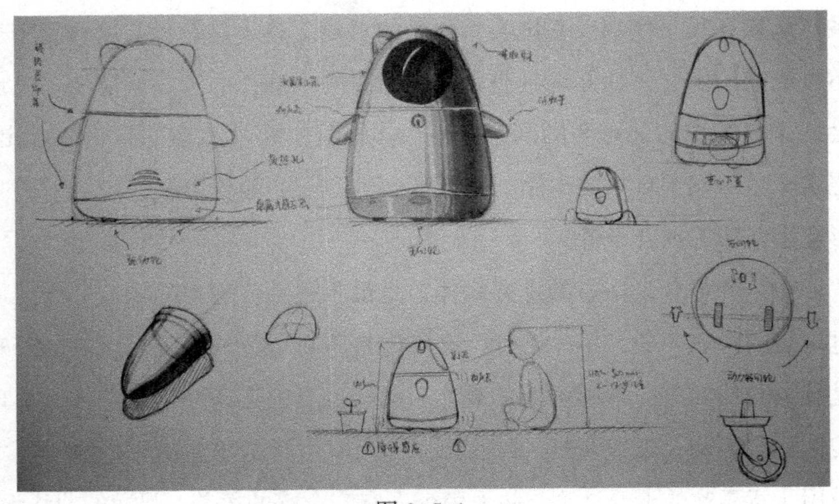

图 9–5–1

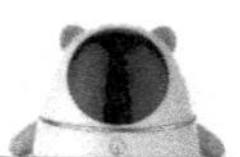

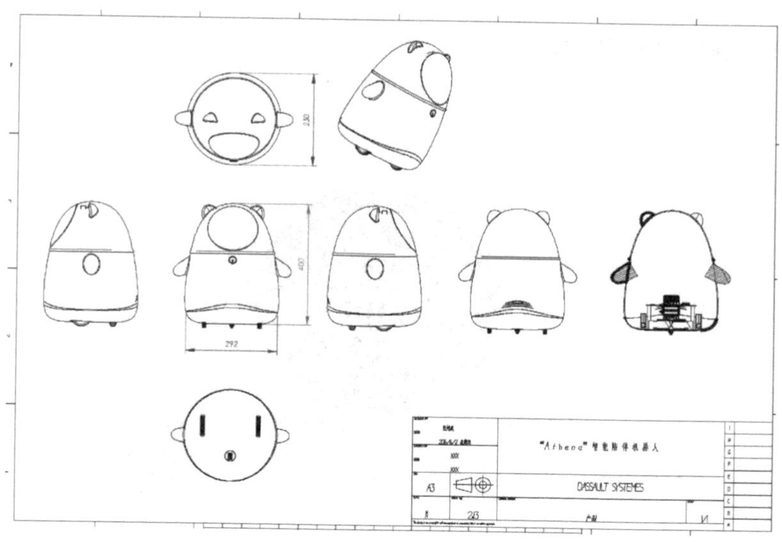

图 9–5–2

四、配色方案

活力绿（图 9–5–3）

魅力粉（图 9–5–4）

典雅黄 （图 9–5–5）

五、模型和细节展示

图 9-5-6

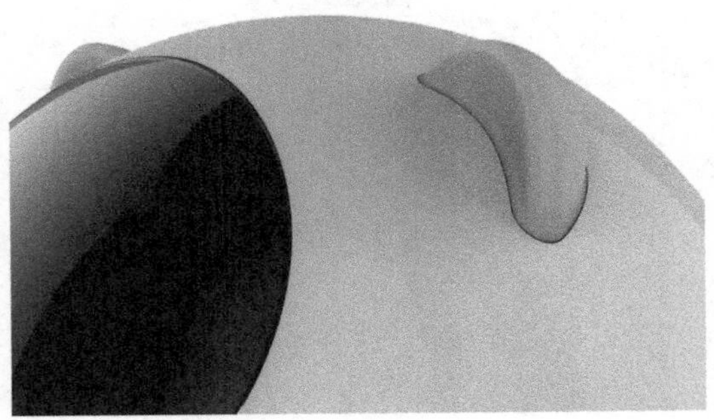

图 9-5-7

图 9–5–8

图 9–5–9

参考文献

[1] 白乙拉 . 儿童心理发展观的历史演进与未来发展趋势 [J]. 内蒙古师大学报 (哲社汉文版),2003,32(1):58 ～ 61.

[2] 鲍亮 . 现代儿童玩具设计研究 [D]. 上海 : 上海交通大学 ,2011.

[3] 陈莉莉 . 信息化背景下儿童玩具设计研究 [D]. 合肥 : 合肥工业大学 ,2013.

[4] 陈小美 . 儿童玩具设计的心理学研究 [D]. 济南 : 山东艺术学院 ,2011.

[5] 陈欣 . 中国儿童玩具人性化设计研究 [D]. 南京 : 南京师范大学 ,2014.

[6] 邓卫斌 , 陈媛媛 , 李雪 . 儿童情感玩具设计 [J]. 设计 ,2015(12):132 ～ 133.

[7] 董伟 , 张勇 , 张令 , 等 . 我国环境保护规划的分析与展望 [J]. 环境科学研究 , 2010, 23(6):782 ～ 788.

[8] 董占军 , 乔凯 . 玩具 [M]. 北京 : 中国社会出版社 ,2009.

[9] 冯丽云 . 市场调研在企业营销管理中的应用 [J]. 数量经济技术经济研究 , 2001, 18(11):121 ～ 124.

[10] 高瑾 . 幼儿教师玩具观现状的研究 [J]. 淄博师专学报 ,2014(4):18 ～ 22.

[11] 葛望舒 . 儿童消费群体的特点及营销策略 [J]. 淮海工学院学报 , 2010,08(12): 14 ～ 16.

[12] 郭黎艳 . 儿童益智玩具的交互设计研究与开发实践 [D]. 杭州 : 浙江理工大学 ,2011.

[13] 郭力平 , 许冰灵 , 李琳 . 游戏对于促进儿童心理发展的作用 [J]. 心理科学 , 2001, 24(6):749 ～ 751.

[14] 洪歆慧 . 从教育心理学角度探索学前儿童玩具的优化设计 [D]. 无锡 : 江南大学 ,2008.

[15] 胡琼华 . 论儿童消费心理与广告说服策略选择 [J]. 广东开放大学学报 , 2013,22(2):89 ～ 92.

[16] 吉亚娟 . 论儿童玩具的教育功能～～以科学玩具为例 [D]. 南京 : 南京师范大学 ,2012.

[17] 蒋满群 . 探究学龄前儿童体验式玩具创新设计 [J]. 设计 ,2017(23):14 ～ 17.

[18] 孔凡云 . 传统玩具文化价值的消逝与回归 [J]. 当代学前教育 ,2009(5): 39 ～ 42.

[19] 李彬彬 . 设计效果心理评价 [M]. 北京 : 中国轻工业出版社 .2005

[20] 李改灵 , 王敏 , 刘宁 . 基于儿童玩具的绿色设计体系与技术研究 [J]. 科技创新导报 ,2013(17):25 ～ 26.

[21] 李晓瑭 . 儿童玩具包装设计研究 [D]. 长沙 : 湖南工业大学 ,2008.

[22] 李艳玮 , 李燕芳 . 儿童青少年认知能力发展与脑发育 [J]. 心理科学进展 ,2010(11):1700 ～ 1706.

[23] 李扬帆 . 互动设计理论的儿童益智玩具设计分析 [J]. 科技风 ,2016(22):136 ～ 137.

[24] 李轶南 . 互动设计的方法初探 [J]. 南京艺术学院学报 : 美术与设计版 , 2009(1):130 ～ 135.

[25] 廖文婷 . 现代儿童玩具的安全性设计 [J]. 企业技术开发 : 学术版 , 2009,28(10):60 ～ 61.

[26] 刘宝顺 , 张军雯 , 姜跃超 . 基于情感化的交互式儿童玩具研究 [J]. 设计 , 2016(12):120 ～ 121.

[27] 刘纯 . 基于行为方式的交互式儿童玩具设计研究 [D]. 长沙 : 湖南工业大学 ,2013.

[28] 刘红 , 任工昌 . 安全绿色儿童益智玩具设计探究 [J]. 艺术科技 , 2013,26(1):173 ～ 174.

[29] 刘孟 . 交互设计在儿童玩具设计中的应用研究 [D]. 天津 : 天津科技大学 ,2016.

[30] 刘明明 . 幼儿家庭玩具的选择 [J]. 学园 ,2015(1):171 ～ 172.

[31] 刘永芳 . 儿童记忆发展研究的历史与现状 [J]. 心理科学 ,2000,23(1): 92 ～ 95.

[32] 马超民 . 产品设计评价方法研究 [D]. 长沙 : 湖南大学 ,2007.

[33] 马锋，靳桂芳．玩具设计中的儿童心理因素 [J]. 艺术与设计（理论）, 2013(11): 131 ～ 133.

[34] 马燕．游戏与儿童心理发展 [J]. 牡丹江教育学院学报 ,2010(5):100 ～ 101.

[35] 孟海，徐秋枫．影响儿童玩具设计的因素 [J]. 长沙理工大学学报 ,2000(1):98 ～ 100.

[36] 孟艳婷．玩具教育活动在儿童成长中的作用 [D]. 天津：天津科技大学 ,2015.

[37] 史敏雪，孙辉．幼儿园安全问题现状分析及对策措施 [J]. 科技信息，2012(1): 503 ～ 504.

[38] 宋云．传统玩具设计中的价值传承 [J]. 设计 ,2012(2):62 ～ 63.

[39] 苏蓉佳．产品定位与品牌定位的良性互动 [J]. 经济论坛 ,2009(16):113 ～ 114.

[40] 孙莉，纪向宏．玩具包装装潢设计的视觉表现 [J]. 包装工程 ,2004,25(2):91 ～ 92.

[41] 唐宁．基于情感体验及教育的儿童玩具设计研究 [D]. 武汉：湖北工业大学 ,2016.

[42] 田淼．浅谈企业市场调研 [J]. 管理观察 ,2009(6):83 ～ 84.

[43] 田映霞．儿童品牌玩具的色彩设计 [D]. 南京师范大学 ,2015.

[44] 王昶．交互设计理念与设计方法 [J]. 学园 ,2012(5):199 ～ 200.

[45] 王洪阁．基于文化传承的玩具开发设计 [J]. 包装工程 ,2013(12):46 ～ 49.

[46] 王璐明．市场调研在营销企业中的作用 [J]. 中国管理信息化 ,2011,14(2):59 ～ 60.

[47] 王宇，张进平．儿童玩具包装的趣味性设计 [D]. 齐齐哈尔：齐齐哈尔大学 ,2013.

[48] 王志强．民族化设计的思考与探索 [J]. 常州工学院学报（社科版）, 2006,24(4): 80 ～ 82.

[49] 温建英，戴陆寿．要重视对少年儿童消费行为的正确引导 [J]. 山西统计，2000(6): 47 ～ 48.

[50] 谢文婷．儿童早期认知行为系统研究及应用 [D]. 杭州：浙江大学 ,2010.

[51] 许艺芬．游戏对学前儿童社会化的促进作用 [J]. 宁德师范学院学报 ,2015(1): 45 ～ 47.

[52 杨正．工业产品造型设计 [M]. 上海：上海人民出版社 ,2016.

[53] 袁千．浅谈幼儿联想能力的培养 [J]. 新课程（上）,2017(1):171 ～ 172.

[54] 张海英，濮海坤 . 儿童消费品市场营销策略分析 [J]. 产业与科技论坛 ,2012(15): 22 ～ 23.

[55] 赵斌，王琳琳 . 论特殊教育从人文关怀到行动支持走向 [J]. 中国特殊教育 ,2013(1):7 ～ 10.

[56] 赵江洪 . 设计艺术的含义 [M]. 长沙：湖南大学出版社 ,2005

[57 赵可恒 . 儿童玩具设计题材研究 [J]. 轻工科技 ,2008,24(12):161 ～ 162.

[58] 赵宁 . 儿童玩具色彩设计对消费心理的影响研究 [D]. 长沙：湖南师范大学 ,2013.

[59] 郑杨硕 . 信息交互设计方式的历史演进研究 [D]. 武汉：武汉理工大学 ,2013.

[60] 周斌 . 儿童的消费心理特点与营销策略 [J]. 商业研究 ,2000(9):131 ～ 132.

[61] 周玲 . 论幼儿园师生互动活动 [J]. 科教文汇 ,2015(3):80 ～ 81.

[62] 朱熠 . 从影视声音角度谈学前儿童视听教育 [J]. 学前教育研究 ,2012(9):50 ～ 53.

[63] 谢丽 . 我国学前儿童心理学研究的文献计量及可视化分析 (1993-2013 年)[D]. 陕西师范大学 ,2014.

[64] 王振宇 . 学前儿童心理学 [M]. 北京：中央广播电视大学出版社 ,2007